漫步物理世界

张 酣 / 编著

北京大学出版社
PEKING UNIVERSITY PRESS

图书在版编目 (CIP) 数据

漫步物理世界 / 张酣编著 . —北京：北京大学出版社，2021.9
ISBN 978-7-301-32341-0

Ⅰ.①漫… Ⅱ.①张… Ⅲ.①物理学 – 普及读物 Ⅳ.① O4–49

中国版本图书馆 CIP 数据核字 (2021) 第 147662 号

书　　　名	漫步物理世界	
	MANBU WULI SHIJIE	
著作责任者	张酣　编著	
责 任 编 辑	刘啸	
标 准 书 号	ISBN 978-7-301-32341-0	
出 版 发 行	北京大学出版社	
地　　　址	北京市海淀区成府路 205 号　100871	
网　　　址	http://www.pup.cn	
电 子 信 箱	zpup@pup.cn	
新 浪 微 博	@ 北京大学出版社	
电　　　话	邮购部 010–62752015　发行部 010–62750672　编辑部 010–62754271	
印 刷 者	北京圣夫亚美印刷有限公司	
经 销 者	新华书店	
	730 毫米 ×980 毫米　16 开本　17 印张　插页 2　324 千字	
	2021 年 9 月第 1 版　2021 年 9 月第 1 次印刷	
定　　　价	52.00 元	

前　　言

我在北京大学为非物理专业的学生讲授一门叫"今日物理"的课程近 20 年. 该课程涵盖物理学的大部分重要领域, 熔科学、历史、哲学为一炉. 科学给人知识, 历史给人智慧, 哲学给人思辨. 本书是从这门课程的讲义发展而来的.

这门课程的主要目的不是传授物理学知识, 而是激发学生的好奇心, 培养学生的科学思维能力, 提高学生的科学素养.

我坚定地认为, 人民的科学素养决定一个国家的先进程度. 我的课有一本重要的参考书, 休伊特 (Paul G. Hewitt) 所著的《概念物理学》(*Conceptual Physics*, 有中译本), 其中有一道作业题:

"给奶奶写一封信, 告诉她, 伽利略引入了加速度和惯性概念, 也熟悉作用力, 但是他没有发现这三个物理概念之间的关系. 告诉她牛顿发现了它们之间的关系, 并向她解释为什么自由下落的物体, 无论轻重, 都在相同的时间内获得了相同的速率. 在这封信里, 可以使用一两个公式, 只要你能使奶奶弄清楚, 方程是你解释这些思想的简化符号."

我一直想让学生做这道题, 每年都在学生中做调查, 看有多少人可以做这道题, 也就是说有多少学生的奶奶能够明白牛顿力学的一些基本道理. 结果让人失望, 绝大部分学生的奶奶不明白这些, 当然题也就不能让学生做. 我相信, 哪天我们的学生可以做这道题, 我们的国家就成为了"发达"国家.

什么是科学素养? 我认为科学素养有四个主要方面: 第一是对事实的尊重, 第二是能够从不同的角度看问题, 第三是逻辑思维, 第四是创新性思维. 对绝大多数人来说, 能做到对事实的尊重和从不同角度看问题就具有了基本的科学素养.

有良好的科学素养并不一定要精通某一门学科或具有很多科学知识, 科学素养其实是一种思维方式, 是按照科学方法做事和思考. 这通过对一般科学知识的学习就可以得到, 也是本书的主要目的.

古希腊哲学家毕达哥拉斯和柏拉图都相信, 万物后面都有精确的数学, 万物可以毁灭, 但数学不会. 那时候他们就试图用数学来描述整个世界. 显然, 古希腊哲学家的这个思想是正确的, 这就是物理学和数学不可分割的道理. 我们越来越多地看到, 自然界的事物, 甚至人的思维都可以用数学模型来描述. 最近发展起来的人工智能就是一个典型的例子, 其本质就是用数学模型描述人的思维.

本书中的讲述虽然简练, 不过仍保留了一些物理学公式, 但略去其推导过程. 保留一些公式的目的, 一方面是想让一些入门的读者慢慢熟悉物理学的表达方法, 另一方面是想让读者欣赏物理学公式之美. 书中仍然会有一些比较难懂的部分, 读者略去这些部分和公式表达, 依然可以通顺地理解书中的内容, 不会有障碍.

书中每一章都是独立的知识, 读者可以通读全书, 也可以选择自己感兴趣的章节阅读.

本书的每一章前面都有一段卷首语, 是一些伟大科学家关于科学研究的见解. 而在每章的最后, 对卷首语有简短的讲解. 有个同学曾经对我说, 上我的课最有收获的是这些科学家的话和我的讲解, 希望这也能给有志于科学研究的读者一些启发.

由于书中涉及的内容广泛, 描述如此浩瀚的知识领域, 我难免力有不逮, 有谬误之处, 衷心希望同行和读者提出批评.

我要感谢北京大学物理学院已故的高崇寿教授, 是他在北京大学开始讲授 "今日物理" 这门课程, 过去和他的讨论使我受益匪浅. 感谢北京大学信息科学技术学院的傅云义教授, 他给 "纳米科学" 一章提供了不少素材. 感谢北京大学物理学院的徐仁新教授和刘川教授, 从他们那里我学到一些很有用的知识. 感谢中国科学技术大学的周先意教授, 他阅读了初稿, 并提出了中肯的建议. 感谢王永忠绘制了部分插图. 我还要感谢 20 年来选修过 "今日物理" 课程的学生们, 他们的很多疑问, 使我对有些问题有了更深入的思考.

张酣

2021 年 5 月

于北京大学物理学院

目　　录

第一章　物理学概貌

哲学家以及论述科学方法的作者们的一个常见错误是, 他们误认为, 系统地积累了资料, 最后根据简单的逻辑做出结论和概括, 这样就做出了新发现. 而事实上, 可能只有个别的发现是这样做出的.

——贝弗里奇 (William Ian Beardmore Beveridge, 1908—2006, 英国剑桥大学动物病理学教授)

绝不能用归纳法来发现物理学上的基本概念. 19 世纪许多科学研究者认识不到这一点, 他们最基本的哲学错误就在于此 …… 我们现在特别清楚地认识到: 那些相信归纳经验就能产生理论的理论家是多么错误!

——爱因斯坦 (Albert Einstein, 1879—1955)

1.1　什么是物理学

什么是物理学? 我们先从中国古人和西方人对物理的认识做简单的讲述.

杜甫的一首诗《曲江二首 (其一)》里面有:

"细推物理须行乐, 何用浮荣绊此身."

杜甫这里说的 "物理" 指的是万事万物的道理, 比我们今天物理学的内容要宽泛得多, 囊括了所有的知识领域, 我们今天的物理学是古人所说物理的一部分.

宋朝有个诗人陈傅良, 他的诗《用前韵招蒉叟弟》里面也有 "物理" 一词:

"细看物理愁如海, 遥想朋从眼欲花."

与杜甫一样, 这里的物理也是万事万物的道理. 可见古人认为物理就是万事万物的道理.

我在北京大学上课的时候经常给学生讲杜甫和陈傅良对物理的看法, 有些同学开玩笑说, 老师, 陈傅良说的物理才是真正的物理, 杜甫的物理太潇洒了. 陈傅良的物理说出了要认识万物的道理不是一件简单的事情, 要付出极大的努力. 庄子说过 "万物有成理而不说". 就是说, 万物都有自己的道理, 但是它们不会告诉你, 要你自己去研究, 去探索 (对庄子的这句话有各种不同的解释). 而要搞清楚万物的道理, 绝非易事, 所以陈傅良有 "细看物理愁如海" 的说法.

　　怎么样才能知道万事万物的道理呢? 古人也有说法.《礼记·大学》里面说 "致知在格物, 物格而后知至", 就是所谓的格物致知或者叫格物致理. 意思是说, 通过研究一个东西或者对象而得到知识或者道理. 格物就是研究, 致理就是得到道理. 北大成立之初, 理科叫格致科, 就是取格物致理之意.

　　那么西方人对物理是什么看法呢? 英文的物理学叫 "physics", "physics" 在英文中有实体、实在的意思, 就是说物理涉及的都是与实在有关的东西. 这一点与中国古人的看法基本一致, 古人格物致理中格的物就是实在的东西. 如果一个人的身体有了毛病, 就叫 "physical problem" (实体的问题), 如果是精神疾病, 那就不能叫 "physical problem", 而是 "mental problem" (精神方面的问题). 如果要办一个英文的成绩单, 体育课就要翻译成 "physical education", 就是身体或者实体方面的教育.

　　那么今天对物理学是怎么定义的呢? 国际纯物理与应用物理联合会 1995 年给了物理学新的定义: "物理学是研究物质、能量以及它们之间相互作用的学科." 就是说, 物理学就研究三件事情: 物质、能量, 以及能量和物质之间的相互作用. 对于物质, 我们无须赘述, 就是前面古人所说的 "物".

　　那能量是什么呢? 从物理学的定义简单地说, 能量是一个物理系统做功的本领. 一个系统能够做功, 那它就有能量, 做功的本领越大, 它的能量就越高. 机械能、太阳能、风能都可以做功, 它们都是能量的表现形式.

　　事实上, 在宇宙中, 能量是比物质更本征的东西. 一方面宇宙中的能量多于物质; 另一方面, 在宇宙形成之初, 也是只有能量, 它们的存在形式基本可以用 $E = h\nu$ 来表达 (能量 E 等于光的频率 ν 乘以常数 h, 后面的章节会有比较仔细的讲解), 而无物质.

　　那能量与物质的相互作用又是怎么回事呢? 能量与物质的相互作用从日常生活到复杂的科学研究中都可以看到. 最常见的例子如晒太阳可以产生维生素 D. 太阳能与皮肤的物质相互作用以后产生维生素 D, 从而促进钙的吸收. 如果晒太阳太多也不好, 紫外线和皮肤物质相互作用会产生致癌物质, 所以人们夏天外出要涂抹防晒霜.

　　还有一个常见的例子就是太阳能电池. 太阳光照射到电池 (基本都是多晶硅做的) 上, 多晶硅吸收了太阳能而产生电子, 从而形成电流. 科学研究方面我们举一个例子. 固体物理中有个研究方法叫光电子能谱 (图 1-1), 就是给固体的表面射入一束能量, 其实就是一束光. 光射入固体以后, 与固体中的电子相互作用, 把电子打出固体, 被打出的电子称为 "光电子". 我们接收这个光电子, 然后分析它的性质, 反推出这个电子在固体中的状态, 得到有关固体的知识. 物理学中所有的光谱学都基于能量与物质的相互作用. 例如, 按照入射光的波长分布就有: 核磁共振谱、电子自旋共振谱、太赫兹光谱、拉曼光谱、红外光谱、可见光谱、紫外光谱、X 射线谱、穆斯堡尔谱等.

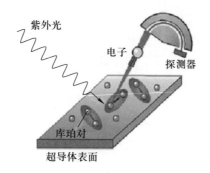

图 1-1 能量 (紫外光)、物质 (超导体) 以及能量和物质之间的相互作用

1.2 物理学极简史

物理学有两个重要的起源, 一个是天文学 (星相学), 一个是炼金术 (炼丹术).

古人主要从事农业和渔业 (航海), 而农业和航海都需要知道日月星辰的运行规律, 农业用其确定农时, 航海用其确定方向. 中国古代天文学还有一项重要功能, 就是观天象, 用来占卜吉凶、制定历法, 即所谓的星相学. 例如, 皇子要大婚, 就要靠星相学来确定吉时. 历朝历代都有天文和星象方面的机构, 例如唐初叫太史局, 明、清两代叫钦天监. 无论是中国还是西方, 古人通过对天体运行的观察, 得到了太阳系和宇宙中星辰的运行规律, 为以后人们认识客观世界积累了知识, 更为物理学的发展奠定了基础. 中国的历法 (农历或者阴历) 和西方的历法 (格里高利历) 都建立在对太阳系星辰运行规律深刻认识的基础上.

物理学的另外一个起源是炼金术, 在中国是炼丹术. 古人通过炼金和炼丹得到了很多有关固体的知识, 可以说是固体物理的起源.

这里要说的是, 西方人炼金, 中国人炼丹. 西方人炼金的目的是发财, 想把便宜的金属, 例如铁、铅, 通过一些方法变成贵金属金或者银. 据说牛顿在晚年就热衷于炼金术, 这可能和他曾任皇家造币局的局长有关. 西方人也曾经相信自己炼金获得了成功, 其实在今天看来, 所谓的把铁变成金, 只是在铁的外面镀了一层金而已.

中国人则不同. 中国人炼丹, 是想吃了以后长生不老. 炼丹主要是帝王在支持, 秦始皇就资助徐福炼丹, 以求不死. 实际上丹药的重金属含量极高, 是有毒的, 不但不能使人长寿, 反而减寿. 中国历史上共有皇帝数百位, 平均寿命不到 40 岁. 虽然炼丹没有得到长生不老药, 但却和炼金一样, 使人们获得了有关固体的一些知识. 在《丹药秘诀》一书中, 对汞和硫通过化学反应生成辰砂 (硫化汞) 的过程有仔细的描述: "升炼银朱, 用石亭脂二斤, 新锅内熔化, 次下水银一斤, 炒做青砂头. 炒不见星, 研末罐盛. 石板盖住, 铁线缚定, 盐泥固济, 大火煅之, 待冷取出. 贴罐者为银朱,贴口者为丹砂." 石亭脂是硫黄, 银朱是辰砂.

物理学还有一个重要的来源, 那就是人类的好奇心. 人类是一个充满好奇心的物种. 不断地提问题是人类的天性, 物理学便是人类此种天性的集中体现. 物理学探索最大的宇宙, 也探索最小的基本粒子.

人类有史以来就对自然界提出过各种各样的描述, 这些就是最初的科学萌芽. 到了近代, 工业革命使得科学技术获得了突飞猛进, 为科学实验的开展提供了前所未有的条件, 由此带动了科学理论的飞速发展. 后面我们将展示实验对于科学是何等重要.

霍金 (Stephen William Hawking, 1942—2018, 英国物理学家) 说过: "一套完整的统一理论的发现可能对人类的存活无助, 甚至也不会影响我们的生活方式. 然而, 自从文明开始, 人们即不甘于将事件看作互不相关而且不可理解, 他们渴求理解世界的根本秩序. 今天我们仍然渴望知道, 我们为何在此? 我们从何而来? 人类求知的最深切的意愿足以为我们所从事的不断探索提供正当的理由. 而我们的目标恰恰是对我们生活其中的宇宙做出完整的描述." 这就是好奇心, 是人类研究探索的动力.

古代人虽然得到了不少自然科学的知识, 但都没有形成像现代科学那样的门类. 对物理学来说, 我们把伽利略 (Galileo Galilei, 1564—1642) 的研究看作现代物理学的开端, 因为通常认为是伽利略将实验引入了物理学, 使得人们可以通过实验来验证一个理论或者想法的正确与否. 在此之前, 人们没有通过实验来验证理论的概念.

15 世纪开始, 欧洲在经历了漫长的中世纪以后, 迎来了文艺复兴时代. 文艺复兴的主要意义在于打破了神权对人们思想的束缚, 使人们可以海阔天空地思考, 从而创造了人类文明的辉煌. 先是达·芬奇 (Leonardo di ser Piero da Vinci, 1452—1519) 和米开朗琪罗 (Michelangelo Buonarroti, 1475—1564) 等人在艺术方面开了先河, 后来哥白尼 (Nicolaus Copernicus, 1473—1543) 在天文学方面又打破了千年来的地心说, 认为地球不是宇宙的中心, 太阳并不围绕地球旋转, 而是地球围绕太阳旋转. 思想上桎梏的破除无疑为伽利略的贡献打下了基础.

伽利略是科学史上一个伟大的人物, 他既是物理学家、天文学家、哲学家, 又是发明家. 他发明了温度计和天文望远镜, 将实验引入物理学研究, 被称为 "近代物理学之父" (图 1-2).

伽利略的斜面实验为人们所熟知, 他将一个木球放在木制的斜面上, 变换斜面的倾斜度来观察木球运动的情况, 这就是物理学最早的实验. 通过斜面实验, 伽利略得到了 "惯性定律". 他说: "一个运动的物体, 假如有了某种速度以后, 只要没有增加或减小速度的外部原因, 便会始终保持这种速度. 这个条件只有在水平的平面上才有可能, 因为在斜面的情况下, 朝下的斜面提供了加速的起因, 而朝上的斜面

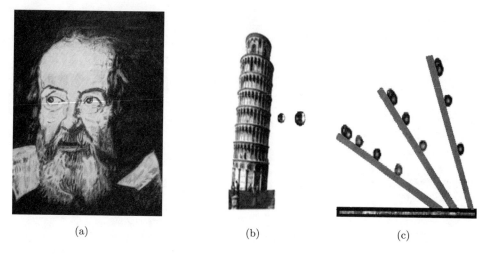

图 1-2   (a) 伽利略; (b) 比萨斜塔和两个铁球同时落地实验; (c) 伽利略的斜面实验

提供了减速的起因. 由此可知, 只有在水平面上运动才是不变的."

    伽利略第一次提出了惯性 (inertia) 的概念, 并且第一次把外力和 "引起加速和减速的外部原因" 联系起来. 如果我们仔细考察伽利略的描述, 会发现有不严谨之处. 伽利略认为, 只有在水平方向运动才会不变. 显然伽利略没有考虑木板的摩擦力和空气对球的阻力, 水平运动的球, 其速度也是会改变的, 只是改变得慢而已. 如果我们考虑到伽利略的时代和当时的实验手段, 就不会去苛责他. 后来牛顿对惯性的描述就要严谨得多. 我们对比一下牛顿对惯性定律的描述:

    一切物体在没有受到力的作用 (或合外力为零) 时, 总保持匀速直线运动或静止状态, 除非作用在它上面的力迫使它改变这种运动状态.

    合外力为零时运动才不改变其状态, 有摩擦力和空气阻力, 合外力显然不为零了.

    伽利略还在比萨斜塔上做了两个铁球同时落地的实验 (这件事真实与否有争议), 证明了自由落体定律, 即在地球引力作用下, 物体无论大小, 获得的重力加速度 g 是一样的.

    继伽利略的这些研究之后, 德国科学家开普勒 (Johannes Kepler, 1571—1630) 对天体运行的规律做了创造性的总结, 提出了开普勒三定律. 开普勒出生于神圣罗马帝国的威尔德斯达特 (现属德国), 毕业于图宾根大学, 是天文学家、物理学家、数学家, 现代实验光学奠基人. 1600 年, 受天文学家第谷 (Tycho Brahe, 1546—1601) 的邀请, 开普勒去布拉格附近的天文台给第谷当助手. 第谷去世后, 当时的神圣罗马帝国皇帝就委任他接替第谷做了皇家数学家.

开普勒总结了第谷和自己多年的观察结果, 于 1609 年和 1619 年发表了行星运动的三个基本定律. 1609 年, 开普勒总结天文学观测到的太阳系行星的运动行为, 提出了两个定律 (又称为轨道定律和面积速度定律). 1619 年, 他提出了行星运行的第三定律——周期定律. 这些定律对牛顿后来建立经典力学有十分重要的意义.

这里有两件事要给大家说明一下. 第一件事是, 开普勒任职的神圣罗马帝国与古罗马帝国是不同的. 古罗马帝国灭亡于公元 5 世纪 (不计东罗马帝国). 神圣罗马帝国建立于公元 962 年, 一度是欧洲最为强大的国家, 鼎盛时期, 版图囊括了近代的德国、奥地利、意大利北部和中部、捷克、斯洛伐克、法国东部、荷兰、比利时、卢森堡和瑞士.

第二件事是关于伽利略和开普勒的头衔. 他们都是很多方面的专家, 物理学家、天文学家、数学家, 甚至哲学家. 这并不是因为那时候人的能力比现代人强, 而是在科学发展的初期, 学科还没有分类, 相互都交错在一起, 科学家的研究是不分彼此的, 所以一般都是很多方面的专家. 而现代科学就不一样了, 霍金在《时间简史》里面有一段话很能说明现代科学的特点: "在牛顿时代, 一个受过教育的人至少可以在梗概上掌握整个人类的知识. 但从那以后, 科学发展的节奏使之不再可能. 因为理论总是被改变以囊括新的观察结果, 它们从未被消化或者简化到使常人能够理解. 你必须是一个专家, 即使如此, 你只能希望适当地掌握科学理论的一小部分. 另外, 其发展的速度如此之快, 以至中学和大学所学的总是有点过时. 只有少数人可以跟上知识的快速进步, 但他们必须为此贡献毕生的精力, 并局限在一个小的领域里."

所以, 有志于科学研究的年轻人一定要知道现代科学的这个特点, 科学界以后可能再也没有牛顿和爱因斯坦了, 想在科学方面有所贡献, 就要把自己的研究局限在一个小的领域里, 而且要贡献毕生的精力.

有了伽利略和开普勒的准备工作, 历史上最伟大的科学家牛顿 (有人说爱因斯坦和牛顿齐名, 这一点有争议) 要登场了. 艾萨克·牛顿爵士 (Sir Isaac Newton, 1643—1727) 是英国物理学家、数学家、天文学家、自然哲学家和炼金术士, 经典力学的创始人, 图 1-3 中有人装扮成他.

1687 年, 在伽利略、开普勒等人的观测和实验工作的基础上, 牛顿出版了他划时代的巨著《自然哲学的数学原理》. 书中总结提出了牛顿运动三定律和万有引力定律, 建立了经典力学的完整理论. 对经典力学处理的质量、力、时间、空间以及它们的关系, 牛顿给出了简洁明快的描述, 将自然界纷纭复杂的现象用四条定律一网打尽, 并且给出了定量的关系. 要知道有了定量的关系, 人们便可以将物理定律用于生产和生活之中, 例如发射人造地球卫星, 我们便可以根据牛顿定律计算出发射需要的速度.

我十分喜欢牛顿在这本书中写的一段话:

"除了那些真实而已足够说明其现象者外, 不必去寻求自然界事物的其他原因. 自然界不做无用之事 …… 因为自然界喜欢简单化, 不爱用什么多余的原因夸耀自己."

我们看到满天繁星, 觉得眼花缭乱, 看到地上的万物, 有运动的, 有静止的, 似乎是一种混沌的状态, 可是它们的位置和运动用几条并不复杂的牛顿定律便可描述! 自然界的简单、直接实在是一种大美. 在经典物理学时代, 人们对牛顿推崇备至是很有道理的.

图 1-3 剑桥学生的搞怪照片. 从左到右: 爱因斯坦、霍金、牛顿. 霍金是真人, 爱因斯坦和牛顿是学生装扮的

牛顿的这本书叫 "自然哲学的数学原理" 而不是叫 "物理学的数学原理". 在牛顿时代, 自然科学还没有分科, 不但所有的自然科学都在一起, 连哲学都包含其中, 统称自然哲学. 现在大学里面得到的理学博士学位, 英文叫 Ph.D (philosophy doctor), 就是来源于此.

到了 18 世纪, 人类对自然界的认识更加深入, 出现了工业用蒸汽机, 人们开始用机器替代人力工作. 蒸汽机利用蒸汽的热量工作, 自然, 热就成了科学家研究的对象. 19 世纪, 在大量实验的基础上, 焦耳 (James Prescott Joule, 1818—1889, 英国物理学家)、卡诺 (Nicolas Léonard Sadi Carnot, 1796—1832, 法国物理学家)、开尔文 (Lord Kelvin, 1824—1907, 英国物理学家)、克劳修斯 (Rudolf Julius Emanuel Clausius, 1822—1888, 德国物理学家) 发展建立了热力学理论. 与经典力学类似, 热力学有四个定律, 分别是第零定律和第一、二、三定律. 我们后面再讲.

热力学比较好地描述了热量的各种行为, 但它是一种宏观理论, 是根据实验结果综合而成的系统的理论. 热力学承认热是一种能量, 但并不问热是一种什么样的运动的表现. 仅有宏观理论不能让科学家满意, 大家开始探索热究竟是一种什么东西, 微观上的行为到底怎样, 后来就发展了分子动力学理论. 这个理论认为, 热现象源于大量分子的无规则运动, 是大量分子运动的统计行为. 1857—1872 年, 克劳修斯、麦克斯韦 (James Clerk Maxwell, 1831—1879)、玻尔兹曼 (Ludwig Edward Boltzmann, 1844—1906, 奥地利物理学家) 等人成功地发展了分子动力学理论, 用统计学的原理对热运动进行了说明, 揭示了热力学系统宏观现象的微观本质.

在电磁学方面, 麦克斯韦揭示了电磁现象的本质. 麦克斯韦是英国物理学家、数学家, 经典电动力学的创始人, 统计物理学的奠基人之一, 集电磁学大成的伟大科学家. 他依据前人的一系列发现和实验成果, 建立了第一个完整的电磁理论体系, 不仅预言当电荷和电流运动变化时, 会引起周围的电磁场的强度变化, 电磁场强度的变化会以波动的形式传播出去, 表现为电磁波, 而且揭示了光、电、磁现象的统一性, 对电磁现象有了本质的认识. 麦克斯韦方程组还是物理学最优美的方程组, 我们会在后面简单提及.

到 19 世纪末, 经典物理学理论已经系统、完整地建立起来, 其中包括经典力学、热力学、统计物理学、经典电动力学、波动光学. 简单地说, 经典物理学的大厦已经建成.

既然经典物理学的大厦已成, 物理学还有事情可做吗? 1900 年 4 月, 英国物理学家开尔文勋爵在题为 "遮盖在热和光的动力理论上的 19 世纪乌云" 的著名演说中说: "在已经基本建成的科学大厦中, 后辈物理学家似乎只要做一些零碎的修补工作就行了, 但是, 在物理学晴朗天空的远处, 还有两朵令人不安的乌云."

开尔文说的这两朵乌云, 一朵指的是热辐射的 "紫外灾难", 对它的研究使物理学家们最终建立了量子论. 量子论诞生的时代是一个英雄辈出的时代, 很多大科学家 (如图 1–4 中的很多科学家) 都为量子论的诞生做出了不朽的贡献 (后面我们会详细介绍). 尽管过去了近百年, 提起这个时代大家仍然津津乐道.

另一朵乌云指的是迈克耳孙-莫雷实验, 对它研究的结果否定了 "以太" 的存在, 最终导致了相对论的诞生. 与量子论不同, 相对论的诞生基本是爱因斯坦一个人的功劳, 这也是爱因斯坦的伟大之处.

现代物理学的建立我们在后面的章节里会专门讲述. 对这两朵乌云的研究, 引发了物理学的大变革, 或者叫作大进展. 很多书上把发生在 20 世纪初的物理学大

图 1–4　1927 年索尔维会议合影. 创建量子论和相对论的大部分科学家都在内, 其中 17 人获得过诺贝尔奖

变革称为 "物理学史上一场伟大的革命". 我对 "革命" 一词一直有不同意见. 20 世纪初诞生的量子论和相对论, 并没有 "革" 经典物理学的 "命", 而是拓展了新的领域: 经典物理学研究的是宏观领域, 就是研究的对象要大一些, 而量子论研究的是微观领域, 研究的对象细小; 经典物理学研究的是运动速度较慢的物体, 而相对论研究的是运动速度接近光速的物体. 二者的领地是清楚的, 没有相互侵占, 而是相辅相成, 构成了物理学今天的大厦.

1.3　物理学的分类

我们先把物理学按照历史的发展做个简单的分类, 如图 1–5 所示. 从图中可以清楚地看到, 物理学从 17 世纪开始大发展, 到了 19 世纪末, 形成了以力、热、光、电磁为主要内容的经典物理学. 20 世纪开始, 现代物理学的两大支柱——量子论和相对论开始形成. 现代物理学虽然经过了上百年的发展, 但其内容仍然在不断地充实, 例如近年来兴起的量子计算机和量子通信研究, 观察到引力波等 (美国科学家 2016 年 2 月宣布发现 13 亿年前分别是 26 和 39 倍太阳质量的两个黑洞并合, 3 倍太阳质量变成能量, 以引力波的形式传播出去). 有人甚至说, 可能有第二次量子革命, 就是量子论的第二次大发展. 到底会不会有谁也不能断定, 要看科学自身的发展.

力、热、光、电磁、量子论、相对论这些都是物理学大厦的主要支柱. 一座大厦, 光有支柱还不行, 功能还不齐全, 还要有墙壁、房间、楼梯, 甚至还要有良好的装饰等, 才能算是一个功能齐全的大厦. 物理学的大厦里面也有这些东西, 就是物理学的各个分支. 随着科学的发展, 物理学中不断地生长和发展出新的分支学科. 物理

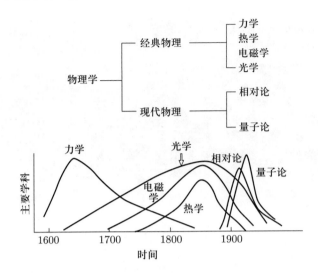

图 1-5 物理学主要学科的分类及发展

学的各分支学科是按照物质的不同存在形式和运动形式划分的. 我们在这里给大家列举一些物理学的分支:

理论物理学、粒子物理学、原子核物理学、原子和分子物理学、天体物理学、凝聚态物理学、光物理学、激光物理学、非线性光学、低温物理学、磁性物理学、金属物理学、半导体物理学、材料物理学、表面物理学、介观物理学、电真空物理学、电子物理学、无线电物理学、固体微电子学、等离子体物理学、声学、高压物理学、非线性物理学、计算物理学⋯⋯

上面这些分支都是物理学里面所谓的 "专业", 可以说你学完之后就在某一方面有了专门的知识. 过去一个人被大学录取, 录取通知书上有一句话: "录取你入我校 ×× 系, ×× 专业学习." 近年来, 大家认识到大学通识教育的重要性, 大学录取不再分专业, 而只分院系. 以北京大学物理学院为例, 学生进入学院前三年不分专业, 最后一年根据个人的选择学习一些专业课程.

这里要给青年读者关于专业做一些说明. 世界上知识很多, 要学习的也很多, 如果不分专业, 学生学习的范畴就无法划分, 如果大学学习的知识不集中, 毕业后很难选择职业方向, 结果就是学生什么都知道一些, 什么都不会做. 但是, 大学学习课程不仅要学习知识, 还要提高自我更新知识的能力. 大部分学生毕业以后不会在自己学习的专业领域工作, 但只要你有自我更新知识的能力, 就什么都能做好. 面对一个要处理的问题时, 实际上不需要什么专业上的考虑, 你只要有办法解决就好. 美国化学会有几种杂志很能说明这个问题: *Journal of Physical Chemistry* (《物理化学杂志》), *Journal of Chemical Physics* (《化学物理杂志》), *Physical Chemistry and Chemical Physics* (《物理化学和化学物理》). 这些杂志上的文章作者的单位有化学系、物系、电子系、生物系等等, 你说他们到底是研究化学还是物理?

1.4 物理学研究的尺度

物理学研究的尺度从最大的宇宙 (现在还有人研究宇宙外的状况) 到最小的基本粒子, 如电子、夸克等.

宇宙到底有多大目前为止还不是很清楚, 普遍认为, 宇宙是无限的, 而我们所说的具有大小的是可观测宇宙. 假如一束光穿过宇宙向我们而来需要大约 140 亿年 (实际可能超过这个数), 那么图 1-6 告诉我们, 如果将从我们至边缘的宇宙画成一幅 14 m 的图, 图中的 1 nm 就代表 1 ly (光年) 的距离. 光 1 s 可以绕地球大约 7.5 圈, 可以想象宇宙有多大. 银河系要比宇宙小得多, 但是, 太阳系以 250 km/s 的速度绕银河系中心旋转, 旋转一周需要 2.23×10^8 年, 即两亿多年. 我们人类有纪录的历史才几千年, 现代人 (晚期智人) 的历史不过 5 万年左右, 可是, 太阳系绕银河系旋转一周要两亿多年! 从人类诞生以来, 太阳系绕银河系运动的角距离几乎可以忽略.

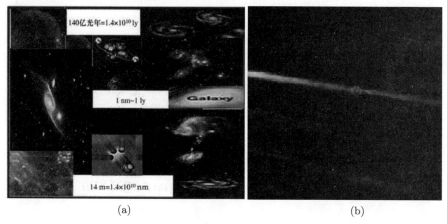

图 1-6　(a) 在这张 14 m 的图上, 1 nm 代表 1 ly 的尺度. 地球、银河系有多大的面积? (b) 图中圆圈是 60 亿千米外看地球. 这个距离光要走约 5.6 小时 (旅行者 1 号 1990 年拍摄)

那么, 基本粒子有多大? 以电子为例. 电子的质量约 9×10^{-31} kg, 半径约 2.8×10^{-15} m (目前的理论认为, 电子没有内部结构, 是点粒子, 这个半径是某种等效半径). 对比一下, 银河系质量约为 4.1771×10^{41} kg, 直径介于 10 万光年至 18 万光年之间.

可见物理学的研究几乎穷尽了宇宙的各个角落, 这是物理学与化学和生物学区别最大的地方, 化学和生物学的研究尺度基本都限制在分子的级别.

从物理学研究的尺度不难推测到, 我们离完全认识宇宙还差得很远, 现在对宇宙的认识可以说仅仅是个皮毛.

1.5　物理学未来的探索方向: 极大和极小

物理学发展到了今天的高度, 以后朝哪里走?

按照目前物理学的状况, 最有挑战性的研究可能还是极大和极小的问题, 就是宇宙的问题和基本粒子的问题. 从前面对宇宙的介绍, 我们看到宇宙太大, 我们对宇宙的认识还处于初级阶段, 人类最终能不能真正清楚地认识宇宙还存在疑问. 对基本粒子的认识和宇宙的起源密切相关, 从夸克再往深层次的研究对物理学来说也是艰难的挑战.

物理学的大厦虽然辉煌, 但还是有很多问题需要后来人去努力完善.

1.6　百年来物理学对人类生活的影响大事记

这里列举了从 20 世纪开始, 物理学对人类发展做出的一些重要贡献, 可以看到, 没有物理学的贡献, 人类的现代生活是无法想象的.

1901: 成功进行了跨越大西洋的无线电接收, 无线电广播和通信由此得到大规模推广应用.

1911: 发现超导体.

1912: 发现晶体原子的对称排列.

1926: 开始第一次电视图像的传输.

1928: 第一次完成跨大西洋的图像无线传输.

1930: 首次提出火箭发动机的专利.

1932: 发现中子.

1934: 发现人工放射性元素.

1936: 发明磁带录音机 (时间有不同说法).

1937: 发明雷达 (时间有不同说法).

1938: 发现超流; 发现了硒在光照下变成良导体, 并应用它制成了第一台复印机.

1939: 开始调频广播; 发现了原子核裂变现象.

1947: 发明晶体管.

1949: 用 X 射线分析了青霉素的晶体结构.

1954: 发明太阳能光伏电池.

1955: 制造第一根光纤.

1956: 超声技术开始在医疗中应用.

1958: 发明集成电路.

1950 年代: 发现 DNA (脱氧核糖核酸) 的双螺旋结构和蛋白质的晶体结构.

1960: 发明红宝石激光器 (激光器原理是 1905 年爱因斯坦提出的).

1962: 发明 LED(light emitting diode, 发光二极管).

1965: 提出能够实用的光纤的设想.

1967: 家用微波炉上市.

1969: 开始应用互联网.

1971: 发明微处理器.

1975: 液晶显示用于计算器.

1982: 激光唱盘问世.

1990 年代: 发明高密度存储硬盘、闪存 (U 盘).

21 世纪: 我的推测, 人工智能 (AI) 的大发展.

一百多年来物理学的发现和发明极大地促进了人类的进步, 深入人类生活的各个方面. 这里选择几个重要的发明做一些解说.

物理学的很多发现和发明与知识的传播和存储方式有关 (见 1901, 1926, 1928, 1936, 1938, 1955, 1958, 1969, 1971 年以及 1990 年代的内容). 前言里面强调了人民科学素养对一个国家的重要性. 由于科学的发展, 科学知识的获得越来越容易. 在没有无线电传输的年代, 人们获得知识是十分困难的, 有了无线电传播, 不同地域的人就可以比较容易地交流知识. 但是这还不够, 还要有良好的存储方式. 无线电发明以后又有了磁带录音机, 如果你听到的知识还不是很清楚, 可以通过录音反复学习, 直到搞明白. 电视图像的发明又让学习变得更加容易, 有些知识, 只有文字或者语言不易学习明白, 配合图像就好得多. 后来发明的复印机、集成电路、互联网、微处理器、高密度存储都让知识传播和存储变得更加容易. 互联网的发明也给全球化打下了良好的基础, 使人类文明前进了一大步.

1949 年, 人们用 X 射线分析了青霉素的晶体结构, 这也是物理学对人类发展有深远意义的贡献. 为什么这么说? 青霉素是抗生素. 虽然近年来有滥用抗生素的趋势, 但是抗生素对人类的贡献十分巨大. 例如有一种传染病叫霍乱, 在过去是一种十分可怕的瘟疫, 由细菌传染, 死亡率极高, 但是有了青霉素就可轻松治疗. 对青霉素晶体结构分析的伟大意义在于, 人们开始知道一个化合物是如何组成的. 知道了一种化合物的晶体结构以后, 就可以有目的地合成, 大幅提高产量, 使十分昂贵的东西变得便宜, 更好地为人类所利用.

我经常在课上给同学们讲一个关于药物的故事,和晶体结构有关.大部分小孩都惧怕吃药,因为药很苦.小孩吃药经常给父母造成极大的困扰.有一年,我在德国带我的儿子看病,那时候我儿子两岁左右.医生开出的药都是液体,而且是水果味道,孩子像喝糖水一样吃药,毫无困难.我十分奇怪,为什么药是水果味道?后来咨询了明白这件事情的人才知道,德国制药厂在小孩的药物里面加了水果味的基团,而这些基团到了胃里以后就马上脱落,因为胃里的酸性和嘴里是不一样的.药物在嘴里是甜的,到胃里甜味基团就脱落,丝毫不影响药物的效果.要做到这一点,首先就要知道药物的晶体结构,而后才能设法加入甜味基团.

1954 年,人们发明了太阳能光伏电池,这是太阳能利用的开始.在能源短缺,环境问题日益严重的今天,对太阳能的利用越发显得重要.

1955 年,人们制造了第一根光纤.1965 年,高锟 (1933—2018) 提出能够实用的光纤的设想.2009 年,高锟获得了诺贝尔物理学奖.1964 年,他提出在电话网络中以光代替电流,以玻璃纤维代替导线.1965 年,他在以实验为基础的一篇论文中提出以石英基玻璃纤维做长程信息传递,将带来一场通信业的革命,并提出当玻璃纤维损耗率下降到 20 dB/km 时,光纤通信就会成功.今天的互联网线路用的都是光缆.铜线的信号传输也非常好 (铜传输电信号,光纤传输光信号,都可以传输信息,功能方面是等价的),可是与光纤相比,带宽有差距,而且铜的价格非常昂贵,地球上铜储量很少.光纤是玻璃或塑料做的,便宜且轻便.今天有全球规模的信号传输系统,光纤的贡献怎么说都不过分.

1950 年代,人们发现了 DNA 的双螺旋结构和蛋白质的晶体结构,从而产生了分子生物学,使人们对生命的认识前进了一大步,以至今天几乎人人都知道 DNA.

1958 年,集成电路被发明出来.2000 年,已 77 岁高龄的基尔比 (Jack Kilby, 1923—2005) 因发明集成电路而获得当年的诺贝尔物理学奖.1958 年,在美国德州仪器公司工作的基尔比在研究微型组件时,提出用同一材料做出晶体管、电阻、电容等元器件的设想,同年 9 月在一个玻璃板上焊上锗晶体管芯片等元件并连线电极而制成了由五个元器件组成的移相振荡器,当输入 10 V 电压时,该电路输出了一条正弦波曲线,于是在实验室里便诞生了世界第一块集成电路.

基尔比的发明对年轻科学家有很深刻的启示,那就是,一个伟大的发现或者发明开始时不一定有完美的形式,也不一定能够马上引起轰动,重要的是它有与众不同的思路.从图 1-7 中我们会看到,基尔比的第一块集成电路很难看,甚至可以说丑陋,可是后来的发展令人吃惊.一开始集成电路非常昂贵,但是在过去 50 年里,晶体管的成本已经从 30 美元 (按 2015 年的货币计算) 下降到十亿分之一美元.今天的计算机、互联网、全球化,没有集成电路是不可想象的.

21 世纪已经过去了 20 年, 那么 21 世纪物理学会对人类有什么伟大的贡献? 我们不得而知. 我的预测是人工智能将给人类社会带来巨大的变化, 很多工作将被人工智能替代, 不仅是体力劳动, 复杂的脑力劳动也会被替代.

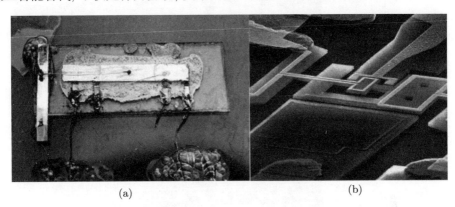

图 1-7 (a) 第一块集成电路; (b) 现代集成电路的局部在光学显微镜下的照片. 它是在单晶硅表面做出的晶体管、其他元件和线路

我们先看围棋的 "人机大战". 2016 年 3 月, 围棋人机大战在韩国首尔上演. 谷歌的人工智能 "阿尔法围棋" (AlphaGo, 也称阿尔法狗) 战胜了世界冠军、韩国棋手李世石, 总比分 4:1. 2017 年, 阿尔法狗的 "弟弟" 阿尔法元 (AlphaGo Zero) 100:0 打败哥哥阿尔法狗. 阿尔法狗是学习了三千多万个棋谱以后, 总结经验, 打败了李世石. 而这个弟弟只靠一副棋盘和黑白两子, 没看过一个棋谱, 也没有一个人指点, 从零开始, 完全靠自己一个人强化学习 (reinforcement learning) 和参悟. 发展这个项目的负责人说, 阿尔法元远比阿尔法狗强大, 因为它不再被人类认知所局限, 而能够发现新知识, 发展新策略.

波士顿动力发明的阿特拉斯 (Atlas, 原意为希腊神话中支撑天空的神) 人形机器人, 不但可以像人一样运动, 翻越障碍, 躲避打击, 还能像运动员一样前滚翻、后滚翻, 而它的力气可是比人大得多.

人工智能也能进行文学创作.《阳光失了玻璃窗》(图 1-8) 这本诗集, 收录了 "少女诗人小冰" 创作的 139 首诗歌, 而这个小冰就是一个人工智能. 目前网络上有不少应用软件可以作诗、写文章, 给它一个关键词或者一幅图画, 它就可以写出像模像样的诗歌或文章.

虽然人工智能是很多学科的合作, 但是物理学对其的贡献是非常重要的. 物理学是一门善于总结、发展模型、把事物定量化的学科, 随着对人工智能认识的深入, 很有可能会打通客观和主观的通道, 那时候人类对自然界的认识将不可同日而语.

这些进展是非常了不起和令人震惊的. 如此发展下去, 人工智能将在各个方面

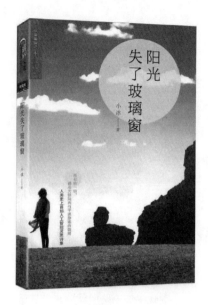

图 1-8   人工智能少女诗人小冰的诗集

都可以替代人. 我经常和学生开玩笑说, 大家要更加认真地学习, 不然就被人工智能代替了, 以后找工作会很困难. 虽然这是玩笑, 但人工智能的发展应该引起科学家和政府的注意, 因为任何事物都有两面性, 人工智能可能带来的问题也不可小觑. 先不说脑力劳动方面, 工厂大量使用机器人已经使不少人失业, 所以合理地发展人工智能很重要.

物理学在其他方面的贡献就不一一解说了, 大家看上面的列表就了解了.

20 世纪是个伟大的世纪, 人类经历了两次世界大战, 最后建立了新的世界秩序. 在科学方面, 人类开创了现代物理学, 建立了量子论和相对论. 相信 21 世纪物理学仍然会光彩夺目.

1.7   物理学的有趣之处

物理学是个十分有趣的学科, 我们举两个例子说明.

我们先说热力学第二定律. 热力学第二定律有好几种表达方式, 其中一个叫 "熵增加" 原理. 所谓的熵, 简单地说就是一个系统或者自然界的混乱程度. 熵增加原理说, 一个系统的熵总是在增加, 就是越来越混乱. 如果把一滴墨水滴进清水, 过不了多久, 墨水和清水就会完全混合, 这个系统的熵增加了, 达到了最大. 热力学第二定律说, 世界上所有的事情都是这样的.

物理学家从热力学第二定律马上推论出两个有趣的结果: 第一, 若干年后, 由于熵增加, 物质在宇宙中的分布变得均匀, 宇宙就不能演化了, 那时候宇宙就 "死" 了; 第二, 宇宙的年龄是有限的, 不然宇宙早就死了. 后来证明宇宙的年龄的确是有限的, 大约 138 亿年, 但宇宙未来会不会达到一个熵最大的状态还有很大争议.

我们再说说单电子干涉. 干涉现象是一种波动现象. 1801 年, 英国物理学家托马斯 · 杨 (Thomas Young, 1773—1829) 在实验室里成功地观察到了光的干涉. 两列光波在空间相遇时相互叠加, 在某些区域加强而变亮, 在另一些区域削弱而变暗, 形成明暗相间的条纹, 这就是光的干涉. 我们已经知道电子有波粒二象性, 就是它也可以干涉. 这并不奇怪, 有意思的是一个电子, 也就是单电子, 也会产生干涉 (图1-9). 那么, 单电子是如何与自己干涉的呢? 费曼 (Richard Phillips Feynman, 1918—1988, 美国物理学家, 1965 年诺贝尔物理学奖得主) 说了一句意味深长的话: "双缝干涉是量子力学的核心实验, 其中包含了量子力学最深刻的奥秘."

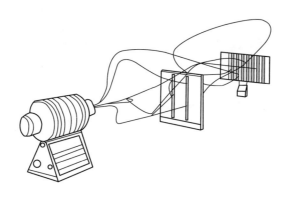

图 1-9　电子一个一个发射, 观察到干涉条纹. 单电子如何干涉?

物理学里面有趣的知识和研究方向很多, 就不再列举了.

不仅物理学有很有趣的知识和研究方向, 物理学家也很有趣. 很多人以为科学家不食人间烟火、呆头呆脑、不懂生活, 这完全是对科学家的误解, 最起码没有代表意义. 科学家的思想都是十分活跃的, 不然就不会有创造, 很多科学家不仅在科学上活跃, 在其他方面也很活跃. 爱因斯坦是个非常出色的小提琴手. 费曼在加州理工学院任教时, 晚上经常去娱乐场所表演. 如果仔细考察, 历史上很多有名的科学家都多才多艺.

再看看我们北大物理学院. 北大物理系 (过去叫物理系, 2001 年与技术物理系等组成了物理学院) 的前主任王竹溪 (1911—1983) 老先生是个很有名的物理学家, 他撰写的有些教科书至今还在使用. 但同时, 他对中国文字也有很深的造诣, 编纂的《新部首大字典》是许多语言学家都望尘莫及的. 近年还有郭卫老师, 业余时间研究红楼梦, 发现了其中许多不为人知的奥秘, 出版了一本《红楼梦鉴真》. 就是我自己, 也出版过《剑桥漫步》和《徜徉莫斯科》等文学作品, 都是业余时间所写.

总而言之, 科学家并不呆板, 也是一群很有趣、会生活的人.

卷首语解说

本书的卷首语安排的顺序大概是这样的: 科学发现和理论是如何做出来的; 科学研究过程有哪些应该注意的问题; 科学家应该具有哪些素质.

先给大家介绍一下贝弗里奇. 贝弗里奇是英国剑桥大学的教授, 在研究方面做出过很重要的贡献, 但是, 他为人熟知的不是他的研究成果, 而是他写过的一本小书《科学研究的艺术》. 在这本书里, 贝弗里奇把科学研究和艺术相提并论, 认为都是非常有创意的过程. 科学出版社在 20 世纪 80 年代出版了中译本, 我当时买了一本, 价格一块钱左右. 这本书对我的影响很大, 是我保留至今、屈指可数的几本书之一.

我们知道, 归纳法和演绎法是科学研究两个重要的方法, 但是, 贝弗里奇说根据总结的资料演绎不会得出科学发现, 爱因斯坦说归纳法也不会产生新的科学理论. 就是说, 仅仅学得多, 知道得多, 会一些逻辑关系, 是不会做出新的发现或创造出新的理论的. 那新的发现和理论是如何产生的? 下一章我们请爱因斯坦来回答.

第二章 物理学基础

直觉就是一切.

在发现的路上, 聪明是微不足道的. 意识产生了飞跃, 你可以叫它直觉, 或者你愿意叫它什么都行. 答案就这样来了, 你却不知道它如何而来.

想象力比知识更为重要, 知识是受限制的, 想象力则包含整个世界.

——爱因斯坦

本章介绍物理学基础, 包括一些普遍的规律, 也就是自然界普遍的规律. 知道物理学的普遍规律, 相当于站在高处看问题, 有助于理解复杂的自然现象.

2.1 物理学 (科学) 研究的本质

科学研究的本质在于理解未知世界, 学习知识是为理解未知世界打基础. 科学在词典里作为名词主要指知识体系, 其实它还蕴含着行为上的意义. 科学的知识体系, 就是我们学习的东西, 是人们对客观世界的认识. 这个部分是非常严肃的, 一般说来是很难更改的. 经常听人说这个科学, 那个不科学, 就是指说的事情符合不符合科学对它的认识.

科学的行为是研究, 是探索未知, 这才是科学最重要的部分. 如果一个人满腹经纶, 却没有在研究方面的贡献, 那就不能称为一个科学家. 我们看看诺贝尔奖授奖时是怎么评价获奖科学家的. 诺贝尔物理学奖 1901 年开始授奖, 我们先来看 1901 年和 1902 年颁奖词是怎么说的.

1901 年, 第一届诺贝尔物理学奖授予德国的伦琴 (Wilhelm Konrad Röntgen, 1845—1923). 颁奖词: "皇家科学院决定将诺贝尔物理学奖授予慕尼黑大学的伦琴教授, 以表彰他那常常与他的名字联系在一起的发现, 即所谓伦琴射线——他自己称之为 X 射线."

1902 年, 诺贝尔物理学奖授予荷兰的洛伦兹 (Hendrik Antoon Lorentz, 1853—1928) 和塞曼 (Pieter Zeeman, 1865—1943). 颁奖词: "皇家科学院决定将本年度的诺贝尔物理学奖授予莱顿大学的洛伦兹教授和阿姆斯特丹大学的塞曼教授, 以表彰他们在光和电磁现象联系方面所做的开创性的工作."

我们看到, 颁奖的关键词是 "发现" 和 "开创性", 这正是科学研究的根本. 1901 年有些早, 我们再看看 1997 年和 1998 年的颁奖词:

"1997 年诺贝尔物理学奖授予美国斯坦福大学的朱棣文 (1948—)、法国法兰西学院和高等师范学院的科昂–塔诺季 (Claude Cohen-Tannoudji, 1933—) 和美国国家标准与技术研究院的菲利普斯 (William Daniel Phillips, 1948—), 以表彰他们发展了用激光冷却和陷俘原子的方法."

"1998 年诺贝尔物理学奖授予美国科学家劳克林 (Robert Laughlin, 1950—)、德国科学家施特默 (Horst Ludwig Störmer, 1949—) 和美国科学家崔琦 (1939—), 主要表彰他们发现并解释了具有分数电荷激发的量子流体这一特殊现象."

这里的关键词还是 "发展" 和 "发现". 可见, 科学研究的本质就是了解未知世界. 这是进入科学研究领域的青年学子首先要明白的.

2.2 物理学的尺度结构

在尺度结构上, 物理学可以分为微观、介观和宏观领域 (图 2–1).

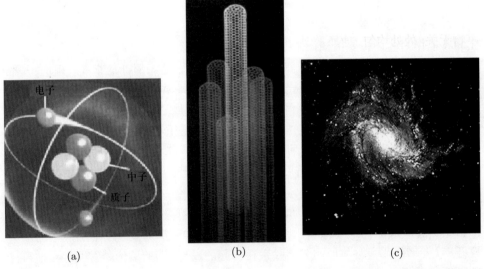

(a)　　　　　　　　(b)　　　　　　　　(c)

图 2–1 微观、介观和宏观系统举例. 微观系统是一个原子 (a), 介观系统是一束碳纳米管 (b), 宏观系统是一个星系 (c)

微观领域的范围大概是从分子大小往下, 直到基本粒子. 微观领域研究对象的一个基本特征是具有波粒二象性, 就是它们的表现有时候是粒子的行为, 有时候是波的行为. 这个我们后面介绍量子论时再讲.

介观领域兴起的时间不长, 如果把 1985 年发现碳 60, 或者叫巴基球, 算作介观系统研究的开始, 至今不过 30 多年. 介观的意思是介于微观和宏观之间, 所研究的系统大约由几十个或者几百个原子或分子组成. 这个大小刚好是纳米范围, 就是 10^{-9} m 左右. 10^{-9} m 是十亿分之一米. 现在很少有人称其为介观系统, 而通俗地称其为纳米系统. 纳米系统有不同于微观和宏观系统的性质, 有些还非常奇特. 例如, 在宏观尺度下非常脆的东西, 到了纳米尺度下可能有很好的弹性. 又如纳米铜的延展性是普通 (宏观) 铜的 50 多倍. 有关纳米系统, 后面有专门一章讲解.

宏观系统大概有两个不同的领域, 一个研究的对象是地球上看得见的东西, 例如物体的运动、我们人类所使用的各种材料等等; 另一个研究的对象是比地球还要大的系统, 如宇宙学. 宇宙学研究的对象是整个宇宙, 甚至还有人研究宇宙以外的情况.

2.3 对时间和空间的思考

时间和空间是大家司空见惯的, 一般人都不会去考虑. 在物理学上, 经典物理学和现代物理学, 尤其是相对论, 对时间的看法是不一样的. 经典物理学认为, 时间和空间是作为绝对的参考物存在的. 牛顿在《自然哲学的数学原理》一书中认为: 时间自身均匀地流逝, 与一切外在事物无关; 空间也是绝对的, 其自身特性与外在事物无关, 处处均匀、永不移动. 它们既是自然界和人类的参考系, 也是见证人, 高高在上, 绝不参与其中. 杜甫的诗里面就有 "尔曹身与名俱灭, 不废江河万古流", 就是说不管世事如何变换, 江河都万古长流, 不会改变 (时间和空间永远不会改变). 我们熟悉的电视剧《三国演义》片头曲里有明代杨慎的词 "青山依旧在, 几度夕阳红", 也是表达时间与空间永不改变的意思.

直到今天, 对普通人和正常的生活而言, 经典物理学对时间和空间的认识仍然是正确的, 不需要改变. 即便是量子力学 (相对论量子力学除外), 也遵从经典物理学的时空观. 可见经典物理学的时空观有其非常合理的一面.

然而, 爱因斯坦不满足对时间和空间的经典认识, 他认为, 时间和空间未必是脱离物质而独立存在的. 果真, 时间和空间不是绝对的, 是可以改变的. 物体运动接近光速时, 时间明显变慢, 这一点已经在人造卫星上有应用, 用来对人造卫星的时间做相对论修正, 使之与地面的时间一致. 宇宙在大尺度上观察到了时空弯曲, 宇宙里面可能有虫洞, 通过它可以走时空的捷径, 这就是科幻文艺作品穿越时空的基础.

不仅是时空观, 爱因斯坦甚至认为时间根本就不存在, 是人们的错觉. 1955 年他在给贝索 (Vero Basso) 的一封信里面说: "就我们这些物理学的信徒而言, 对于过去、现在和将来的划分, 其意义仅仅是一种永远的幻觉." 爱因斯坦的观点很可能是, 宇宙中的一切都是按照规律运行的, 不需要时间作为参考系, 无论有没有时间, 宇宙都会如此运行.

虽然爱因斯坦的时空观对人类的生存和生活似乎没有什么用, 但是, 当人类最终认识宇宙时, 它可能发挥巨大的作用.

2.4　物理学中的数量级

前一章里我们说过, 物理学研究的是物质、能量以及它们之间的相互作用. 既然是物质就有大小和质量 (光子没有静止质量), 既然是能量就有高低.

数量级在物理学中有重要的意义, 很多时候, 我们并不需要知道某一事物的绝对数值, 但需要知道它们的数量级以判断它们的属性和趋势. 数量级是指数量的尺度或大小的级别, 每个级别之间保持固定的比例. 在现实生活中, 如果没有特别标注, 一般说的数量级都是以 10 为底数, 每差 10^1, 就是 10 倍, 称为差一个数量级. 我们从以下几个表中的数值也可以知道物理学研究的范围有多么广泛.

表 2–1 给出了物理学研究涉及的一些长度的数量级. 其中最小的是质子半径的数量级, 为 10^{-15} m, 与电子的等效半径在同一个数量级. 虽然质子是由夸克组成的, 但是夸克不能单独存在, 所以夸克的半径不是很清楚 (与电子一样, 目前的理论认为夸克是点粒子). 地球公转轨道的半径, 又称一个天文单位 (astronomic unit, AU) 的数量级是 10^{11} m. 物理学中还有一个 AU (arbitrary unit), 称为任意单位. 有时候我们不需要知道一些参数的绝对值, 但要知道它们的相对量, 这时候就可以使用任意单位. 由于任意单位给出的是参数的对比, 既简单又直观. 已知离地球最远的一个类星体离地球的距离的数量级为 10^{26} m, 对比一下它与质子的半径, 就知道二者差距之大, 也可以感受到物理学研究的尺度差距有多大.

表 2–1　一些长度的数量级 (单位: m)

质子的半径 (强相互作用力程)	10^{-15}	地球的半径	10^7
电子的康普顿波长	10^{-12}	太阳的半径	10^9
原子的半径	10^{-10}	地球公转轨道的半径 (1 AU)	10^{11}
病毒的半径, 可见光波长	10^{-7}	太阳系的半径	10^{13}
人体最大细胞直径	10^{-4}	到最近恒星的距离	10^{16}
昆虫的长度	10^{-2}	银河系的半径	10^{21}
人体的高度	10^0	星系团的半径	10^{23}
红杉树的高度	10^2	超星系团的半径	10^{24}
珠穆朗玛峰的高度	10^4	可探测类星体的最远距离	10^{26}

表 2–2 是一些物体质量的数量级, 最小的电子质量数量级为 10^{-30} kg, 而可观测宇宙质量的数量级有 10^{53} kg, 差距巨大.

表 2-2   一些质量的数量级 (单位: kg)

物质	质量	物质	质量
电子	10^{-30}	人体	10^2
质子	10^{-27}	土星 5 号火箭	10^6
氨基酸分子	10^{-25}	金字塔	10^{10}
血红蛋白分子	10^{-22}	海洋中的水	10^{21}
流感病毒	10^{-19}	月球	10^{23}
烟草花叶病毒	10^{-13}	地球	10^{25}
巨型阿米巴虫	10^{-8}	太阳	10^{30}
雨滴	10^{-6}	银河系	10^{41}
蚂蚁	10^{-4}	可观测宇宙	10^{53}

表 2-3 是一些时间间隔的数量级. Z 粒子和 W 粒子的寿命只有 10^{-25} s 量级, 这是一个短得难以想象的时间间隔. 自然界中很多粒子的寿命都非常短, 以至很难对其进行研究. 宇宙的年龄目前认为是 10^{18} s 量级, 质子的寿命超过 10^{39} s 量级.

表 2-3   一些时间间隔的数量级 (单位: s)

Z^0 和 $W^\pm$ 粒子的寿命	10^{-25}	自由中子的寿命	10^3
Σ^0 超子的寿命	10^{-19}	地球自转的周期 (天)	10^5
π^0 介子的寿命	10^{-16}	地球公转的周期 (年)	10^7
可见光辐射的周期	10^{-15}	人类文明史	10^{11}
Λ 超子的寿命	10^{-10}	古人类出现至今	10^{14}
$\pi^\pm$ 介子的寿命	10^{-8}	恐龙灭绝至今	10^{15}
μ 子的寿命	10^{-6}	地球的年龄	10^{17}
最高可听见声音的周期	10^{-4}	宇宙的年龄	10^{18}
钟摆的周期	10^0	质子的寿命	$> 10^{39}$

前面对比了一些长度、质量和时间的差别, 我们可以粗略看到自然界的丰富多彩和千变万化, 我们对其的了解还很少, 有待继续努力. 下面说一些物理量的值时, 若正好是 10 的幂次, 通常都是指其数量级, 希望不会引起混淆.

前面说过数量级的概念非常重要, 有助于我们比较快地判断一件事情的趋势和对错. 这里给大家举一个例子. 有一年, 一个学生做量子力学习题, 计算 ZnS 的振动能级. 学生做完了让我看看是否正确, 我问结果是多少, 学生说了一个数字, 我说错了. 学生奇怪, 就问你没有看怎么知道错了. 我说, 振动能级的数量级在 10^{-1} eV, 而你的结果要大出 2 个数量级, 当然错了.

我们经常听到一台计算机的硬盘是多少兆 (M), 或者多少吉 (G), 现在硬盘容量越来越大, 到了太 (T), 这些就是单位的冠词. 我们熟知的有纳 (10^{-9})、兆 (10^{6})、吉 (10^{9}) 等. 表 2-4 列出了一些国际单位制所用的冠词, 以便大家能够通俗地理解. 国际单位制是千进位, 就是 10^{3} 进位. 例如, 有千, 没有万, 千之后就到百万. 如果要说万, 就要说 "十千" (ten thousand), 十万要说 "一百千" (one hundred thousand).

表 2-4　国际单位制所用的冠词

因数	英文	符号	中文	因数	英文	符号	中文
10^{-1}	deci	d	分	10	deca	da	十
10^{-2}	centi	c	厘	10^{2}	hecto	h	百
10^{-3}	milli	m	毫	10^{3}	kilo	k	千
10^{-6}	micro	μ	微	10^{6}	mega	M	兆
10^{-9}	nano	n	纳 [诺]	10^{9}	giga	G	吉 [咖]
10^{-12}	pico	p	皮 [可]	10^{12}	tera	T	太 [拉]
10^{-15}	femto	f	飞 [母托]	10^{15}	peta	P	拍 [它]
10^{-18}	atto	a	阿 [托]	10^{18}	exa	E	艾 [可萨]
10^{-21}	zepto	z	仄 [普托]	10^{21}	zetta	Z	泽 [它]
10^{-24}	yocto	y	幺 [科托]	10^{24}	yotta	Y	尧 [它]

物理学不但研究物质, 还研究能量以及能量与物质的相互作用. 图 2-2 是一个很有意思的图, 表示了自然界中光的频率、波长和各自的能量. 光的频率最低、波长最长的波叫长波, 它的频率可低于 1 kHz, 波长可超过 10^{15} Å (1 Å $=10^{-10}$ m), 光子能量可低于 10^{-11} eV. 宇宙中波长最短的光是伽马 (γ) 射线, 它的频率可超过 10^{22} Hz, 波长可短于 10^{-3} Å, 能量很高, 可超过 10^{7} eV. 由于能量太高, 伽马射线对人体是十分有害的.

1967 年, 人们发现宇宙中有伽马射线暴, 就是瞬时产生大量的伽马射线. 后来的研究表明, 伽马射线暴可能是超大恒星死亡爆炸或者恒星被黑洞吞噬时发射出来的. 伽马射线暴的能量巨大, 往往在几秒时间里释放出的能量, 就相当于几百个太阳一生中所释放出的能量, 是人们已知的宇宙中最猛烈的暴发. 科学研究发现, 伽马射线暴有定期发生的规律. 伽马射线暴在 5 亿年前曾经 "光临" 过地球, 导致大量的生命灭绝. 伽马射线暴可能就是至今仍然没有找到其他宇宙生命, 许多星系毫无生机的原因.

图 2-2 的最左边一列给出了不同的能量或者频率对应的光谱学 (光谱学在第六章有简单介绍). 光谱学是能量与物质相互作用最典型的例子, 每一种有代表性的波长都有相应的光谱学. 例如, 红外光的能量可在 10^{-2} eV 左右, 固体中晶格振

动的能量也在这个范围, 所以, 当我们把一束红外光射入固体中, 它就与固体相互作用, 然后产生一些改变. 我们测量从固体中出来、已经改变了的红外光, 经过分析, 就能够知道固体中的一些情况. 所以人们用红外光谱学来研究固体的晶格振动. 我们人体很多组织细胞的能量在 10^{-9} eV 左右, 在核磁共振谱的能量范围内, 所以可以用核磁共振谱来检查人体组织.

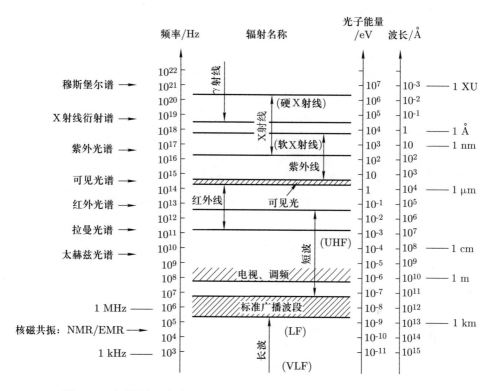

图 2-2　光的波长、频率和光子能量的分布, 以及各种能量对应的光谱学

需要注意的是, 光谱学的特点是入射光的能量要与被检查的对象能量相当, 这样才能探测到被检查对象的一些表现. 就像是拳击比赛, 对拳击手的体重有严格的规定, 只有体重相近的拳击手比赛才能呈现人体激烈对抗的精彩. 如果让泰森 (美国著名重量级拳击手) 和弗雷塔斯 (巴西著名轻量级拳击手) 比赛, 泰森大概一拳就可以让弗雷塔斯倒地不起, 这样就没有什么意思了.

我们还可以从图 2-2 中看到另外一种关于光速不变的解释, 无论是哪种光, 它们的波长与频率的乘积就是光速, 都是一样的 (对真空而言. 在物质中因为有色散, 不同波长的光速度一般不同). 一束光, 如果有某种原因降低了它的能量, 使它频率下降, 那么它的波长就变长了, 结果是速度依然不变.

2.5 自然界四种基本的相互作用和统一

到目前为止, 物理学把自然界的相互作用分为四种: 强相互作用、电磁相互作用、弱相互作用和引力相互作用. 强相互作用存在于原子核内, 作用力比较强, 我们姑且把它的强度定义为 1. 下来就是电磁相互作用, 它是我们大家都熟悉, 平时最常见到的, 作用力强度为 10^{-2}. 弱相互作用导致了原子核 β 衰变, 作用力的强度为 10^{-13}. 引力相互作用也是我们所熟知的, 牛顿的万有引力定律就是描述引力相互作用的, 它的作用力强度仅为 10^{-31}.

物理学认为, 四种相互作用都要通过媒介粒子进行, 表 2-5 中给出了它们相互作用媒介粒子的名字. 要注意的是引力子 (graviton) 在物理学中是一个传递引力的假想粒子, 目前仍然没有探测到. 为了传递引力, 引力子必须永远相吸、作用范围无限远并以无限多的形态出现, 不能有质量. 引力子假设在物理学里面可能是没有出路的, 要另寻途径才好. 爱因斯坦的广义相对论对引力有其他说明, 所以可能不存在引力子 (后面章节有讲述).

从表 2-5 中我们可以看到, 强相互作用和弱相互作用的作用距离是有限的, 那是因为它们相互作用的媒介粒子有质量, 所以作用距离不能长 (参见 (8-6) 式).

电磁相互作用和引力相互作用的媒介粒子没有质量, 所以它们的相互作用距离是无限的.

表 2-5　四种基本相互作用

类型	媒介粒子	强度 (相对)	作用距离
强相互作用	胶子和介子	1	短($\sim 10^{-15}$m)
电磁相互作用	光子 (无质量)	10^{-2}	长
弱相互作用	中间玻色子	10^{-13}	短 ($\sim 10^{-18}$m)
引力相互作用	引力子 (无质量)	10^{-38}	长

物理学家总是试图得到能够解释一切物理现象的基本规律. 物理学有个很远大的目标, 有人称为最终目的, 就是统一四种相互作用. 统一了这四种相互作用可能就解释了整个宇宙, 我觉得这有些夸张. 据说爱因斯坦在生命的最后几十年一直在寻求它们的统一, 但是没有结果. 20 世纪 60 年代, 物理学家发现电磁相互作用和弱相互作用可以统一, 当宇宙爆炸后演变到能量较低的范围时, 统一的电弱相互作用分解成为现在所观察到的电磁相互作用和弱相互作用.

霍金在《时间简史》里说过一句耐人寻味的话: "四种相互作用力不过是为了满足局部理论而做的人为划分, 并不具有深远意义." 物理学的理论不是完美无瑕的, 也需要不断地发展才能适应新的发现. 四种相互作用只是物理学家解释世界的一个理论, 而自然界未必完全如此. 玻尔 (Niels Henrik David Bohr, 1885—1962, 丹麦物理学家, 1922 年诺贝尔物理学奖得主) 说: "人们错误地认为物理学的任务是发现自然是如何运作的, 其实物理学关心的是我们自己如何解释自然." 可见, 物理学的理论也受主观意愿影响.

2.6 物理学的普遍规律

2.6.1 守恒定律

守恒定律不仅是物理学逻辑体系的基础, 也是自然界运行的基本规则. 有了守恒定律, 解释自然界也就变得容易了. 下面简单介绍一下几种主要的守恒定律.

(1) 物质守恒定律或者叫物质不灭定律. 物质在孤立系中, 既不能凭空产生, 也不能凭空消失, 但是可以发生变化 (通常意义上的物质守恒在粒子物理中不成立).

孤立系是指一个系统不与外界发生任何联系, 即不能交换能量和质量. 如果一个系统可以与外界产生交换, 那就不是孤立系, 守恒定律也就不存在. 这里我们看到讨论一个问题时条件的重要性, 一定要把讨论问题的条件搞清楚才能合理地讨论. 所有的守恒定律都是在孤立系中的, 即与外界没有能量和质量的交换.

(2) 能量守恒定律. 在孤立系中, 能量既不会凭空产生, 也不会凭空消失, 只能从一种形式转换成另一种形式, 或者从一个物体传递到另一个物体, 在所有过程中其总量保持不变. 能量守恒定律就是热力学第一定律, 称为能量守恒和转换定律. 历史上曾经有人试图制造永动机, 就是一种不提供能量却能不断工作的机器. 根据能量守恒定律, 没有能量的提供, 怎么会做功 (做功需要能量, 能量是做功本领的度量)? 如果早先的人们明白能量守恒的道理, 就不会想发明永动机了. 现在仍然有人要发明永动机, 那显然是不明白能量守恒的道理.

(3) 动量守恒定律. 若一个系统由两个质点组成, 且这两个质点只受到它们之间的相互作用, 则这个系统的总动量保持恒定:

$$\boldsymbol{p}_1 + \boldsymbol{p}_2 = 常量,$$

这里的 $\boldsymbol{p}$ 是动量, $\boldsymbol{p} = m\boldsymbol{v}$, m 是质点或者物体的质量, $\boldsymbol{v}$ 是速度. 有的书上把动量守恒定律定义为在不受外力作用, 或者合外力为零的情况下成立, 其实就是说运动在孤立系中, 与外界没有任何交换. 系统内部的相互作用是内力, 由于作用与反作用力的原因, 它们对系统总动量没有贡献. 虽然系统的不同部分可以交换动量, 但总量不变. 如果不是孤立系, 有外力加入, 系统的动量就会变化而不再守恒. 要再一次强调, 讨论物理定律的条件是十分重要的.

举一个射击的情况作为动量守恒的例子. 我们把子弹和枪的质量分别记为 m_1 和 m_2, 射击前没有速度 $\boldsymbol{v}$, 总动量为零. 子弹出膛后, 动量 $\boldsymbol{p} = m_1\boldsymbol{v}_1$, 要维持系统的动量不变, 即总动量依然为零, 这就要求枪的动量与 p 的大小相等, 但是方向相反. 这时候枪就要有朝相反方向的速度 v_2, 但是枪的质量 m_2 大, 速度 v_2 就会远小于子弹的速度 v_1. 这就是造成枪发射时有反冲力, 或称后坐力的原因. 因此, 发射时最好用肩膀紧紧顶住枪托, 让身体和枪融为一体, 这样就增大了 m_2, v_2 就要小多了, 容易保持射击的稳定性. 图 2-3 给出了简单的示例.

图 2-3　枪开火后子弹和枪身的动量大小相等、方向相反

(4) 角动量守恒定律. 动量描述的是做直线运动的物体, 而角动量描述的是做圆周运动的物体 (图 2-4). 角动量守恒定律说, 在孤立系中, 若一个系统由两个质点组成, 且这两个质点只受到它们之间的相互作用, 则这个系统的总角动量保持恒定:

$$L_1 + L_2 = 常量,$$

这里 L 是角动量, 定义为 $L = r \times mv$, r 是质点或者物体相对某固定点的位置, m 是质量, v 是速度.

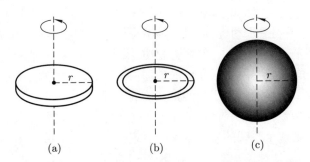

(a)　　　　　　　　　(b)　　　　　　　　　(c)

图 2-4　圆盘 (a)、圆环 (b) 和圆球 (c) 的角动量原理图

一个常见的角动量守恒的例子就是滑冰运动员或芭蕾舞演员的旋转. 当运动员需要加快旋转的时候, 会收缩自己的双臂和一条腿, 观众此时会看到运动员的旋转突然加快. 这是因为, 当手臂和腿收缩时, 相当于 r 变小, 为了维持身体 (系统) 的角动量不变, 而人体的质量 m 不能改变, 只有改变速度 v, 所以观众就看到旋转速度加快. 相反也一样, 如果想使旋转变慢, 打开手臂让 r 变大即可.

这里要再强调一次, 守恒定律的条件是系统一定是孤立系, 热力学中叫绝热系统. 就是说, 遵从守恒定律的系统一定不能与外界有任何形式的交换. 很多人认为宇宙就是一个孤立系, 目前没有观察到它与外界有任何的交换.

2.6.2 质能转换定律

我们都知道质能转换定律是爱因斯坦发现的, 后面的章节还要介绍, 这里简单了解一下. 爱因斯坦在提出狭义相对论以后, 给出了一个质能关系式:

$$E = mc^2, \tag{2-1}$$

这里 E 是能量, m 是质量, c 是真空光速. 这个关系式说, 一个物体的质量是可以转换为能量的, 反过来, 能量也会转换成质量. 质能关系式是核反应和核武器的基础, 发生核反应的时候, 部分核材料的质量变成能量. 核裂变 (原子弹爆炸) 时, 质量有千分之一变成能量; 核聚变 (氢弹爆炸) 时, 质量有千分之六变成能量. 不要看质量变成能量的比例很小, 实际上却是很大的能量, 这就是原子弹和氢弹的杀伤力很大的原因. 核电站就是让原子核慢慢裂变而产生能量的. 虽然核聚变产生的能量更多, 但是到目前为止, 人们还不能让核聚变像核裂变那样缓慢进行而达到产生能量的目的, 科学家仍在努力中.

大家都知道质能关系式是自然界有关能量的一个很重要的关系式, 但是物理学还有一个有关能量的关系式也十分重要, 这就是光量子能量的公式:

$$E = h\nu, \tag{2-2}$$

这里 h 是普朗克常数, ν 是光量子的频率, E 是这个光量子的能量. 宇宙中相当一部分能量是以不同频率的光的形式存在的. 这个能量公式来自量子论, 对所有频率的光都适用, 在后面关于量子论的一章中还要讲到.

2.7　物理学中的对称性

2.7.1　几何对称性和物理规律的对称性

对称性对物理学是十分重要的, 物理学里面的几何对称性可以用数学中的群论来描述, 能够使问题的处理变得简单. 同时, 无论是自然的还是人工的物体, 具有对称性都是最完美的形态之一, 对称之美经常让人们叹为观止.

自然界不论是宏观物体还是微观粒子, 普遍存在着对称性. 例如, 雪花、花朵、蝴蝶都具有对称性, 人体也具有对称性. 地下的矿物, 如水晶、钻石、闪锌矿等也都具有对称性. 微观粒子如水分子、苯分子以及大多数分子都具有对称性. 对称性显示出物体的匀称和完美, 设计师设计的建筑也大多数呈现对称性. 图 2-5 是一些例子.

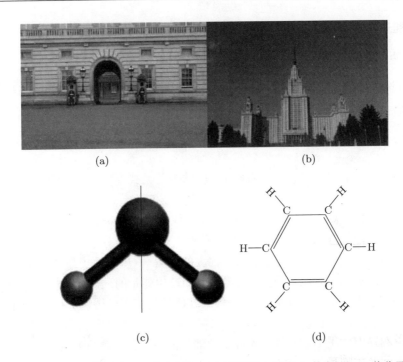

图 2–5 对称性的例子. (a) 白金汉宫; (b) 莫斯科大学; (c) 水分子; (d) 苯分子

在物理学中存在两类不同性质的对称性: 一类是某个系统或者某个具体事物的对称性, 最典型的就是物体的几何对称性; 一类是物理规律的对称性. 物理规律的对称性是指经过一定的变换 (操作) 后, 物理规律的形式保持不变. 物理规律的对称性又称不变性 (invariance), 例如牛顿定律在伽利略变换下的不变性.

对称性研究一个十分重要的进展是诺特 (Emmy Noether, 1882—1935, 德国数学家) 在 1918 年左右提出的诺特定理. 该定理指出, 物理定律的一种对称性, 必然对应着一条守恒定律. 例如, 空间平移对称性对应动量守恒定律, 时间平移对称性对应能量守恒定律, 旋转对称性对应角动量守恒定律. 诺特定理对物理学的进展和研究方法起到了十分重要的作用. 有些研究者一改过去从实验结果出发建立物理定律的做法, 而从对称性开始研究物质的一些性质.

什么是几何对称性? 简单地说, 如果一个系统经过某种变换 (操作) 以后, 还维持原来的状态, 没有可以观察到的变化, 我们就称这个系统有依赖于某种变换的对称性. 例如中心对称性、旋转对称性、反映对称性等. 图 2–6 给出了一些示例. 在图 2–6 中, 晶体结构的对称性依赖几何的点、线、面为对称依据, 这些依据称为对称元素, 而依赖于对称元素的动作称为对称操作.

依赖于点的对称操作称为反演. 在图 2–6(a) 中, 中心点是对称中心, 8 个角上的元素通过中心点可以反演到斜对角的点上, 整个晶体还是原来的样子, 看不到变化, 称整个晶体具有中心对称性. 依赖于线的对称操作称为旋转. 在图 2-6(b) 中, 把晶体沿中心线旋转 90°, 晶体看不到变化, 整个晶体就具有旋转对称性. 依赖于面的操作称为反映. 在图 2-6(c) 中, 晶体中间有一个面, 称为反映面, 把晶体两边的元素通过这个面反映一下, 晶体也看不到变化, 就称这个晶体具有反映对称性.

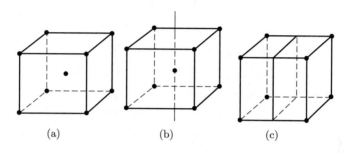

图 2-6 晶体中几种典型的几何对称性. (a) 中心对称性; (b) 旋转对称性; (c) 反映对称性

很多人以为一个晶体越规则对称性就越高, 其实不然, 对称性最高的是非晶体. 非晶体中的原子随意排列, 对非晶体无论做什么操作都观察不到变化, 所以非晶体的对称性最高.

把晶体中所有的对称元素集合到一起, 就可以用对称群来描述, 将大大简化和理论化对晶体结构和性能的认识, 大学里有专门的课程讲授.

物理定律的数学表达形式在不同参考系中的不变性, 称为物理规律的对称性, 例如 $F = ma$ 在某类参考系中都成立.

以伽利略变换为例. 在伽利略变换中, 各坐标轴相互平行, y 轴和 z 轴都不变, 只有 x' 轴相对 x 轴做匀速运动 (见图 2-7 和 (2-3) 式). 这就像一列火车在大地上做匀速直线运动, 大地是一个惯性参考系, 而火车是伽利略参考系.

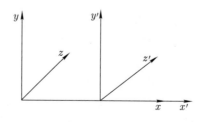

图 2-7 伽利略坐标变换

什么是惯性参考系? 凡是牛顿运动定律成立的参考系, 就称为惯性参考系. 可

以简单地理解为宇宙空间就是惯性参考系, 其实就是牛顿的绝对空间. 此时有

$$
\begin{aligned}
x' &= x - vt,\\
y' &= y,\\
z' &= z,\\
t' &= t.
\end{aligned}
\qquad (2\text{--}3)
$$

那么, 在火车里面的运动规律还符合牛顿定律吗? 显然是符合的. 我们都有这样的经验, 在火车里面向上抛一个苹果, 不会因为火车在运动而使苹果落在后面. 在飞机里面也是一样的, 飞机和火车的区别仅在于 (2–3) 式中的 v 大一些.

爱因斯坦在狭义相对论中对物理定律的对称性或者不变性做了总结, 即相对性原理: 所有的物理定律的形式在相互做匀速直线运动的诸惯性系中相同. 物理定律不仅在伽利略系中不变, 在任何惯性系中都不会变, 尽管在狭义相对论中要对牛顿力学做修正.

在广义相对论中, 爱因斯坦又进一步对物理定律的不变性做了更深刻的结论. 他说, 任何参考系对于描述物理现象来说都是等效的. 换句话说, 在任何参考系中, 物理定律的形式都不变.

我们撇开复杂的数学推导和物理学解释, 直截了当地理解物理定律的不变性. 物理定律其实是严密的因果关系, 所以, 无论在什么参考系, 因果关系都不会改变, 就像儿子永远都不能先于父亲出生一样. 在科幻作品中可以看到儿子通过时空隧道穿越到父亲出生前, 甚至更久远. 我们先不说是否可能, 即便真的发生了, 那也只是利用时空捷径回到了从前而已, 却不能改变自己是儿子的事实.

从爱因斯坦对物理定律的不变性结论可以看到, 因果关系不能改变是爱因斯坦一贯的哲学思想. 1944 年, 他与玻尔等人辩论量子力学的不确定性时, 在给玻尔的信中说:

"我们在科学研究中持完全对立的观点. 你信奉上帝掷骰子, 而我却信奉一个客观存在的世界有完整的规律和秩序, 我胆大妄为地想以各种方法掌握这些规律和秩序. 我坚信, 但我希望会有人发现一个更为现实的方法, 或者能够找到更为切实的基础. 就是最初量子论的巨大成功, 也没有让我相信掷骰子的观念, 尽管我清楚地意识到, 我们年轻的同事会把这理解为我老了的缘故. 毫无疑问, 有一天我们会知道谁的本能态度是正确的."

其实, 爱因斯坦在 1924 年就对玻尔表达过同样的态度, 过了 20 年他还是坚定地相信自己的观点.

2.7.2 对称性破缺

中国道家有个观点, 自然界都是阴阳互补、正反相成的, 有阴就有阳, 有盈就有亏. 这些互补性的对称, 要平衡才好, 不然自然的天平就会倒向一边, 造成灾难 (图 2-8).

图 2-8 道家的阴阳鱼图表示世界是由正反两个方面组成的

在物理学中, 我们会看到很类似的现象. 电荷有正负, 磁极有南北, 物质都有正物质和反物质, 例如, 有电子、正电子, 中子、反中子, 质子、反质子, 等等, 不一而足.

可是, 我们在自然界里面也看到有不对称的地方, 如宇宙中大量存在正物质, 反物质却很少. 为什么反物质那么少我们还不知道, 也许宇宙中有反物质组成的星球也未可知. 但是我们知道, 正物质和反物质相遇就会湮灭 (就是消失了), 如果正反物质一样多, 那么宇宙很快就会湮灭, 也许这就是对称性破缺 (就是对称性被破坏了) 的奥秘.

还有一个很有意思的问题, 就是能量. 目前所知, 能量只有正, 没有负. 是不是真的没有负能量呢? 也不一定. 有人认为引力能可能是负能量, 用来平衡宇宙膨胀的正能量, 但是目前没有证据. 这是一个需要深入思考和研究的问题.

前面我们说过, 物理定律任何时候都不会改变, 但是要注意应用范围. 物理学在处理微观粒子运动时, 有个定律叫宇称守恒定律. 宇称 (parity) 是表征微观粒子运动特性的物理量, 宇称守恒定律是关于微观粒子系统的运动或变化规律具有左右对称性的定律. 如果有两个或者两列微观粒子, 它们在镜面反映的情况下一样, 就像左手和右手, 此时若它们都遵从同样的物理定律或者运动变化规律, 就称为满足宇称守恒定律. 可是科学家发现, 有时候宇称不守恒. 在原子核衰变的时候, 宇称守恒定律就不成立, 称为宇称破缺.

我们可以对比左右旋生物分子来理解宇称不守恒的问题. 有些生物分子有左右旋之分, 就和左右手一样, 互成镜像. 例如糖苷有左右旋之分, 人体却只吸收右旋的糖苷, 不吸收左旋的. 可见左右旋分子的性质有时候有区别, 宇称也是这样, 有时候不守恒.

自然界为什么有对称性破缺呢? 这可能是自然最深层次的奥秘之一. 费曼教授说: "上帝只将物理定律造得接近于对称, 这样我们就不会妒忌上帝的完美了!" 也有可能, 不完美是自然留给人类的思考题.

2.8   物理定律成立的条件 (边界条件)

自然界的规律都有成立的条件, 不看条件, 只说规律有时候会导致严重的错误, 明白条件的重要性对我们看任何问题都有帮助. 物理定律、公式、常数等都有其严格的条件限制, 通常称为边界条件. 例如, 自由落体的加速度在地球上和月球上的值就相差大约 6 倍. 处理问题时一定要先清楚它的条件, 先不说大的问题, 就说同学们在做作业时常犯的一些错误就是不清楚边界条件而导致的.

这里举一个我自己经历的事情为例. 有一年我去听一个外国著名教授讲教学经验. 教授手里拿了两块吸在一起的磁铁, 然后用力分开, 问磁铁的质量变了吗? 教授对磁铁做了功, 给了磁铁能量, 根据爱因斯坦的质能公式 $E = mc^2$, 磁铁的质量应该改变 (不管能不能测量得到). 初看起来好像没有问题, 我当时只觉得有些疑惑, 但不知道问题在哪里. 回来以后, 我一直在想这个问题, 质能关系式在常温下成立吗? 读者可以思考一下这个问题.

还有人经常不恰当地把量子论中的观点或者规律用来解释宏观现象或者社会现象. 量子论中有不确定关系, 有人把这个原理引用到人类生活中, 解释一些奇怪的现象. 这个原则在微观世界是对的, 但是在宏观世界却不适用. 这就是不明白边界条件的原因. 即使有些教科书里也有这样的情况. 一些教科书中有用波粒二象性公式计算子弹或者人身体波长的题目, 计算结果似乎是正确的, 但是条件使用错了. 后面 (第四章) 遇到具体问题还会有简单讲解.

社会科学和人生亦是如此, 讨论问题也要明白边界条件. 例如二战前后的世界有很大的不同, 由于科技的进步和经济的发展, 尤其是到了互联网时代, 丛林法则已经不适用于国际关系了. 有些分析家在分析国际事务时仍然用二战前的条件考虑问题, 结果只能是错误的.

2.9   物理定律与社会规律

人类有些价值观会随时代变化而变化, 有些则不会. 什么样的价值观不会随时代而变化? 我是学习理科的, 但是也喜欢社会科学. 我自己经常把自然科学和社科学做比较. 最近几年, 我在教学上面花的时间多, 思考得也多. 我有一个发现, 自然科学的很多规律或者原理, 在社会或者人生中都有对应的表述. 我的观点是, 只要能在自然科学中找到对应定律的社会规律就是永远的、普适的、不会改变的, 因为自然规律是永远不会改变的.

自然科学的很多规律或者原理, 在社会或者人生中都有对应的表述. 我们用热力学作为例子. 热力学有四个基本定律. 第零定律说, 如果两个系统都与第三个系统处于热平衡状态 (简单说就是温度一样), 那么这两个系统也处于热平衡状态. 如果表述成人生的规律, 那就是, 近朱者赤、近墨者黑. 第一定律说没有永动机, 就是说做什么事都要提供能量, 都要出力. 第二定律说做功都有损失, 任何机械, 效率都不可能是百分之百. 我们简单地把这两个定律在人生中表述为 "天下没有免费的午餐". 做什么事情都要努力, 即使努力了, 也经常不能百分之百达到目的. 热力学第三定律有个表述 (请注意热力学定律有不同的表述, 但都是等价的): 完美晶体是不存在的. 我经常在讲解热力学第三定律时对学生说, 宇宙中没有完美的东西, 也没有完美的人, 这是客观事实. 我们在和人打交道时如果能抱着这种宽大的心态, 不对别人有过高的要求, 同时也不要对自己有过高的要求, 相信生活会更愉快, 关系会更和谐. 物理世界中完美的东西也不一定就好, 就说半导体, 纯的半导体基本没什么用处, 只有掺杂以后, 才有优异的性能. 有时候不完美才是好的, 半导体就是很好的诠释.

卷首语解说

上一章的卷首语里, 贝弗里奇和爱因斯坦说归纳和演绎都不可能产生新的理论, 也就是说, 仅仅有很多知识并不能产生新的理论. 那新的理论从何而来? 爱因斯坦告诉我们——直觉和想象力. 什么是直觉? 词典上说: "直观感觉; 没有经过分析推理的观点." 直觉究竟是怎么产生的, 到现在我们还没有清楚的认识. 很难想象一个对科学一窍不通的人会凭直觉创造出好的理论, 爱因斯坦和很多伟大的科学家都认为自己的伟大发现是直觉的结果, 只能说直觉和知识的积累、经验有关, 更和想象力有关.

直觉很难培养, 因为我们根本不知道它是如何产生的. 这个可能要等科学打通了主观和客观的通道以后才能知道.

美国当代著名作家丹·布朗在他的小说《失落的密符》里面有一句话: "人的本能是美国反恐的第一道防线, 这是已经被证明的事实, 直觉往往比世界上所有的电子探测仪更能察觉出危险." 直觉不仅在科学发现中重要, 在日常生活中也很重要.

想象力是可以培养的. 培养想象力的第一要素就是海阔天空的思维, 就是你思考问题不受任何框架的限制, 即便是爱因斯坦说过的你也可以怀疑. 这里举一个例子. 物理学有一个研究方向叫超导电性, 简单地说就是一个导体没有电阻. 导体怎么可能没有电阻呢? 20 世纪 50 年代有 3 个美国科学家发明了一个微观理论解释了超导体没有电阻的原因. 这个理论中一个重点就是两个电子在一定的情况下可以互相吸引. 我们都知道同性相斥、异性相吸的基本原理, 两个电子怎么可以互相吸引呢? 就是这个天马行空的想象力解决了超导电性的微观机理问题.

第三章 经典物理学

比起许多研究同样问题的人, 我有一个极大的有利条件, 那就是: 我没有被长期既定的惯例所形成的固定观念束缚思想, 造成偏见. 我也未受害于现存一切都是对的那种普遍信念.

—— 贝塞麦 (Henry Bessemer, 1813—1898, 英国发明家和工程师)

我们把从伽利略开始到 19 世纪末的这段时间发展起来的理论称为经典物理学, 包括力、热、电磁、光的理论. 其重点有:

(1) 牛顿力学, 包括质点运动学、质点和质点组动力学、刚体、流体、振动与波;

(2) 热力学定律与分子运动论;

(3) 电磁学, 包括静电场, 磁场, 电磁感应, 麦克斯韦方程组, 交、直流电路;

(4) 光的电磁理论.

本章简述经典物理学中的一些主要内容, 而不全面涉及.

3.1 经典力学的建立

经典力学主要处理时间、空间、力和质量之间的关系. 物理学中最早发展的部分是对机械运动规律的认识, 力学是物理学中最早发展的分支.

伽利略是现代物理学的创始人, 他把实验引入科学. 1589—1592 年, 伽利略用物体的斜面运动进行了自由落体加速运动的研究, 确认了物体在重力作用下的运动规律和物体的重量无关, 用实验结果阐述了物体惯性的概念.

伽利略第一次提出了惯性的概念, 并且第一次把外力和 "引起加速和减速的外部原因" 联系起来. 伽利略关于惯性的描述是牛顿惯性定律的雏形, 后面我们会看到牛顿第一定律对惯性进行了更精确的描述.

1609 年和 1619 年, 开普勒总结了第谷和自己多年的观察结果, 发表了行星运动的三个基本定律 (图 3-1. 图 3-2 是位于布拉格的开普勒和第谷的塑像), 其中第一和第二定律是在 1609 年提出的.

开普勒第一定律又称轨道定律. 该定律说, 太阳系中所有的行星分别在大小不同的椭圆轨道上围绕太阳运动, 太阳位于椭圆的一个焦点上. 我们都知道椭圆有两个焦点, 这里不再赘述. 轨道定律实际在说, 所有的行星和太阳都在一个平面上, 行星有时候离太阳近, 有时候远. 后来的研究表明, 所有星系的恒星和行星都在同一

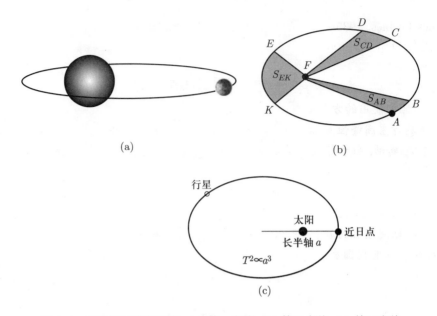

(a)

(b)

(c)

图 3-1　开普勒三定律图示. (a) 第一定律; (b) 第二定律; (c) 第三定律

图 3-2　布拉格的开普勒和第谷塑像

平面上. 2019 年诺贝尔物理学奖授予两位瑞士物理学家和一位美国物理学家, 两位瑞士物理学家的贡献就是用 "径向速度法" 发现了太阳系外行星存在的证据. 这个径向速度法就是基于所有恒星和行星都在同一平面上运动的原则.

2019 年诺贝尔物理学奖授予三位天体物理学者, 分别是美国科学家皮布尔斯

(James Peebles, 1935—) 和瑞士科学家马约尔 (Michel Mayor, 1942—)、奎洛兹 (Didier Queloz, 1966—), 以表彰他们为理解宇宙演化和地球在宇宙中的位置所做出的贡献. 其中马约尔和奎洛兹 "发现了围绕类太阳恒星运行的系外行星". 1995 年, 马约尔和奎洛兹一起发现了第一个环绕类太阳恒星飞马座 51 的行星飞马座 51b, 他们使用的方法即径向速度法.

虽然行星围绕恒星运动, 其实恒星也受到行星质量的影响, 围绕它们共同的中心 (质心) 转动. 由于行星离恒星的距离在变化, 恒星受行星的影响大小也在不断变化, 在地球上的观测者看来, 这颗恒星一会儿朝前, 一会儿朝后. 恒星的这种运动速度就称为 "径向速度". 如果恒星朝地球运动, 它发出光的波长就会变短, 称为 "蓝移"; 如果恒星远离地球而去, 它的光波就会变长, 称为 "红移". 如果发现一个恒星的光谱存在周期性的波长或者频率变化, 那就说明它一会儿靠近地球, 一会儿远离地球, 排除了它周围有其他恒星后, 就可以基本认定这个恒星有围绕它在运动的行星.

开普勒第二定律又称面积速度定律. 该定律说, 行星围绕太阳运动时, 每一个行星和太阳中心的连线在相等的时间内扫过的面积相等. 就是说, 行星离太阳远时运动慢, 离太阳近时运动快, 而行星与太阳连线扫过的面积是一样的. 这其实就是物理学中角动量守恒的一个例子. 关于角动量守恒, 我们在第二章中已经有叙述.

在第一和第二定律提出 10 年后, 1619 年, 开普勒又总结出了一个定律, 即开普勒第三定律, 也称为周期定律. 该定律说, 行星围绕太阳运动时, 各大行星绕太阳运动的周期 T 的 2 次方与行星椭圆轨道的长半轴 a 的 3 次方成正比:

$$T^2 \propto a^3. \tag{3-1}$$

根据开普勒的三个定律, 对太阳系行星的运动状态都能较好地描述.

科学的发展是循序渐进的, 伽利略和开普勒的工作为牛顿的理论打下了良好的基础. 1687 年, 牛顿在《自然哲学的数学原理》中总结提出了牛顿运动三定律和万有引力定律, 建立了经典力学的完整理论.

牛顿第一定律 (惯性定律): 一切物体总保持匀速直线运动或静止状态, 直到有外力迫使它改变这种状态为止. 或者表述为: 物体在所受合外力为零时保持静止或匀速直线运动状态. 物体保持匀速直线运动或静止状态的性质称为惯性. 请注意这里的外力是合外力, 初学者经常在这一点犯错误. 在分析一个物体的受力情况时, 一定要把各种力分析清楚, 使物体运动的是合外力, 力有方向, 是个矢量, 不同方向的力会抵消或者局部抵消.

对比一下 1.2 节中伽利略关于惯性的描述, 牛顿的描述要精确得多.

惯性不仅存在于自然科学中, 社会科学和日常生活中也到处可见惯性. 物体不受外力就不会运动, 人的思想也遵从惯性定律, 一种思想或者思维方式形成以后, 如果不刻意去打破, 即给予冲击, 它们可能长久保持下去. 中国持续两千年的封建社会就是一个强大的惯性. 科学研究中的创造性思维, 在一定程度上就是打破惯性, 丰富的想象力就是一种善于打破惯性的思维.

牛顿第二定律 (运动的基本定律): 物体在外力作用下运动的加速度与合外力成正比, 并且加速度的方向与合外力方向相同. 公式为

$$F = ma = m\frac{\partial \boldsymbol{v}}{\partial t}. \tag{3-2}$$

请注意, 力、速度和加速度都有方向, 是矢量. 在上面的公式中, 把加速度写成微分的形式, 是因为大学学习了微积分以后, 就可以用微分的概念来表达加速度了. 简单地说, 加速度是速度的微分, 即速度的变化率.

如果把公式写成 $m = F/a$, 力和加速度的比值就定义了惯性质量, 简称为质量. 后面我们还将看到, 还有一个质量称为引力质量. 所有物体都有质量, 质量都是正数, 这是因为力和加速度的方向总是一致的. 前面说过, 物体不受外力作用时保持静止或匀速直线运动的性质称为惯性. 在相同的外力作用下, 物体的质量越大, 获得的加速度就越小, 物体惯性就越大, 因此质量就是物体惯性大小的度量, 这就是 m 被称为惯性质量的原因.

牛顿第二定律是运动的基本定律. 牛顿用简洁的数学关系给出了力、质量和加速度之间的定量关系, 同时也用物体的运动定义了力, 即, 力是引起物体运动的原因.

牛顿第三定律 (作用与反作用定律): 两个相互作用物体之间的作用力与反作用力大小相等, 方向相反, 同时作用于两个不同的物体上, 作用力和反作用力在同一条直线上. 要注意作用力与反作用力是作用在两个不同的物体上, 初学者往往会在此疏忽. 公式为

$$F_{12} = -F_{21}. \tag{3-3}$$

我们在前面讲解动量守恒定律时举过一个打枪的例子, 后坐力其实也是反作用力, 可见动量守恒定律包含在作用与反作用定律之中. 这个定律也包含宇宙的对称性和平衡的原则.

牛顿运动三定律是机械运动的基本规律, 它们描绘了物体在受到其他物体对它的作用力时, 其运动状态会如何变化.

万有引力定律 (物质相互作用的普遍规律): 自然界中任何两个物体都以一定的力互相吸引, 这个吸引力的大小同两个物体质量的乘积成正比, 同它们之间距离的平方成反比. 公式为

$$F = -G_{\mathrm{N}}\frac{m_1 m_2}{r^2}\boldsymbol{r}_0, \tag{3-4}$$

其中 $G_N = (6.673 \pm 0.010) \times 10^{-11}$ m^3· kg^{-1}· s^{-2}, 称为引力常量, 它的值是确定的、不变的, r_0 是两物体连线方向的单位矢量.

任何一个物体与其他物体的万有引力都和这个物体的质量成正比, 质量决定万有引力的大小, 所以称为 "引力质量". 引力质量和惯性质量的来源不同, 物理含义也不同. 惯性质量是牛顿第二定律定义的, 是力与加速度的比值; 引力质量是万有引力定律定义的, 需要通过两个物体的相互作用定义. 后来的实验和研究证明, 惯性质量和引力质量是相等的, 所以就不再区分它们, 统称为 "质量". 2012 年, 欧洲核子研究中心 (CERN) 发现了希格斯玻色子. 虽然希格斯玻色子可能是质量的来源, 但是物体质量的来源仍然不清楚, 有待解决. 这一点在第八章有稍微仔细的介绍.

按照牛顿给出的运动三定律和万有引力定律, 各个行星的运动行为都可以从理论上严格推算出来. 太阳系的每一个行星都要受到太阳和其他行星的万有引力作用. 按照牛顿的几个定律可以推出一个行星在太阳的引力作用下的运行轨道就是一个椭圆, 太阳在椭圆的一个焦点上, 与开普勒第一定律符合. 由于太阳的引力总是指向太阳, 是一种向心力, 它决定了行星运动的角动量守恒, 就是行星和太阳中心的连线在相等时间内扫过相同的面积, 这是开普勒第二定律. 还可以推出椭圆轨道半长轴的 3 次方与行星运动的周期的 2 次方成正比, 这正是开普勒第三定律的内容.

必须指出的是, 科学从一开始就想把自然界所有的规律统一起来, 万有引力定律是科学上第一个试图统一自然规律的尝试. 看起来万有引力定律很简单, 可是仔细想想, 自然界纷纭复杂、五花八门, 物体的形状千奇百怪、组成各异, 可是牛顿用质量就把所有物体的相互作用统一起来, 实在是非常伟大.

有故事说牛顿看见苹果从树上掉下来发现了万有引力定律, 有人认为不是这样的. 我曾经仔细考察过这个传说, 的确有几分真实. 牛顿同时代的一个朋友回忆说, 牛顿看到苹果从树上垂直落到地上, 就想为什么不偏一些, 那样苹果就可能落在走路人的手中, 岂不省事? 图 3-3 是牛顿的苹果树, 在剑桥大学三一学院门口的左边. 其实这不是牛顿看见苹果落下的那棵树, 而是那棵树的后代, 所以看起来很小. 那棵苹果树至今仍在牛顿母亲的花园里. 比较详细的故事可见拙作《剑桥漫步》(山东教育出版社, 2002).

太阳系中每一个行星都受到太阳和其他行星对它的万有引力, 在这些吸引力的作用下运动. 这些吸引力中最大的是太阳的吸引力, 这就使行星的运动基本上是在一个椭圆轨道上. 其他行星对它的影响使它的运动偏离标准的椭圆形轨道, 这个现象称为摄动现象. 各个行星的运动轨迹、摄动现象都可以从牛顿运动定律和万有引力定律出发严格地推算出来, 并且与天文观测的结果符合得很好.

图 3-3　剑桥大学三一学院门口的牛顿的苹果树

一个好的理论, 不但要能够解释已有的事实, 还要能够预测未来.

1781 年, 人们发现了天王星. 经过几十年的天文观测, 人们发现天王星的运动行为和用牛顿理论计算的不一致. 法国天文学家勒威耶 (Urbain Jean Joseph Le Verrier, 1811—1877) 和英国的亚当斯 (John Couch Adams, 1819—1892) 认为在天王星之外还有一个行星也在绕太阳运动, 这个新行星对天王星的万有引力使天王星的运动行为有所改变. 他们根据对天王星运行轨道的详细天文观测和牛顿的理论预言了太阳系中在天王星之外还有一个新的行星——海王星.

1846 年, 德国天文学家伽勒 (Johann Gottfried Galle, 1812—1910) 根据勒威耶和亚当斯的计算结果发现了海王星. 海王星的发现使牛顿运动定律和万有引力定律在牛顿提出 159 年后被普遍接受. 可见一个伟大的理论被完全接受需要时间, 不仅因为它需要实验和观察的验证, 对未知预测的证实, 还要克服人们思想中的惯性.

到此时可以说经典力学的完整理论建立了.

经典力学中出现了四个最普遍的基本物理概念: 空间、时间、质量和作用力. 空间和时间是物质存在的普遍形式 (物质存在于什么地点、什么时候), 质量是物质量的度量, 作用力是物体运动的本源.

牛顿在《自然哲学的数学原理》中阐述了自己的时空观: 时间自身均匀地流逝, 与一切外在事物无关; 空间是绝对的, 其自身特性与外在事物无关, 处处均匀, 永不移动. 后面的章节中我们会看到, 牛顿的这种绝对时空观在相对论里面被打破了.

海王星被发现后约半个世纪, 美国天文学家罗威尔 (Percival Lawrence Lowell, 1855—1916) 猜测有冥王星存在. 1930 年, 人们发现了冥王星. 在 2006 年 8 月 24

日于布拉格举行的第 26 届国际天文学联合会大会上通过的第 5 号决议中, 冥王星被划为矮行星, 并命名为小行星 134340 号, 从太阳系行星中被除名, 所以现在太阳系只有八大行星. 被除名的原因除了质量小之外, 还因为对行星划分的标准有变化.

有趣的是, 因为冥王星的发现者汤博 (Clyde William Tombaugh, 1906—1997) 是美国伊利诺伊州人, 伊利诺伊州议会做出决议, 不承认国际天文学联合会的决议, 在该州冥王星依然是九大行星之一. 如果在该州参加考试, 问太阳系有几大行星, 一定要回答九个.

19 世纪经典力学已经成为物理学中的成熟的分支学科, 它包含了质点力学、刚体力学、分析力学、弹性力学、塑性力学、流体力学等.

声学是研究机械振动和波动的产生、传播、转化和吸收的分支学科, 这里不做描述.

3.2　热力学和统计热力学 (分子运动论)

热力学是研究能量传递和转化的学科, 热力学的定律都是从实验和实践中总结而来的. 统计热力学则是对热力学性质的微观解释, 是从微观角度, 即分子运动的角度来解释热力学现象. 热量的本质是大量分子运动的结果, 而大量分子运动服从数学上的统计规律, 所以研究热运动微观本质的学科称为统计热力学.

工业革命的标志是蒸汽机的使用, 所以研究蒸汽机的效率, 探讨如何更好地利用热量就成了那时候一个重要的研究方向. 18 世纪到 19 世纪, 在大量实验的基础上, 焦耳、卡诺、开尔文、克劳修斯等人建立发展了热力学理论.

3.2.1　什么是热量和温度

热或者热量是能量的一种表现形式. 能量的存在有很多形式, 热量则是非常重要的一种形式.

冷热是物体的一个重要的属性, 任一个物体都有一定的冷热程度, 衡量物体冷热程度的量叫温度. 物体的温度依赖于外部条件, 同一个物体在不同时间可以具有不同的温度.

温度和热量有关联但又不同. 温度是表示物体冷热程度的物理量, 微观上来讲是物体分子热运动的剧烈程度.

测量温度的仪器称为温度计. 温度计是利用物体对温度变化的响应特性来测量温度的. 最简单的温度计是大家常用的水银温度计, 是利用水银的体积随温度变化而变化这个特点做成的. 还可以利用材料的其他性质, 例如电阻随温度的变化、两种不同金属接触点的电势随温度的变化 (所谓的热电偶) 等等来制造温度计. 科学实验上用来十分精确地测量温度的仪器是比较复杂的, 这里不做讲述.

因为热量是能量的一种形式, 所以其单位也是焦耳 (J).

现在常用的温度标准 (简称温标) 有 3 种, 使用的领域或者场合不一样.

先说摄氏 (Celsius) 温标. 摄氏温标是摄尔修斯 (Anders Celsius, 1701—1744, 瑞典科学家) 在 1743 年发明的. 摄氏温度 (°C) 是世界上大多数国家和地区使用的温度标准. 摄氏温标把水的冰点定义为 0 度, 沸点定义为 100 度.

另一个温标是开氏 (Kelvin) 温标 (又称热力学温标、绝对温标), 是由英国物理学家开尔文勋爵定义的. 开氏温标把零下 273.15°C 定义为零度. 开氏温标 (单位记作 K) 和摄氏度的关系为

$$T_K = T_C + 273.15, \tag{3-5}$$

其中 T_K 为开氏温标的数值, T_C 为摄氏度的数值. 开氏温标主要在科学研究中使用, 例如, 液氮的温度为 78 K. 科学上称开氏温度零度为绝对零度.

还有一个温标是华氏 (Fahrenheit) 温标. 华氏温标是第一个得到广泛使用的温度标准, 是华伦海特 (Gabriel Daniel Fahrenheit, 1686—1736, 德国物理学家) 在 18 世纪初发明的. 华氏温标 (°F) 将水的冰点定义为 32 度, 沸点为 212 度. 华氏度与摄氏度之间的关系为

$$T_C = \frac{5}{9}(T_F - 32), \tag{3-6}$$

这里 T_C 是摄氏度的数值, T_F 是华氏度的数值. 室温 22°C 时, 以华氏温标来记为 72°F; 人的正常体温为 37°C, 98.6°F.

世界上大多数地区使用摄氏度预报天气, 预报员说, 今天 Celsius 多少. 中国也用摄氏度, 但英文频道不说 Celsius 多少, 而说 degree centigrade 多少. 美国天气预报说今天 Fahrenheit 多少度, 而英国则二者都说, 今天 Fahrenheit 多少度, Celsius 多少度.

3.2.2　热力学的四个定律

和牛顿力学类似, 热力学也有四个定律, 都是从实验和实践中总结升华而来的.

我们先看一个最简单的热现象, 如果把两个温度不同的物体紧密接触, 经过一定时间后, 两个物体之间的温度就变得一样了, 或者说达到了热平衡. 也就是说, 这两个物体开始接触时, 它们之间并没有达到热平衡, 经过一段时间的接触后达到了热平衡, 具有了相同的温度. 简单地说, 两个物体之间达到热平衡的标志是两个物体的温度相等.

热力学第零定律, 也称热现象的基本规律或者热平衡定律: 如果两个物体分别与第三个物体处于热平衡, 则它们彼此也必处于热平衡.

热力学第零定律的提出远远晚于热力学第一和第二定律. 物理学家们意识到热平衡现象是热学现象的基础, 是一切热学现象的出发点, 热力学讨论问题基本都是

在平衡状态下进行的 (非平衡态热力学不在此列), 应该列入热力学定律. 但是这时热力学第一定律、第二定律等都已有了明确的内容和含义, 有人提出这应该是热力学第零定律.

应该指出的是, 不同物体接触而达到平衡态的时间差别很大, 依赖于物体自身的传热本领. 例如, 把一块烧热的铁块放入水中, 铁块和水的温度很快就一样了, 而如果把铁块和石头放在一起, 达到热平衡的时间则要长得多.

热力学第一定律 (能量守恒和转换定律): 任何一个过程中, 系统所吸收的热量等于系统内能的增量和对外界做功的总和, 公式为

$$Q = \Delta U + A, \tag{3-7}$$

这里 Q 是系统所吸收的热量, U 是系统的内能 (内能是系统内分子的动能和势能之和), ΔU 是系统内能的增量, A 是系统对外界做的功.

历史上曾经有许多人试图设计制造不需要消耗任何燃料和动力资源, 就可以源源不断地对外做功的 "永动机". 这些设计当然都没有成功. 设计永动机的鼻祖是13 世纪的法国人奥内库尔 (Villard de Honnecourt). 15 世纪意大利著名的画家、科学家、工程师达·芬奇也设计和制造过永动机, 当然也没有成功. 达·芬奇聪明地做出结论: 永动机是不可能实现的. 尽管如此, 几百年来一直有人在孜孜不倦地设计永动机, 不断地提出方案要求科学界审核和认可.

终于, 科学界彻底搞清楚了做功和能量的关系问题, 也就是做功就要消耗能量, 永动机是没有科学依据的设计, 无论设计得多么奇妙, 都不用费脑筋去审核. 1775年法国科学院正式宣布: "本科学院以后不再审查有关永动机的任何设计." 1842 年, 热力学第一定律正式确立了.

热力学第一定律还有一种表达: 第一类永动机是不可能实现的. 所谓的第一类永动机就是不需要热源可以不断输出有用功的机械. 热力学第一定律告诉我们, 没有这种机械, 做功就要消耗能量.

有人问, 电子在原子核外运动, 永不停息, 是不是永动机? 不是. 电子虽然在原子核外不停地运动, 不需要施加能量, 但是并不做功, 所以不是永动机.

热力学第二定律 (第二类永动机不可能实现): 不可能从单一热源取热, 使之完全变为有用的功而不产生其他影响 (也可以说做功效率不可能达到 100%). 这是热力学第二定律的开尔文表述.

1850 年, 经过卡诺、克劳修斯等人的研究, 热力学第二定律正式确立了. 能量不能完全转变成有用功, 这在日常生活中很常见. 例如, 电动机工作是把电能转换成机械能, 但是工作过程中电动机会发热, 也就是有部分电能会转换成热能, 而这些热能并不做功, 只是损耗. 所有的机械在运动时都会因为摩擦而产生热量, 这些热量都和做功无关. 你尽可以把机械的运动部分 (例如轴承) 做得光滑, 尽量减少摩

擦力, 但是却永远不能完全消除. 而热力学第二定律说明, 即便完全消除了摩擦, 热机的效率也达不到百分之百.

简单地说一下效率的计算, 我们给出一个公式就可以一目了然:

$$效率 = \frac{W}{Q} = \frac{T_1 - T_2}{T_1}, \tag{3-8}$$

即效率等于热机得到的有用功除以做功的能量, 进一步等于高温热源的温度减去低温热源的温度再除以高温热源的温度. 根据这个公式, 效率不可能大于或者等于 1, 也就是热机的效率不可能达到百分之百.

热力学第二定律的另一种表述, 即克劳修斯表述是: 热量不可能从低温物体传到高温物体, 除非有其他过程参与. 例如电冰箱和空调, 虽然可以夏天制冷, 但那是依靠卡诺的原理, 用电能做功才达成的. 开尔文和克劳修斯表述看起来不一样, 其实都是对热量能够做的事情做出了限制, 可以证明它们是等价的.

热能不能完全转化成有用功的根本原因在于热运动的无序性. 热来自大量分子的无规则运动, 当用热能推动活塞运动时, 有些分子朝活塞运动方向运动, 有些则不是. 只有那些与活塞运动方向一致的分子才做功, 而不一致的则只消耗能量而不做功.

热力学第二定律还有一种表述, 叫熵 (entropy) 增加原理. 熵增加原理是物理学里面非常重要的概念, 不易理解. 什么是 "熵" ? 简单地说就是一个系统的混乱程度, 一般用 S 表示.

这里先给出表述, 再做解释. 热力学第二定律 (熵增加原理): 孤立系的一切自发过程均朝着微观状态更无序的方向发展, 如果要使系统回复到原先的有序状态是不可能的, 除非外界对它做功. 或者简单地说, 孤立系的熵值永远是增加的, 可表示为

$$\mathrm{d}S \geqslant 0,$$

这里 $\mathrm{d}S$ 是熵的变化量.

熵增加原理是认识自然界甚至宇宙的一个很重要的原理, 虽然有些抽象, 但意义重大. 第一章说过, 有人从熵增加原理出发做出过宇宙有开始的推断.

如何把热力学第二定律的三种表达方式联系起来? 热力学的定律是实验规律, 定量联系起来有些困难. 前面说过, 开尔文表述和克劳修斯表述都是对热量能够做的事情做出了限制, 是等价的. 熵增加原理如何与它们联系? 我们用一个简单的系统来说明这个问题. 假设有一个系统是一个密封容器, 里面有温度不同的两块金属, 不和外界交换能量和物质, 是一个孤立系. 根据克劳修斯表述, 热量只能从温度高的物体流向温度低的物体. 开始时容器内热量流动, 系统内的秩序就是热量流动的方向, 是有序的. 两块金属达到热平衡以后, 系统内就没有了热量流动, 变得比有热

量流动时无序了 (熵增加了). 要想让容器内的两块金属回到原来温度一高一低的状态, 自发恢复原状是不可能的, 只有通过外界做功才可以. 这样, 我们简单地把热力学第二定律的三种表述联系在一起.

奥地利物理学家玻尔兹曼把熵增加原理归结为分子运动的统计现象. 他发现了熵和微观状态的概率分布的对数关系, 并提出了著名的玻尔兹曼熵公式:

$$S = k_{\mathrm{B}} \ln W, \tag{3-9}$$

其中 S 是熵, k_{B} 是玻尔兹曼常数, W 是系统的微观状态数.

玻尔兹曼曾经考虑过时间之箭的问题: 随着时间流动, 熵增加, 那要是时间不是向前流动而是向后流动会怎么样? 所有的物理定律都不禁止时间的反向流动. 如果时间可以倒流, 我们会看到与现实完全相反的情况: 打碎的玻璃杯会复合到一起, 回到打碎前的状态; 人会从老到年轻, 而不是从年轻到老. 目前看来不会有这样的事情发生, 但这成为很多科幻作品的情节.

物理定律不禁止时间倒流, 但是时间倒流又不会发生, 那是为什么呢? 可能如爱因斯坦所说, 根本没有时间, 宇宙中的一切都是按照规律和逻辑发展, 时间只不过是个假象.

玻尔兹曼有关熵的研究生前得不到物理学界的承认. 1906 年他自杀了, 人们把玻尔兹曼熵公式刻在他的墓碑上 (图 3-4). 此后他的研究得到了重视, 成为物理学一个十分重要的研究领域.

图 3-4　维也纳中央公墓中玻尔兹曼的墓碑, 上面镌刻着玻尔兹曼熵公式

1906 年, 能斯特 (Walther Hermann Nernst, 1864—1941, 德国物理学家) 提出了能斯特定理, 1912 年, 他又进一步明确了这个定理, 即热力学第三定律.

热力学第三定律 (绝对零度不能达到原理): 不可能用有限手续使物体冷却到绝对零度. 也就是说, 绝对零度是不能达到的.

其实绝对零度不能达到的道理也不复杂. 物体的温度是由物体内部分子或原子的运动决定的, 若分子运动的速度快、幅度大, 温度就高. 温度低时, 原子只在平衡位置附近做小幅的振动, 而这种振动到绝对零度时才能停止 (实际上根据量子力学, 很多系统即便达到绝对零度, 也仍有零点运动存在). 原子振动幅度无论多么小, 都不会停止, 温度可以接近绝对零度, 但是永远达不到.

由于这个原因, 我们测量到的物体的性质都是物体运动状态下的性质. 那么, 如果物体不动了, 它们的性质会怎么样? 这是科学家非常想知道的问题. 1997 年诺贝尔物理学奖得主朱棣文等人就是做相关研究的. 朱棣文等人发明了一种用激光冷却原子的方法, 把原子的温度降到了 10^{-12} K, 非常接近绝对零度. 但是, 热力学第三定律说, 你永远无法达到绝对零度.

原子在晶体内部按一定的规律整齐排列. 由于原子的热运动, 晶体内部会产生不完美, 即所谓的缺陷. 由于绝对零度达不到, 原子总是在振动, 晶体总有缺陷, 因此热力学第三定律还有一种表达方式: 完美晶体是不存在的.

岂止完美晶体不存在, 宇宙中就没有完美的东西. 我们在第二章曾经说过, 有人问费曼教授, 为何有对称性破缺? 费曼说, 上帝怕宇宙太完美了. 尽管我们还不知道宇宙不完美的原因, 但这是事实.

我们还在第二章里把人类社会的许多规律和热力学定律相联系, 让大家知道, 社会生活和自然科学其实是相通的.

和牛顿的经典力学类似, 热力学也形成了以四个定律为基础的系统科学体系.

3.2.3　分子运动论和统计热力学

热力学是一种宏观理论, 它是根据实验结果和实践升华而成的理论. 我们称这种理论为唯象理论, 就是只从事物表现出的状态而发展起来的理论, 物理学里面这样的理论很多. 热力学承认热是一种能量, 并不问热是一种什么样的运动的表现. 热学理论的另一个方面是分子动力学理论, 认为热现象源于大量分子的运动, 是大量分子运动的统计行为. 1857—1872 年, 克劳修斯、麦克斯韦、玻尔兹曼等人成功地建立了分子动力学理论, 后来发展成为统计热力学 (或称统计物理学).

统计物理学根据物质的微观组成和相互作用, 用统计学的原理研究由大量粒子组成的宏观物体的性质和行为, 是理论物理的一个重要分支. 物理系学生学习的基本课程有所谓的四大力学: "理论力学" "电动力学" "量子力学" 和 "统计物理学", 统计物理学就是其中之一.

所有的物体都是由大量分子按一定的规律构成的, 大量分子按一定规律运动的综合效果表现为物体的热性质. 分子运动论成功地给出了物体的各种热学性质的微观来源和联系, 分子动力学理论是物质运动的微观理论.

1902 年, 美国的吉布斯 (Josiah Willard Gibbs, 1839—1903) 在《统计力学的基本原理》中建立了平衡态统计物理学的体系.

1908 年, 关于布朗运动的实验给分子动力学理论提供了事实基础.

统计物理学的理论说, 微观粒子 (我们可以简单地把微观粒子看成是和分子同一个级别的粒子) 的运动和宏观物体不一样, 宏观物体的运动用牛顿定律就可以描述, 而微观运动的粒子, 数量极大, 就不能用牛顿定律来描述, 而要用统计的规律. 微观粒子的数量到底有多大? 我们看一个简单的数据, 1 mol 分子, 例如氢 (H_2), 它的质量约为 2 g, 数量却是 1 个阿伏伽德罗常数, 即约 6.02×10^{23} 个, 可以算得上是一个庞大的数目 (想想看伽利略当年在斜面上玩的只有一个木球). 如果这么多的分子在一个容器里做无规则运动, 要知道它们的性质的确是一件难事. 好在物理学家发明了统计物理学, 使我们可以比较简单地知道它们的性质.

我们在第一章时就说过, 物理学是研究物质、能量以及它们之间的相互作用的学科. 对于众多的微观粒子, 我们最好能够知道它们的能量状态, 而能量是做功的本领, 知道能量, 就知道很多性质.

假设我们把 2 g 氢气装入一个玻璃瓶内, 6.02×10^{23} 个氢分子在瓶子里面像没头苍蝇一样到处乱碰, 它们的能量又该如何知道呢? 物理学家发现粒子能量的分布是有规律的, 给出了一些描述微观粒子能量分布的规律. 这就像每年有上千万考生参加高考, 有人分数高, 有人分数低, 但是成绩的分布也是有规律的, 这个规律就是录取分数的参考.

微观粒子能量的分布有三种规律: 玻尔兹曼分布、玻色分布和费米分布. 我们简单地介绍一下这几种分布. 按照量子力学的原理, 能量的分布像台阶一样, 是不连续的, 不能上 0.5 个或者 0.6 个台阶, 要么上 1 个, 要么上其他整数个. 这种台阶就是所谓的能级 (energy level), 第四章对此将有详述, 这里先不仔细讲.

(1) 玻尔兹曼分布. 气体分子就是符合这种分布的微观粒子. 气体分子能量可以在任何一个能级上, 每一个能级上的气体分子没有数量的限制, 即能级填充 (处在某一个能级上称为填充, 就像把一个东西放在一个空位上一样) 无限制 (图 3-5(a)). 一般说来, 气体分子总是先填充在能量较低的能级上. 这是自然界的规律, 在平衡状态下, 系统的能量总是趋向于最低. 符合玻尔兹曼分布的是气体分子, 要比符合下面两个分布的粒子大许多.

玻尔兹曼分布的公式看起来比较复杂, 为了不影响大家学习的积极性, 这里有关三个分布的公式就不给出了.

(2) 玻色分布. 符合玻色分布的微观粒子不可分辨, 即所谓的全同粒子 (identical particles), 就是说这些粒子不能分辨从哪里来的, 属于谁, 看起来都一样. 这种粒子对能级填充无限制 (图 3-5(b)), 和气体分子的情况一样. 例如光子就是这种粒子.

(3) 费米分布. 此时微观粒子不可分辨, 且能级填充有限制. 这种粒子虽然是不可分辨的, 但是它们填充能级的时候却有讲究, 不能在一个能级上填充很多粒子, 而是有数量限制. 例如电子就是这样, 它们在一个能级上的某个状态中最多只能填充 2 个, 而且要一个自旋向上, 一个自旋向下 (图 3-5(c)).

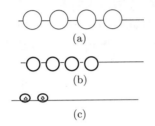

图 3-5　三种分布. (a) 玻尔兹曼分布; (b) 玻色分布; (c) 费米分布

统计物理学是一门宏大的学科, 这里的介绍只是浮光掠影.

统计规律不仅在自然科学领域, 而且在社会科学领域也经常使用, 例如人口年龄的分布、道路上行走的汽车等等, 都可以用统计物理学的知识来处理.

3.3　经典电动力学

经典电动力学或称电磁学, 是有关电和磁知识的总称, 称为经典电动力学的原因是, 还有一门用量子论和相对论处理电磁现象的学问叫量子电动力学.

1785 年, 库仑 (Charles-Augustin de Coulomb, 1736—1806, 法国物理学家) 提出两个点电荷之间相互作用力的库仑定律. 1820 年, 奥斯特 (Hans Christian Oersted, 1777—1851, 丹麦物理学家) 发现电流能使磁针偏转, 从而把电与磁联系起来. 紧接着, 法国物理学家毕奥 (Jean Baptist Biot, 1774—1862) 和萨伐尔 (Félix Savart, 1791—1841) 得出了电流产生磁场的规律, 称为毕奥-萨伐尔定律. 几乎在同时, 安培 (André-Marie Ampère, 1775—1836, 法国物理学家) 提出了安培环路定理. 1831—1845 年间, 法拉第 (Michael Faraday, 1791—1867, 英国物理学家) 发现了电磁感应定律. 至此, 关于电磁现象的三个基本实验定律: 库仑定律、毕奥-萨伐尔定律、法拉第电磁感应定律已被总结出来. 1855 年到 1865 年间, 麦克斯韦 (就是上面热力学里面提到的麦克斯韦) 在这些基础上, 创立了麦克斯韦方程组, 全面总结了电磁学的规律. 他是电磁学的集大成者.

我们先简单介绍一些电荷的基本知识.

早在公元前 585 年, 人们就发现用木块摩擦过的琥珀能够吸引一些细小的物品. 这种能力称为 "带电".

电荷是物质的基本性质之一. 用电量或者荷电量 (电荷) 来表示物体带电的多少.

电荷相互作用比引力强很多. 电荷的基本属性之一是有两种电荷, 同性相斥、异性相吸.

电荷不灭, 且是量子化的, 即电量总是元电荷 e 的整数倍 (请注意, 夸克带有分数电荷, 但是夸克不能单独存在, 在第八章会提到). 按照国际单位制的最新定义, 元电荷 e 精确地为

$$e = 1.602176634 \times 10^{-19} \text{ C},$$

C 是电量单位, 称为库仑.

电和磁是同一事物的两个方面: 电同性相斥、异性相吸; 磁同极相斥、异极相吸; 电和磁可以互相转化.

电磁学有三个十分重要的贡献或者意义:

(1) 引进了场的概念. 场是电磁相互作用的介质, 在经典电磁学里面依赖物质存在. 后来我们知道, 场是物质存在的形式之一 (其实把场理解为能量存在的形式似乎更好), 不一定要依赖于物质存在.

(2) 电和磁是可以相互转换的, 我们今天使用的电力就是依赖电磁转换而来.

(3) 光就是电磁波. 这是麦克斯韦的伟大发现, 给出了光的波动性的理论根据. 当然, 光不仅是波, 还是粒子, 这在量子论发现以后才清楚了.

下面我们简要地介绍一下电磁学里面几个重要的定律和定理. 物理学里面有很多定律 (law) 和定理 (theorem), 它们有什么区别呢? 其实完全区别有些难度, 可以粗略地理解为: 定律是从实验结果总结而来, 定理是从逻辑推理或者数学推演而来.

(1) 库仑定律.

1785 年, 库仑通过实验发现了静电的库仑定律: 自然界中任何两个带电物体都以一定的力相互作用, 这个力同两个物体所带的电荷乘积成正比, 同它们之间的距离平方成反比, 用公式表示为

$$\boldsymbol{F} = K\frac{q_1 q_2}{r^2}\boldsymbol{r}_0, \tag{3-10}$$

这里 $\boldsymbol{F}$ 称为库仑力或者电磁力, K 为库仑常数, q_1, q_2 是两个带电物体的电荷, r 是两个物体之间的距离, $\boldsymbol{r}_0$ 是两物体连线方向上的单位矢量.

库仑定律是电磁学的基本定律之一, 简单而深刻地描述了带电物体之间的相互作用. 库仑定律和万有引力定律有非常相似的表示形式, 据说库仑当年发现此定律时的确参考过万有引力定律.

那么, 电磁力和引力有哪些区别呢? 重要的有两点: (i) 库仑力可以屏蔽, 万有引力不可以. 屏蔽电磁力比较容易, 一般用一个铜网把要屏蔽的空间覆盖就可以,

电磁信号遇见铜网会被反射和吸收. 引力则无论怎么样都不能屏蔽, 航天员想在无重力的情况下训练是非常困难的, 只有用类似的环境模拟. (ii) 电磁力可以吸引或排斥, 引力只有吸引, 所以电磁力有正有负, 引力只有正.

库仑定律中的常数 K 与万有引力定律中的引力常数 G_N 很相似, 但是 G_N 很小, 约 6.67×10^{-11} N·m²/kg², 而 K 大约是 9×10^9 N·m²/C². K 到底有多大? 如果两个各带 1 C 电荷的物体相距 1 m, 它们之间的排斥力为 9×10^9 N. 这个力是一艘战舰所受重力的 10 倍还多! 而两个相距 1 m, 质量为 1 kg 的物体, 它们之间的引力仅为 6.67×10^{-11}N. 万有引力和库仑力的差距巨大, 显然不是同一类型的相互作用.

我在大学学习普通物理的时候就想, 四种相互作用力的统一首先应该统一万有引力和电磁力, 因为它们的形式实在是太像了. 后来我发现自己知道的太少, 想得太简单. 很多东西只看表面是无法真正了解的, 要深入了解本质才行.

(2) 高斯定理.

通过任意闭合曲面 (如图 3–6) 的电通量 (electric flux) 等于该闭合曲面所包围的所有电荷量的代数和与介电常数之比. 电通量是电场的通量, 与穿过一个曲面的电场线的数目成正比, 是表征电场分布情况的物理量. 静电场使我们知道场是物质存在的形式, 电荷之间的相互作用是通过电场实现的. 通量是描述场的性质所用的重要参数, 除了电通量还有磁通量. 公式表达如下:

$$\Phi = \oint_S \boldsymbol{E} \cdot \mathrm{d}\boldsymbol{s} = \frac{q}{\varepsilon_0}, \tag{3–11}$$

这里 Φ 是电通量, $\boldsymbol{E}$ 是电场强度, q 是封闭曲面 S 所包含的电荷总量, $\mathrm{d}\boldsymbol{s}$ 是曲面中一个极小的面积, ε_0 是真空中的介电常数, $\varepsilon_0 \approx 8.854187813 \times 10^{-12}$ F/m.

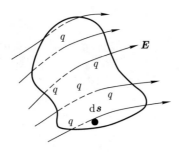

图 3–6　穿过一个曲面的电通量

对于磁场也有类似的高斯定理. 我们知道磁感应线, 或者叫磁力线是闭合的, 也就是说出去后又回到原地, 玩过磁铁吸引铁粉的人都观察到过这个现象. 磁场中的高斯定理说, 对于磁场中任何一个闭合曲面 S (与图 3–6 相似, 图中穿过曲面的是电力线, 而磁场中穿过的是磁力线), 穿进曲面和穿出曲面的磁力线数量必然相等, 所以通过磁场中任一闭合曲面的总磁通量恒等于零. 下面是表示公式:

$$\oint_S \boldsymbol{B} \cdot \mathrm{d}s = 0, \tag{3-12}$$

这里 $\boldsymbol{B}$ 是磁感应强度.

高斯定理是把场数学化的重要表示, 进而使电磁场的性质可以很好地用数学表达.

$\int$ 是数学中用来表示积分的符号. 这个符号由德国数学家莱布尼茨 (Gottfried Wilhelm von Leibniz, 1646—1716) 于 17 世纪末开始使用. 有人说此符号是从长 s 字符演化而来, 因为积分是一种极限的求和 (sum), 故此选用 $\int$ 作为积分符号. 也有人说 $\int$ 是从希腊字母 $\sum$ 演变而来, $\sum$ 在数学上是求和的意思. 考虑到莱布尼茨是德国人, 那个时代英文还不是国际语言, 牛顿的大作都是以拉丁文书写, 后一种说法比较合理. $\oint$ 中间画一个圈就表示积分是围绕一个形状积一圈.

$\mathrm{d}s$ 表示微分, 它是一个无穷小量, 这里可以理解为一个很小的量. 微分和积分是一件事情的两个极端, 一个是求和, 一个是分割; 一个求极大的, 一个求极小的. 莱布尼茨介绍微积分的论文就叫作 "论深度隐藏的几何学及无穷小与无穷大的分析". 请大家注意, 我们在这里对微积分的解释是粗略的, 不是数学意义上的.

(3) 安培定律.

安培定律描述了带电物体在磁场中的受力情况, 表述为: 在磁场中任一点 P 处的电流元 $I\mathrm{d}l$ 所受的磁场作用力 $\mathrm{d}\boldsymbol{F}$ 可以表示为

$$\mathrm{d}\boldsymbol{F} = I\mathrm{d}l \times \boldsymbol{B}, \tag{3-13}$$

这里 $\boldsymbol{B}$ 是 P 点的磁感应强度. $\mathrm{d}\boldsymbol{F}$ 称为安培力. 图 3-7 是安培定律的示意图.

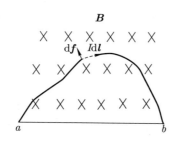

图 3-7 安培定律描述带电物体在磁场中受力的情况

(4) 安培环路定理.

1820 年, 奥斯特偶然发现通电的导线让旁边的小磁针偏转了一下. 他马上对这个现象进行了研究, 最后发现电流也能像磁铁一样影响周围的小磁针. 这个现象就是电流的磁效应.

紧接着, 毕奥和萨伐尔发现了电流在空间中产生磁场大小的定量规律, 这就是著名的毕奥–萨伐尔定律.

几乎在同时, 安培发现了一个简洁的计算电流周围磁场的方式, 这就是安培环路定理. 同时安培还总结了一个很实用的规律来判断电流产生磁场的方向, 这就是安培定则 (右手螺旋定则).

安培环路定理: 在恒定磁场中, 磁感应强度沿任意闭合环路的线积分, 等于该环路内所有电流代数和的 μ_0 倍, 公式表示如下:

$$\oint_L \boldsymbol{B} \cdot \mathrm{d}\boldsymbol{l} = \mu_0 \sum_{L\ 内} I_i, \tag{3-14}$$

这里 $\boldsymbol{B}$ 是磁感应强度, $\mathrm{d}\boldsymbol{l}$ 是沿环路的微分, I_i 是电流, μ_0 是真空磁导率, $\mu_0 = 4\pi \times 10^{-7}\ \mathrm{N \cdot A^{-2}}$.

安培定律和安培环路定理为认识电磁之间的相互转化打下了坚实的基础. 安培环路定理说的是电转化成磁, 下面我们将看到磁如何转变成电.

(5) 法拉第电磁感应定律.

1831 年, 英国科学家法拉第在实验的基础上发现了电磁感应定律.

电磁感应定律: 闭合回路上产生的感生电动势和通过闭合回路的磁通量的变化率成正比, 公式如下:

$$E = -\frac{\mathrm{d}\varPhi}{\mathrm{d}t}, \tag{3-15}$$

这里 E 是感生电动势, $\varPhi$ 是磁通量, $\mathrm{d}\varPhi/\mathrm{d}t$ 是磁通量对时间的微分, 即变化率.

法拉第定律就是发电机的基本原理, 一个闭合回路中磁通量或者磁力线的变化是产生电流的原因. 公式 (3–15) 给出了磁通量的变化率和感生电动势的定量关系, 是电磁学中十分重要的定律. 请注意这个定量关系是感生电动势和磁通量变化率的关系, 不是和磁通量的关系, 有些像牛顿第二定律是力和速度变化率, 即加速度的关系, 而不是和速度的关系.

(6) 洛伦兹力.

1895 年, 荷兰科学家洛伦兹提出了洛伦兹力: 磁场对运动点电荷的作用力 $\boldsymbol{F}$ 正比于电荷、磁感应强度以及速度在垂直于磁场方向的分量. 这样, 带电荷 q 的粒子在电磁场中 (包含了磁场和电场) 运动时所受的力可以统一地写作

$$\boldsymbol{F} = q(\boldsymbol{E} + \boldsymbol{v} \times \boldsymbol{B}), \tag{3-16}$$

其中 E 是电场强度, B 是磁感应强度, v 为带电粒子的速度. 式中第一项是库仑力, 第二项是洛伦兹力.

洛伦兹力是电磁场与带电物质相互作用的基本规律. 安培力其实就是洛伦兹力的合力.

许多物理研究手段利用了洛伦兹力, 例如质谱分析、光电子能谱分析等.

图 3-8 是质谱仪的照片, 照片中那个圆形部分可以产生磁场. 如果你得到一块矿石, 却不知道它的成分, 就可以用质谱仪检测. 质谱仪把矿石 "粉碎" 成微小的带电颗粒, 这些颗粒穿过磁场时受到洛伦兹力的影响, 按照速度、质量和电荷的不同, 在不同时间到达检测器, 就给出谱图. 通过和已知物质对比, 就可以知道被检测物质的组成, 进而知道它是什么物质.

图 3-8　质谱仪利用洛伦兹力来分辨不同的带电粒子

第一章中的图 1-1 是光电子能谱仪的示意图, 图中那个半圆形的部分就是一个电场, 固体中的电子被一束光 (能量) 打出, 电子在电场中受到电场力的作用, 按照动能的不同分别到达检测器, 形成能谱图, 然后分析图谱就可以得到有用的信息.

(7) 麦克斯韦方程组.

英国《物理世界》(Physics World) 杂志 2004 年举办了一个活动, 让读者选出科学史上最伟大的公式. 结果在选出的 10 个最伟大的公式中, 麦克斯韦方程组力压质能方程、欧拉公式、牛顿第二定律、毕达哥拉斯定理、薛定谔方程、$1+1=2$、德布罗意关系式、傅里叶变换、圆周公式, 高居榜首.

1855 年到 1865 年间, 麦克斯韦在前面讲到的这些发现的基础上, 创立了麦克斯韦方程组, 全面总结了电磁学的规律, 集电磁学的大成. 麦克斯韦方程组有积分形式和微分形式 (还有三个附加的方程, 描述介质在电磁场中的行为). 详细讲解这些方程超出了本书的范围, 下面给大家展示一件北京大学物理学院学生用麦克斯韦

方程组做的文化衫 (图 3-9), 再简单介绍一下.

图 3-9 用麦克斯韦方程组做的文化衫

麦克斯韦方程组有积分形式和微分形式 (对应文化衫上的上半部分和下半部分), 积分形式适用于处理大范围的电磁情况, 微分形式适用于处理极小范围的电磁情况. 可以简单地这样理解, 第一个方程描述电现象, 是电场高斯定理; 第二个方程描述磁电转换, 是法拉第电磁感应定律; 第三个方程描述磁现象, 是磁场高斯定理; 第四个方程描述电磁转换, 是安培-麦克斯韦定律.

麦克斯韦方程组的微分形式里面有个倒三角符号 ∇, 读作 "纳不拉" (nabla), 也称劈形算符. 算符也称算子, 是一种变换的方式或者运算的方式, 和加减乘除一样是一种运算符号, 但它的运算方式比较复杂, 简单地理解为它可以把一种形式变换成另外一种形式. ∇ 是一种求微分的算符.

麦克斯韦的电磁理论预言, 当电荷和电流运动变化时, 会引起周围的电磁场的强度变化, 电磁场强度的变化会以波动的形式传播出去, 表现为电磁波. 麦克斯韦的电磁理论预言了电磁波的存在, 并且在理论上导出了电磁波以真空光速传播 (图 3-10).

麦克斯韦的电磁理论预测光是一种电磁波, 确立了光的电磁理论. 1888 年, 赫兹 (Heinrich Rudolf Hertz, 1857—1894, 德国物理学家) 用实验证实了电磁波在空间的传播. 很快, 电磁波在无线电通信中得到应用, 成为现代生活的重要部分, 大大加快了知识传播的速度.

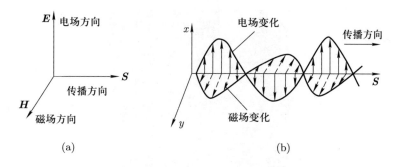

图 3-10　电磁场的传播方向总是垂直于电场和磁场的方向

　　麦克斯韦方程组对电磁现象做了精确的数学表达, 把数学分析方法带进了电磁学. 关于光是电磁波的理论把光学和电磁学统一起来, 是 19 世纪科学最伟大的成就.

　　麦克斯韦理论是物理学探索统一理论的又一次尝试, 牛顿万有引力理论是第一次.

　　麦克斯韦生前并不著名, 科学界对他的理论缺乏理解, 可能是因为他们对把实验科学过分数学化不太赞同, 也可能是因为他去世得太早. 麦克斯韦 1879 年因胃癌去世时只有 48 岁. 在麦克斯韦逝世 9 年后, 赫兹证实了电磁波的存在, 并确认光就是电磁波, 麦克斯韦的理论才得到重视. 后来著名的迈克耳孙–莫雷实验 (证明以太不存在, 导致狭义相对论诞生) 也是受麦克斯韦的启发.

　　有个故事说, 麦克斯韦 1850 年代曾经在苏格兰的阿伯丁大学任教, 当时入股过该市的音乐厅. 1900 年代初, 音乐厅在发放红利时, 竟然找不到那个叫詹姆斯·麦克斯韦的人, 没有人知道他是谁, 只好刊登寻人启事. 麦克斯韦的故事有些像画家梵高, 生前穷困潦倒, 画作几乎无人问津, 但死后却成为世界上最受尊崇的艺术家之一.

3.4　光的电磁理论

　　光是世界上最奇妙的东西之一, 节日时的灯光、焰火表演, 雨后天空的霓、虹 (图 3-11) 等等, 都带给人们极大的视觉冲击和美的享受, 而且可以说, 没有光就没有人类. 对光本质的认识也是科学界的重要研究之一.

　　经典物理学对光的认识在麦克斯韦那里到达顶峰——光就是电磁波. 赫兹的发现促进了无线电广播的发展, 给人类带来极大的好处和进步.

图 3–11　2016 年 5 月北京天空出现的霓 (左) 和虹 (右). 虹是太阳光在水汽中反射的结果, 而霓是虹在水汽中的再次反射, 所以霓和虹的颜色分布是相反的

　　在历史上, 对光的认识可能是对所有现象认识中最为反反复复, 最为戏剧化的. 即便是麦克斯韦的光的电磁理论也没有做到对光的性质完全的认识, 要到量子论发展的时候才对光有了全面的认识. 量子论说, 光不仅是电磁波, 也是微粒, 即所谓的波粒二象性.

　　在人类历史上, 人们对自然界的组成有各种认识, 中国人认为是金、木、水、火、土, 希腊人认为是地、水、火、气组成所有的物质. 这些是人类生存的根本条件, 没有人认为光对自然有多么重要. 大概光太自然了, 以至人们对它司空见惯, 从来不考虑, 其实光才是万物之源. 无论是人类诞生之前还是之后, 光都是万物生存能量的最主要来源.

　　人眼睛能看到的光的波长约 400~800 nm, 波长太长或者太短的光人的眼睛都看不见. 光的强度通常用 cd (坎德拉) 表示.

　　光的现象是一类重要的物理现象, 如光有不同的颜色, 光一般是沿直线传播的, 光传播时遇到不同介质的界面时会发生折射和反射等等. 光的本质是什么一直是物理学要回答的问题.

　　17 世纪对光的本质提出了两种假说: 一种是微粒说, 认为光是发光物体射出的大量微粒. 微粒说的代表人物是牛顿. 另一种是波动说, 认为光是发光物体发出的波动. 波动说的代表人物是荷兰物理学家惠更斯 (Christiaan Huygens, 1629—1695).

　　根据微粒说, 光像微粒一样, 有反射、折射. 光的反射就像一个乒乓球在桌面上会反弹一样, 是实物的反弹. 光的折射被认为是光通过一种介质到另一种介质的时候, 由于两种介质中光的传播速度不同, 导致的光线不是直线, 而是发生偏折的现象. 根据波动说, 光像波一样, 有干涉、衍射、吸收等性质 (图 3–12).

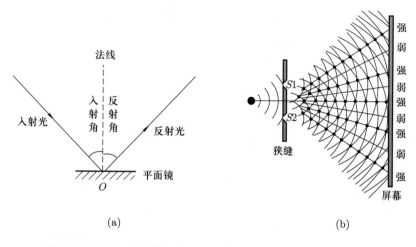

图 3-12 (a) 光的微粒性质——反射;(b) 光的波动性质——衍射

简单给大家介绍一下历史上对光的本质是微粒还是波的争论.

17—18 世纪, 牛顿一派认为光是光源发射出的细小微粒, 光透过水的速度要大于光在空气中的速度. 以惠更斯为代表的一派则认为光是光源发出的波, 恰恰相反, 光在水中的速度要小于在空气中的速度. 两派争持不下, 那最好的办法就是测量一下光在水中和空气中的速度, 看看到底是牛顿对还是惠更斯对.

1850 年, 傅科 (Jean-Bernard-Léon Foucault, 1819—1868, 法国物理学家) 发明了一个装置, 测量了光在水中和空气中的速度, 结果发现光在空气中的速度要快. 这个结果支持光是波的说法.

托马斯·杨和菲涅耳 (Augustin-Jean Fresnel, 1788—1827, 法国物理学家) 通过干涉、衍射、偏振等实验证明了光的波动性及光的横波性. 他们认为, 光是弹性机械波, 在称为以太的物质中传播. 以太就是当时科学家认为光传播的介质, 后面关于相对论的章节里面还要介绍.

托马斯·杨在成功完成了杨氏双缝实验以后, 说了一句十分有哲理的话: "尽管我仰慕牛顿的大名, 但我并不认为他是百无一失的, 我遗憾地看到他有时候也会搞错, 而他的权威有时候也会阻碍科学的发展." 杨的这句话和我们在卷首语里面反复强调的想象力密切相关, 培养想象力的一个重要方面就是不迷信权威.

到了 19 世纪中期, 麦克斯韦建立电磁理论, 提出了光是电磁波, 1887 年赫兹用实验做了证实, 这在前面已经说过. 科学家认为光是在以太中传播的电磁波. 托马斯·杨和菲涅耳的以太是机械的, 有弹性, 但和电磁无关, 而麦克斯韦的以太是电磁性质的. 其实二者都不对, 我们后面会看到.

　　20 世纪初, 量子论诞生的过程中, 法国物理学家德布罗意 (Louis Victor de Broglie, 1892—1987) 认为, 光既是波, 又是粒子, 即具有所谓的波粒二象性. 德布罗意写了一个关系式, 称为德布罗意关系式:

$$E = h\nu, \quad p = \frac{h\nu}{c} = \frac{h}{\lambda}, \tag{3-17}$$

其中 E 是能量, ν 是频率, p 是动量, c 是光速. h 称为普朗克常数, 是物理学中一个十分重要的常数, 后面量子论中再仔细讲.

　　我们简单地看一下这两个关系式. 式子的左边, 一个是能量 E, 一个是动量 p, 都是描述粒子性的, 而右边的频率和波长都是描述波的参数. 德布罗意用简单的关系式把粒子特性和波动特性统一起来. 德布罗意关系式虽然简单, 却被称为物理学里面最伟大的公式之一.

　　至此, 有关光到底是什么暂时画上了句号: 光既是粒子又是波. 光的波粒二象性的意思是: 光既表现出粒子的特性, 又表现出波动的特性. 粒子性主要是指它具有集中的不可分割的特性. 波动性是指它能在空间表现出干涉、衍射等波动现象, 具有一定的波长、频率.

　　到 19 世纪末, 经典物理学理论已经系统、完整地建立起来, 其中包括经典力学、热力学、统计物理学、经典电动力学、光的电磁理论或者说波动光学.

　　经典物理学辉煌的大厦建成了.

卷首语解说

　　贝塞麦是工业革命时期卓越的发明家. 1855 年他发明了转炉炼钢, 使炼钢技术在当时有了极大的进步. 贝塞麦的话告诉我们的还是上一章卷首语爱因斯坦说的那个道理, 海阔天空的思维才是发明和创造的根本. 思考问题一定不能受到任何条条框框的限制, 只有摆脱了束缚, 想象力才能发挥和丰富.

第四章 现代物理学的诞生——量子论

> 在建立一个物理学理论时,基本观念起了最主要的作用.物理书中充满了复杂的数学公式,但是,所有的物理学理论都是起源于思考与观念,而不是公式.观念在以后应该采取一种定量理论的数学形式,使其能与实验相比较.
>
> ——爱因斯坦

从 1687 年牛顿发表《自然哲学的数学原理》到 1865 年麦克斯韦方程组建立,1888 年赫兹证实麦克斯韦的电磁波理论,经典物理学在力学、电磁学、光学、热力学和统计物理学方面都建立了坚实的理论基础,对自然现象基本都可以做出合理的解释.下一步物理学该做什么?这是一个需要严肃考虑的问题.

1900 年 4 月,英国物理学家开尔文勋爵 (就是上一章中发明开氏温标的那个开尔文) 提出了著名的两朵乌云的说法,一朵乌云指的是热辐射的 "紫外灾难",另一朵乌云指的是迈克耳孙–莫雷实验.

这两朵乌云的存在,开始动摇经典物理学的基础,从而引发了物理学史上一场伟大的变革.在这一章我们介绍对 "紫外灾难" 的研究,最终导致量子论 (或称量子力学) 的诞生,下一章再介绍由另一朵乌云导致的相对论.

称量子论为量子力学是为了表示它和牛顿的经典力学有很多根本的不同.很多书上把 20 世纪初量子论和相对论的建立称为 "革命",其实不是革命,而是进展,不是 "revolution",而是 "evolution".量子论和经典理论适用的范围不一样,只是在经典力学的时代,科学不知道微观世界的规律,而量子论告诉了我们而已.到目前为止,经典理论仍然在应用.我经常对学生讲,在我们上课的教室,房屋的结构、桌椅等都符合经典理论,而我们用的多媒体、电子设备都符合量子论.二者融洽地存在于我们的生活中,而没有违和的感觉,这显然不是革命应该有的场面.

大家从量子论的诞生中可以看到,科学家如何从一件不是很起眼的问题开始,建立了一个宏大的科学体系.

4.1 黑体辐射的紫外灾难

18 世纪开始的工业革命是以钢铁为代表的,制造各种各样的机械需要钢铁,修建五花八门的建筑需要钢铁,炼铁炼钢在那时候十分重要.冶炼钢铁一个重要内容就是能量的利用, 要尽力把能量用到有用的地方, 减少其他方面的消耗. 钢铁的冶炼是把铁矿石、还原剂、焦炭等放在一个炉中产生高温, 然后融化矿石并使之还原成铁. 科学家把炼钢 (铁) 炉壁假想成黑体, 然后研究其中热量的变化情况.

　　什么是黑体? 粗略地说, 就是能吸收所有颜色的光的物体, 这样, 该物体就看不见颜色, 只能看到是个黑色的, 所以叫黑体. 我们可以用一个封闭空间表面的小洞来模拟黑体, 图 4-1 给出了一个这种模拟黑体的简图.

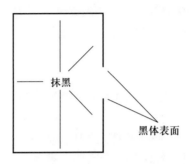

图 4-1　模拟黑体简图. 照到小洞的热辐射, 在封闭空间内部不断反射, 最后几乎都被内壁吸收, 很少能逃出来

　　焦炭在炼钢炉内发热, 产生热量辐射到炉内各个部分, 研究这些辐射的吸收在当时很有意义. 这里先简单介绍一下电磁波的名称和频率, 见表 4-1 (请注意, 表中所列是实际应用波段).

表 4-1　电磁波的名称和频率

电磁波名称	频率 ν/Hz
无线电波	$10 \sim 10^9$
微波	$10^9 \sim 3 \times 10^{11}$
红外线	$3 \times 10^{11} \sim 4 \times 10^{14}$
可见光	$3.84 \times 10^{14} \sim 7.67 \times 10^{14}$
紫外线	$8 \times 10^{14} \sim 8 \times 10^{17}$
X 射线	$3 \times 10^{17} \sim 5 \times 10^{19}$
γ 射线	$\geqslant 10^{18}$

　　任何物体表面发射电磁辐射的能力都正比于吸收电磁辐射的能力. 黑色的物体对各种频率或者颜色的光都吸收, 不反射, 对热辐射当然也一样. 电磁辐射包括无线电长波、中波、短波、超短波、微波、红外线、可见光 (红、橙、黄、绿、蓝、靛、紫)、紫外线、X 射线、γ 射线. 绝对黑体是吸收电磁辐射能力最强的物体, 也就是发射电磁辐射能力最强的物体. 后面的章节会讲到为什么吸收强就发射强.

人们从理论和实验上研究具有一定温度的黑体发射电磁辐射的规律, 发射的电磁辐射包括的波长从很长到相当短的都有, 辐射能量随辐射的频率形成一定的分布. 当时不少科学家都在做这方面的研究, 大家各出奇招, 但理论结果都没有和实验符合得很好. 德国物理学家维恩 (Wilhelm Wien, 1864—1928) 以及英国物理学家瑞利 (Third Baron Rayleign, 1842—1919) 和金斯 (James Hopwood Jeans, 1877—1946) 的研究比较有代表性.

1893 年, 维恩发现辐射能量最大的频率值 ν_m 正比于黑体的绝对温度 T, 并在 1896 年给出辐射能量对频率的分布公式. 这个公式在大部分频率范围内都与实验符合得很好, 只在频率很低 (就是波长 λ 很大) 时与实验符合得不好.

1900 年, 瑞利和金斯在经典电动力学和统计物理学的基础上, 又推导出一个辐射能量对频率的分布公式. 与维恩的公式相反, 这个公式在频率低时与实验符合得很好, 但在频率高时与实验严重不符合, 当频率变得很高时, 他们的公式给出的辐射能量是发散的. 图 4-2 给出了实验、维恩和瑞利–金斯结果的对比.

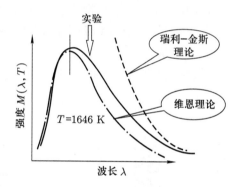

图 4-2   1646 K 时热辐射能量的实验和理论结果, M 为辐射的强度, λ 为电磁波的波长

大家经过很多努力, 就是没有办法让理论结果与实验结果符合, 经典物理学理论碰到了困难. 由于频率很大的辐射处在紫外线波段, 故而这个困难被称为 "紫外灾难". 这是依据瑞利–金斯理论结果的说法, 依据维恩的理论结果应该是 "红外灾难", 可能是维恩的结果与实验在红外区间相差并不是很远, 大家就称这个问题为 "紫外灾难". 这个问题的实质是依据经典力学, 科学家对能量的本质还缺乏正确认识.

4.2   普朗克的量子理论

1900 年, 德国物理学家普朗克 (Max Karl Ernst Ludwig Planck, 1858—1947) 提出了一个能量的量子假说: 频率为 ν 的电磁辐射的能量不是连续的, 而是有一个最小的单位 $h\nu$, 能量发射是按照最小能量 $h\nu$ 的整数倍发射的. 这里 h 是一个普适常数, 称为普朗克常数, ν 是辐射的频率. 普朗克导出一个新的辐射能量对频率的分布公式, 在频率低时自动回到瑞利-金斯公式, 在频率高时又自动回到维恩公式, 对所有频率都与实验符合得很好, 完全解决了困扰大家多时的紫外灾难问题.

能量的量子假说的主要内容有两点:

(1) 黑体分子和原子的振动可看作谐振子, 这些谐振子可以发射和吸收辐射能.

(2) 这些谐振子的能量不像经典物理学所允许的可具有任意值, 能连续变化, 而是只能取一些分立值, 这些分立值是某一最小能量 ε (称为能量子) 的整数倍, 即 $\varepsilon, 1\varepsilon, 2\varepsilon, 3\varepsilon, \cdots$. 倍数 n 称为量子数. 对于频率为 ν 的谐振子, 最小能量为

$$\varepsilon = h\nu. \tag{4-1}$$

普朗克的量子假说最主要的一点, 也就是日后量子力学中最重要的原理之一, 即能量量子化. 图 4-3 是一个经典物理能量分布和量子化能量分布的示意图. 经典物理认为能量值的变化是连续的, 中间没有空隙; 量子论认为能量的变化不是连续的, 而是一份一份的, 每份中间有间隔. 经典物理中, 计算能量最好的办法就是对图 4-2 中那条实验曲线积分. 那时候已经有了微积分, 积分是大家解决此类问题常用的数学方法. 但是积分没有成功, 肯定有其他原因. 普朗克猜想能量可能不是连续的, 不能积分, 只能求和, 就是把各个能量加起来, 这在数学处理上实际是退步了, 但是符合客观的物理.

能量

经典　　量子

图 4-3　经典能量分布和量子能量分布

普朗克从以上的假设出发可以得到他的黑体辐射公式:

$$M_\lambda(T) = \frac{2\pi h c^2 \lambda^{-5}}{e^{hc/kT\lambda} - 1}. \tag{4-2}$$

初学者往往对物理公式有畏惧感, 这个公式看似复杂, 其实是很简单的, 说的是在一定的波长下辐射强度 M_λ 随温度 T 的变化. 其中 M_λ 是辐射的强度, 依赖于温度 T, c 是光速, h 是普朗克常数. 等式右边分母是一个指数, k 是玻尔兹曼常数, 2π 大家自然都知道是什么, λ 是波长, 只有 T 是变量. 通过该公式, 就可以计算不同温度下辐射强度的变化. 当然也可以把公式改一下, 把波长 λ 改成变量, 让温度 T 不变, 那样就可以计算辐射强度随波长的变化了.

需要说明的是, h 是根据实验拟合出来的一个数, 并不是从理论推导而来. 有了能量值 E 和频率 ν, 就可以算出 h.

普朗克的假说太富于革命性了, 在它刚被提出时, 没有人赞同它, 甚至连普朗克本人都不喜欢它. 普朗克认为这个假说破坏了物理学的完美. 他曾经努力了多年, 试图找到一种能从经典物理学导出的方法来代替量子假说, 以解决科学家们在黑体辐射方面所遇到的困难. 经过漫长的犹豫、彷徨和苦闷, 在所有回到经典物理的方案都以失败而告终之后, 他才坚定地相信能量是量子化的, h 的引入确实反映了新理论的本质.

直到五年以后, 爱因斯坦的理论才真正使人们注意到了量子假说所闪现的光芒.

1918 年普朗克获得了诺贝尔物理学奖. 1947 年 10 月 4 日, 普朗克在德国哥廷根病逝, 终年 89 岁. 现在德国的国家研究所都叫马克斯·普朗克研究所, 以纪念这位伟大的物理学家, 中国人称之为马普所.

普朗克的墓地在哥廷根市公墓内, 其标志是一块简单的矩形石碑, 上面只刻着他的名字, 下角刻着普朗克常数:

$$h = 6.62 \times 10^{-27} \ \mathrm{erg \cdot s}. \tag{4-3}$$

这和玻尔兹曼的墓志铭异曲同工, 这才是一个科学家的风范. 如果普朗克要在墓碑上刻上生前的名头, 整个墓碑恐怕都不够用, 而普朗克觉得只有这个常数才是自己一生的骄傲 (过去欧洲人有生前撰写墓志铭的习惯).

由于计算角动量时常用到 $h/(2\pi)$ 这个数, 为了避免重复, 将其写作 $\hbar$ (读作 h 巴, "bar" 是英文中一杠的意思), 称为约化普朗克常数, 也称为狄拉克常数, 以纪念狄拉克. 学习量子力学时会经常遇到它.

二战前, 相当一部分知识分子对自己的定位还不是很清楚. 普朗克是德国科学界的巨擘, 1918 年诺贝尔物理学奖得主, 量子论先驱, 威廉皇家学会会长, 德国科学界深孚众望的伟大领袖. 爱因斯坦曾多次得到普朗克提拔, 两人成为挚友.

第一次世界大战开始时, 一些德国学者发表了臭名昭著的《致文明世界宣言》, 公然支持德国的罪恶战争, 签字者共有 93 位德国学术精英, 普朗克、伦琴、能斯特、奥斯特瓦尔德 (Friedrich Wilhelm Ostwald, 1853—1932, 1909 年诺贝尔化学奖得主) 等都在其中. 这份宣言真正体现了当时德国知识分子附庸政权的状态. 后来, 纳粹在德国兴起, 德国学者忘记当年的耻辱, 又追随希特勒. 以至后来爱因斯坦对普朗克的态度发生了很大的转变, 认为他不可交往.

二战以后, 很多知识分子对社会的态度有了明显的变化. 当世界面临核武器研究失控时, 美国化学家鲍林 (Linus Carl Pauling, 1901—1994, 1954 年诺贝尔化学奖得主, 1962 年诺贝尔和平奖得主) 大声疾呼, 联合世界上的科学家向各国政府施压, 最后达成了核不扩散条约.

4.3   光电效应的量子理论

普朗克把热辐射的能量量子化, 开启了 20 世纪物理学大变革的序幕, 或者说是认识微观世界的序幕. 几年后, 爱因斯坦又揭示了光也是粒子的奥秘, 彻底地认识到光既是粒子又是波的波粒二象性特点, 而且从爱因斯坦的理论已经隐约可以看出实物粒子的能量也是量子化的.

1905 年, 爱因斯坦在瑞士伯尔尼的专利局做一个小职员, 那年, 他的儿子三岁. 工作之余, 爱因斯坦一边推着儿子的童车哄孩子, 一边思考物理问题. 这一年, 他发表了震惊世界的 6 篇论文. 2005 年时, 世界各地的物理学家和物理学会都隆重地庆祝爱因斯坦 6 篇论文发表 100 周年, 可见这几篇文章影响之大.

这 6 篇文章之一便是 1905 年 3 月在德国《物理年鉴》杂志上发表的《关于光的产生和转化的一个试探性观点》.

我们先回到 1888 年, 那一年赫兹观察到紫外线照射到金属上时, 能使金属发射带电粒子. 1900 年, 人们证明金属所发射的是电子, 这个现象称为光电效应. 对于每一种金属, 只有当入射光频率大于一定频率 ν_m 时才能产生光电效应, 否则就不会发生. 该频率称为该金属的红限频率, 意思是最低频率, 因为红光的频率低, 所以叫红限频率. 表 4-2 给出了几种金属的红限频率.

表 4-2   几种金属的红限频率

金属	红限频率 ν_m/Hz
银	9.22×10^{14}
铋	10.01×10^{14}
铅	10.01×10^{14}
铂	11.7×10^{14}
钨	13.0×10^{14}

经典物理对这个现象的解释是, 紫外线是波长很短的电磁波, 金属板受到照射时, 从电磁波中接收到能量, 能量的大小取决于电磁波的强度. 光电子的发射应该与入射光的频率没有直接关系, 而光电子的能量则应该直接由入射光的强度决定.

按照这样的机理, 即使入射光的强度很弱, 只要照射的时间足够长, 电子吸收的能量也可以积累到足以使其从金属板中脱出而成为光电子. 这就像烧开水一样, 火虽然小, 但要是烧得时间长水也能开.

但实际上不是这样的, 光电效应的实验结果告诉我们:

(1) 对于确定的金属板, 用频率低于红限频率的电磁波照射时, 无论其强度多么大, 照射的时间多么长, 都不会产生光电子;

(2) 用频率高于红限频率的电磁波照射时, 不论电磁波的强度多么小, 都会立即产生光电子;

(3) 光电子的能量由电磁波的频率决定, 光电流的强度正比于照射电磁波的强度.

光电效应的这些实验规律和经典物理学理论的预期完全不符.

1905 年, 爱因斯坦分析了光电效应实验, 提出了光电效应的量子理论, 对光电效应的规律用光量子给予了解释. 爱因斯坦认为, 不仅电磁辐射的发射是按照最小能量单位的整数倍进行的 (普朗克的理论), 而且电磁波的传播和被吸收, 也都是按照这个最小能量单位的整数倍进行的, 这个电磁波的最小能量单位的实体就称为光量子.

爱因斯坦给出了一个光电效应的公式:

$$h\nu = \frac{1}{2}mv_{\mathrm{m}}^2 + A, \tag{4-4}$$

其中 $h\nu$ 是入射光量子的能量, $\frac{1}{2}mv_{\mathrm{m}}^2$ 是光电子的动能, A 是电子在轨道中的结合能.

我们看到, 爱因斯坦已经采用了普朗克能量为 $h\nu$ 的观点, 并称之为光量子, 把电磁波或者光看作粒子.

对一块金属板入射一束光, 它的光量子能量是 $h\nu$, 电子在原子核的约束下结合能是 A, 入射光克服了结合能 A, 把电子打出金属板或者原子外, 逃出金属板的电子就有动能 $\frac{1}{2}mv_{\mathrm{m}}^2$, 动能的大小取决于入射光量子的能量. 如果入射的光量子能量小于 A, 就不会有光电子逸出.

我们看一下原子的结构就会明白爱因斯坦的理论. 图 4-4 是一个原子的结构简图, 原子核位于中心, 电子在周围绕行, 电子的轨道不是连续的而是量子化的, 能

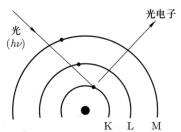

图 4-4 原子结构简图. 中间是原子核, 电子在其周围分层运动, K, L, M 代表不同的电子层

量也是量子化的. 如果要把一个电子打出原子外或者从一个轨道跳到另一个轨道,
就要克服电子在某一个轨道上的结合能, 由于轨道的不连续, 这些能量都是量子化
的.

　　前面我们曾经说过, 一个物体容易吸收什么频率的光, 也就容易发射什么频率
的光, 这是因为轨道之间的能量是固定的, 吸收能量是从内层轨道跳到外层轨道, 而
发射是从外层跳到内层, 所以吸收和发射的能量是一样的, 也就是吸收和发射光的
频率一样.

　　我们简单总结一下: 当电磁波照射到金属板上时, 金属板上接收到的是大量光
量子. 如果频率较低, 光量子的能量小于电子从金属板中脱出所需的能量 A 时,
就没有光电流出现. 如果频率较高, 光量子的能量大于所需的能量 A 时, 就有光
电流出现, 电子只要吸收一个光子就可以从金属表面逸出, 无需时间积累. 入射
电磁波的频率越高, 光电子的能量越大; 入射电磁波的强度越大, 光电流的强度也越
大, 也就是打出的电子越多.

　　光的量子理论带来了观念上的重大变化. 按照经典物理学的观念, 电磁场的周
期性变化传播出去, 就是辐射电磁波. 按照量子理论, 电磁波的发射、传播和吸收的
能量都是按光量子为单位来进行的.

　　电磁波有双重属性: 电磁波是波动, 具有波长 (λ)、频率 (ν)、相位传播速度等
属性; 电磁波由光量子组成, 光量子是微粒, 具有动量 (p)、能量 (E)、速度 (v) 等属
性. 电磁波的这两方面的属性是紧密联系的. 完整地说明了光的波粒二象性的是上
一章讲到的德布罗意关系式, 也展示在这里:

$$E = h\nu, \quad p = h(\nu/c) = h/\lambda. \tag{4-5}$$

到这个时候, 物理学才真正搞明白了光的本质, 光既是波, 又是粒子.

　　爱因斯坦关于光电效应的光量子理论很好地解释了光电效应的实验规律. 1921
年, 爱因斯坦由于提出光电效应的量子理论而获得了诺贝尔物理学奖.

4.4　氢原子光谱和氢原子结构的玻尔模型

　　19 世纪末, 科学家开始了光谱学的研究, 最早研究的是氢光谱. 氢是最简单的
元素, 只有一个电子, 但是, 对氢原子光谱的研究, 揭示了两个重要的问题: 一是对
原子结构的深入认识; 二是知道了能量量子化的根本原因.

　　这一节我们会给出从对氢光谱的研究得到能量量子化的进一步证明. 先说什
么是光谱法.

　　光与物质相互作用引起的光的吸收、反射和散射等与物质的电子结构、原子结
构以及运动状态有关. 光谱法研究物质的吸收、反射、散射等与入射波长的关系,

从而了解物质中电子和原子的状态及运动. 一句话, 可以通过对光谱的研究得知物质的内部结构.

氢光谱就是用一个光源去激发氢原子, 然后记录光谱线. 1885 年, 瑞士巴塞尔女子中学教师兼巴塞尔大学讲师巴耳末 (Johann Jakob Balmer, 1825—1898) 提出了氢原子光谱波长的经验公式, 这个光谱线系后来称为巴耳末系. 图 4-5 是一个光谱图. 过去记录光谱用的是感光胶片 (图 4-5 就是), 测量谱线的位置和强度都很不方便, 现在用计算机记录, 不但方便而且精确.

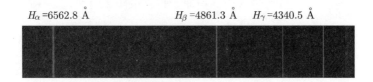

图 4-5　氢原子的光谱图. 图中的直线就是光谱线, 代表氢原子的电子具有不同的能量, 上面的数字是该光谱线的波长, 越往紫色方向, 波长越短

1889 年, 瑞典物理学家里德伯 (Johannes Rober Rydberg, 1854—1919) 给出了一个氢原子光谱各谱线频率普遍的公式, 出现两个正整数参数 m 和 n, 其中 n 要大于 m. m 标记不同光谱区域 (也称作线系, 氢原子光谱有 6 个线系), $m = 2$ 的光谱线就是位于从可见光到紫外线区域的巴耳末系光谱线:

$$\nu_{mn} = \frac{2\pi^2 m_{\mathrm{e}} Z^2 e^4}{(4\pi\varepsilon_0)^2 h^3}\left(\frac{1}{m^2} - \frac{1}{n^2}\right). \tag{4-6}$$

这个公式也并不复杂, 其中 m_{e} 是电子质量, e 是电子电荷, ε_0 是真空介电常数, h 是普朗克常数, Z 是原子序数, ν_{mn} 是光谱的频率. 有了频率就知道能量, 因为 $E = h\nu$. 如果是第 n 个能级的能量, 公式则为

$$E_n = -\frac{m_{\mathrm{e}} Z^2 e^4}{2n^2 (4\pi\varepsilon_0)^2 \hbar^2}. \tag{4-7}$$

在里德伯的公式中, 有普朗克常数, 有正整数 m 和 n, 都说明氢光谱的能量是量子化的, 是一份一份的, 不连续. 我们看图 4-4 就知道氢光谱能量量子化的原因.

氢原子虽然只有一个电子, 但是核外电子能够停留的地方 (称为能级) 却很多, 所以激发氢原子可以得到很多光谱线. 因此从巴耳末开始, 很多科学家研究了处于不同能量区间的氢光谱, 这里不再一一叙述.

有了足够的氢原子的光谱信息, 1913 年, 玻尔依据实验和观察结果提出了氢原子模型理论: 氢原子的原子核是带正电的质子, 核外有一个带负电的电子 (见图 4-4, 但是氢原子只有一个电子), 它们之间有与距离平方成反比的吸引力. 玻尔提出,电子环绕原子核的运动, 只有满足一定条件时, 才是稳定的. 氢原子从能量较高的稳定状态变到能量较低的稳定状态时, 多余的能量就要以电磁辐射的形式放出, 表现为一个有确定能量的光量子. 这时就在光谱上出现一个线条. 核外电子的能量分布是不连续的, 这是能量量子化的根本原因.

在玻尔的理论中, 除了量子论中新引进的普朗克常数外, 没有引进任何新的常数. 按照玻尔的氢原子模型理论, 可以严格、精确地导出普遍描述氢原子光谱的里德伯公式.

玻尔的氢原子模型理论是人们认识原子世界的重大进步, 是一个里程碑.

4.5　物质粒子的双重属性

1924 年, 法国物理学家德布罗意提出了一个大胆的设想: 不仅光有波粒二象性, 在原子世界中所有的物质粒子也都普遍有双重属性, 既是波动, 又是微粒. 在电子运动时, 既表现为一个个电子的运动, 又表现为某种 “电子波” 的传播. 具有能量 E 和动量 p 的物质粒子又表现为频率 ν 和波长 λ 的波动, 它们之间由普遍公式 (即德布罗意关系式) 相联系.

德布罗意这个想法实在是非常离奇, 很多科学家都不相信. 实物粒子有不可分割性, 有核心, 而波是一个场, 是弥散的, 实物怎么会有波动性呢? 当时德布罗意正在跟著名物理学家朗之万 (Paul Langevin, 1872—1946, 法国物理学家) 读博士. 朗之万虽然赞同德布罗意的想法, 却也不敢十分肯定, 于是就把德布罗意的论文寄给了爱因斯坦. 那时候爱因斯坦已经成为物理学界的领袖人物, 他的判断无疑是非常有说服力的. 爱因斯坦看后非常激动, 他说: “瞧瞧吧, 看来疯狂, 可真是站得住脚呢!” 他评价德布罗意的理论 “揭开了自然界巨大帷幕的一角”.

有了爱因斯坦的支持, 德布罗意的理论很快得到了物理学界的认可. 大家把实物粒子的波称为 “德布罗意波” 或者 “物质波”.

1924 年 11 月德布罗意以论文《量子理论的研究》通过博士论文答辩, 获得博士学位. 在这篇论文中, 德布罗意全面论述了物质波理论及其应用.

德布罗意 1892 年 8 月 15 日出生于法国的下塞纳, 1910 年获巴黎大学文学学士学位, 1913 年又获理学学士学位, 1924 年获巴黎大学博士学位, 在博士论文中首次提出了 “物质波” 概念. 他于 1929 年获诺贝尔物理学奖. 他在 1932 年任巴黎大学理论物理学教授, 1933 年被选为法国科学院院士, 1987 年逝世.

不得不说德布罗意是个传奇式的人物, 大概由于他开始学习的是文学, 本科毕业后改学物理, 发表物质波理论后获得了诺贝尔奖. 传说他的博士学位论文只有一页纸, 这其实是不正确的, 他的博士论文有 107 页.

我一直对学生说, 大学学习的第一要义是要学会自我更新知识. 会自我更新知识, 毕业以后做什么都能做好. 有不少伟大的科学家本科时学习文科, 毕业后转为理科取得了巨大的成就. 除了上面说的德布罗意, 当代超弦理论大师, 普林斯顿的威滕 (Edward Witten, 1951—) 教授, 本科主修历史; 2003 年诺贝尔物理学奖获得者, 英国物理学家莱格特 (Anthony James Leggett, 1938—), 研究方向转到物理之前专攻哲学和希腊学. 从理科转为文科的那就更多, 例如, 2006 诺贝尔文学奖获得者, 土耳其作家帕慕克 (Ferit Orhan Pamuk, 1952—), 大学学习建筑. 这样的例子不胜枚举.

德布罗意说电子也有波动, 那如何证明呢? 关键是要从实验上来检验电子是否有波动性. 德布罗意说, 用电子衍射就可以证明.

原子的直径大约是 1 Å (埃), 1 Å= 10^{-10} m, 是原子物理学中常用的长度单位. X 射线是一种电磁波. 实用 X 射线的波长在 0.06 Å 到 10 Å 的范围. 如果电子在 1000 V 的电压下加速运动, 按照德布罗意的理论, 这样的电子将表现为波长为 0.4 Å 的 "电子波", 应该表现出和 X 射线类似的波动性.

1912 年, 劳厄 (Max von Laue, 1879—1960, 德国物理学家) 已经证明了 X 射线可以用来研究晶体结构, 如果电子波和 X 射线波长差不多, 那也应该能像 X 射线一样在晶体中产生衍射. 果真如此, 那就证明电子波确实是存在的, 德布罗意是对的.

1927 年, 美国物理学家戴维孙 (Clinton Joseph Davisson, 1881—1958) 和革末 (Lester Helbert Germer, 1896—1971) 用电子束投射到镍单晶上, 结果观察到和 X 射线照射同样的衍射现象.

英国物理学家汤姆孙 (George Paget Thomson, 1892—1975) 通过快速电子穿过薄金属片, 也观察到了衍射图样. 图 4-6 是电子衍射的简图.

他们的实验证实了德布罗意的理论. 1929 年, 德布罗意获得了诺贝尔物理学奖. 1937 年, 戴维孙与汤姆孙获得了诺贝尔物理学奖.

这里提到的汤姆孙经常写成 G. P. 汤姆孙, 这是因为他的父亲 J. J. 汤姆孙 (Joseph John Thomson, 1856—1940, 英国物理学家) 是一个更了不起的物理学家, 因为发现电子而在 1906 年获得了诺贝尔物理学奖. 这是历史上第一对父子都获得诺贝尔物理学奖的. 另外, 1915 年英国的威廉·亨利·布拉格 (William Henry Bragg, 1862—1942) 和威廉·劳伦斯·布拉格 (William Lawrence Bragg, 1890—1971) 父子分享了当年的诺贝尔物理学奖. 1922 年, 丹麦物理学家尼尔斯·亨里克·玻尔获得了诺贝尔物理学奖, 而在 1975 年, 他的儿子奥格·尼尔斯·玻尔 (Aage Niels Bohr, 1922—2009) 也获得了诺贝尔物理学奖. 瑞典的卡尔·曼内·乔治·西格巴恩 (Karl Manne Georg Siegbahn, 1886—1978) 和凯·西格巴恩 (Kai Siegbahn, 1918—2007)

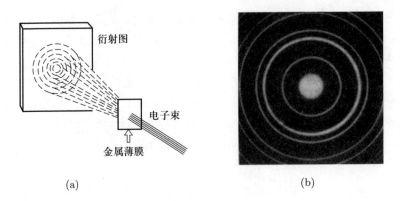

图 4-6 电子束射到金属薄膜上,产生衍射图像,证实了电子有波动性. (a) 实验原理; (b) 衍射图像

父子分别获得了 1924 年和 1981 年诺贝尔物理学奖.

后来又有人做了电子的单缝、双缝、三缝、四缝实验,都证实了电子的波动性. 更进一步,实验又验证了质子、中子和原子、分子等实物粒子都具有波动性,并都满足德布罗意关系. 科学界彻底接受了物质波的概念.

那么,一颗子弹、一个足球有没有波动性呢? 我们看一个例题.

例 质量 $m = 0.01$ kg, 速度 $v = 300$ m/s 的子弹的德布罗意波长是多长?

解 根据德布罗意关系式,有

$$\lambda = \frac{h}{p} = \frac{h}{m\nu}$$
$$= \frac{6.63 \times 10^{-34}}{0.01 \times 300} = 2.21 \times 10^{-34} \text{ m}$$

因普朗克常数极其微小,子弹的波长小到实验难以测量的程度 (足球的波长也是如此),所以它们只表现出 "粒子性",并不是说没有波动性.

不少教科书都有类似的例题,或者计算子弹,或者计算人,结果似乎都是对的,波长小得离奇. 这道例题中子弹的波长竟然只是子弹大小的约 10^{32} 分之一 (假设子弹长 1 cm, 即 10^{-2} m).

这其实是不恰当运用边界条件的例子. 我们在第四章里面讲过物理学中边界条件的重要性. 子弹和原子、电子分属两个不同的范畴,一个是宏观物体,一个是微观物体,它们适用的规律是不一样的,不能使用同样的方式处理.

4.6 量子力学的诞生

至此, 科学家们已经对微观粒子的本质有了比较深刻的认识.

(1) 薛定谔方程.

1925 年, 德国物理学家海森堡 (Werner Karl Heisenberg, 1901—1976, 1932 年诺贝尔物理学奖得主) 提出了矩阵力学. 我们在这里不详细介绍矩阵力学, 而主要说一下与之等价的薛定谔的波动力学.

由于认识到粒子的波粒二象性, 粒子运动的行为也可以用波动方程来描述. 1926 年, 奥地利物理学家薛定谔 (Erwin Schrödinger, 1887—1961, 1933 年诺贝尔物理学奖得主) 提出了波动力学. 矩阵力学和波动力学是等价的, 它们是微观世界物质粒子运动的基本规律——量子力学的不同表述.

既然实物粒子具有波粒二象性, 那么, 微观粒子的运动方程是否可以写成波动方程的形式? 薛定谔就把粒子运动的行为仿照电磁波的形式写了一个方程, 这就是举世闻名的薛定谔方程:

$$\frac{-\hbar^2}{2m} \cdot \frac{\partial^2 \psi}{\partial x^2} = \mathrm{i}\hbar \frac{\partial \psi}{\partial t}. \tag{4-8}$$

这个方程和平面电磁波的方程很像, 但是, 其中 ψ 代替了电场 E, 称为波函数. 可是, 这个 ψ 到底是什么含义呢? 后来德国物理学家玻恩 (Max Born, 1882—1970, 1954 年诺贝尔物理学奖得主) 给了一个解释, 即所谓的概率解释.

1928 年, 英国物理学家狄拉克 (Paul Adrien Maurice Dirac, 1902—1984, 1933 年诺贝尔物理学奖得主) 提出了相对论性的电子论, 建立了相对论性量子力学. 到 1928 年, 量子力学的理论基本建立了.

(2) 玻恩的概率解释.

玻恩的概率解释到底是怎么说的?

1926 年, 玻恩提出了德布罗意波的统计解释, 认为波函数体现了某处发现粒子的概率.

在某处发现一个实物粒子的概率与波函数 ψ 的平方成正比. 如果 ψ 是复数, 就用 $\psi\psi^*$ 代替. 由此, $\psi\psi^*$ 代表单位体积内发现一个粒子的概率, 因而称为概率密度. 这就是波函数的物理意义.

图 4-7 是根据薛定谔方程和给定条件计算得到的 s 电子和 d 电子在空间分布的情况, 与实验符合得很好 (s, p, d, f 是标记电子在核外按层分布的名称).

(3) 海森堡不确定关系.

1927 年, 海森堡分析了几个理想实验后提出了不确定关系, 也叫不确定性原理. 假设有一束电子穿过图 4-8 的狭缝 a, 我们想分别测量电子的动量 p 和狭缝中的位置 x, 如果要把 x 测量准确, 那就要把狭缝 a 变窄, 以确定电子的位置. 可是, 当

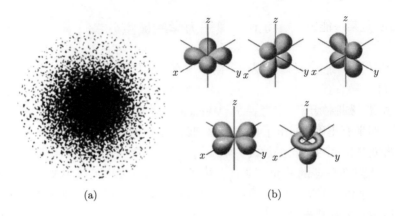

图 4-7 s 电子 (a) 和 d 电子 (b) (有 5 种分布方式) 的概率分布

x 可以测量准确时, 电子却有了波动性, 有衍射花样产生, 电子的动量 p 测量不准了. 反过来, 要是动量 p 测量准确了, 狭缝 a 就得变大, 这时候位置 x 又测不准了. 总之, 动量和位置只能有一个测量准确, 不能两个同时测量准确.

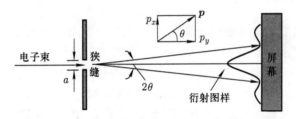

图 4-8 不确定关系图解

因此有人把不确定性原理称为测不准原理, 但前者更精确, 因为按现在的理解, 不确定性是不依赖测量的. 海森堡根据这些结果得出了不确定关系:

$$\Delta p_x \Delta x \geqslant \hbar,$$
$$\Delta p_y \Delta y \geqslant \hbar, \tag{4-9}$$
$$\Delta p_z \Delta z \geqslant \hbar,$$

这里 Δ 表示一个变化很小的量. 对变化很小的量, 物理学经常就用 Δ 表示. p 是动量, x, y, z 分别是位置的不同方向. 在微观系统中, 动量的变化量和位置的变化量相乘, 一定要大于或者等于 $\hbar$, 就是前面说的 $h/(2\pi)$.

除了动量和位置不能同时确定以外, 电子的能量变化和时间也不能同时确定:

$$\Delta E \Delta t \geqslant \hbar, \tag{4-10}$$

这里 ΔE 是某一能级上粒子能量的变化, Δt 是粒子在能级上停留的时间, 它们的乘积也要大于或者等于 $\hbar$. 关于这一点我们不做仔细讲解了.

不确定关系说明, 因为微观粒子不可能同时具有确定的动量及位置坐标, 用经典物理学量, 如动量、坐标来描写微观粒子行为时将会受到一定的限制. 不确定关系可以用来判别对于实物粒子其行为究竟应该用经典力学来描述还是用量子力学来描述. 如果有不确定关系, 那就是微观粒子. 不确定关系的本质其实是波粒二象性, 也就是说, 一个物体, 如果有波粒二象性, 那就是微观粒子.

不确定关系和能量量子化是量子力学的两大支柱. 不确定关系衍生出很多有意思的问题. 爱因斯坦曾经为此和玻尔争论了几十年, 直到去世都没有停息, 也没有结果. 不确定关系和掷骰子看起来有些相似, 抛出一个电子, 你不知道它会落在什么位置, 抛多了就有些规律. 但是不确定关系和掷骰子是截然不同的. 不知道骰子落地的状态, 是因为我们对骰子的初始状态、受力的大小方向、落地时的状态不是很清楚, 如果完全清楚, 骰子的最终状态是可以知道的. 粒子则不一样, 即便你对它所有的状态都知道得一清二楚, 粒子落在何处我们还是不知道.

爱因斯坦对此十分不满, 他说: "电子居然可以不按照自己的意志选择其跳离的时刻和方向, 我无法接受这一观点. 如果是这样, 我宁愿当一名补鞋匠, 哪怕是赌场的一名雇员, 也不愿当一名物理学家." 1924 年爱因斯坦对玻恩这么说, 20 年以后, 他对玻恩仍然这样说, 并且终生都坚持自己的观点.

爱因斯坦是否正确? 目前还没有最后的结论. 2019 年, 耶鲁大学的科学家在《自然》(第 570 卷的201 页) 上发表的一篇文章中, 对粒子运动的规律有了进一步的了解, 似乎说明, 粒子的状态是可以预知的. 文章虽然有些道理, 但还不能说服大家都相信, 还要有更多的研究才行. 说不定随着技术的进步和测量手段的改进, 会证明爱因斯坦是对的.

(4) 关于不确定关系的进一步讨论.

根据不确定关系简单判断: $h = 6.626 \times 10^{-34}$ J/s, 对电子, 根据 (4–9) 式, 我们粗略地开个平方, 认为 Δx 约为 10^{-17} m (实际上还不止这么大), 电子的尺度为 10^{-23} m, 所以电子的不确定尺度是电子尺度的 10^6 倍.

玻尔认为, 没有测量时量子波函数处于弥散状态, 或者叫叠加态, 测量使其塌缩, 所以看见了粒子的位置. 他还说, 任何一种基本量子现象只有在其被记录以后才是一种现象.

假设人的位置的不确定度与自身尺度的关系和电子一样 (当然是不可能的), 那么若一个人身高 1.7 m, 那他的不确定尺度则为 1700 km. 北京到成都的铁路距离大概是 1700 km. 按照这个关系, 一个人坐火车从北京去成都, 他处于叠加态时可能在北京到成都铁路线的任意一点. 到底人在哪里? 不知道. 但是如果你给他打一个电话, 他接了你的电话, 叠加态塌缩了, 这时候就知道他身在何处了.

把不确定关系放到宏观世界以后似乎很可怕, 但在微观世界则不然. 目前芯片最窄的线宽很快能达到 7 nm, 1 nm=10^{-9} m, 电子尺度是 10^{-23} m, 不确定尺度是电子尺度的 10^6 倍, 那么, 电子不确定的区域是 10^{-17} m, 离 1 nm 的线宽还差 10^8 倍. 就是说 1 nm 线宽对电子算上其不确定性还有 10^8 倍的宽裕, 足够电子带上不确定关系随便运动, 而不会产生其他效果. 但是, 线宽过窄电子线路会产生自感等问题, 那和不确定性原理没有关系.

从上面的例子我们可以看到, 微观世界的不确定性放在宏观世界就体现不出来了, 所以大家不必忧虑量子力学的效应会发生在我们的生活中. 有人把量子的一些特征生硬地往社会生活上面套, 这就是我们前面讲的, 不明白物理规律使用的条件. 微观世界很多规律在宏观世界是无效的, 反过来, 宏观世界的很多规律在微观世界也无效.

(5) 难以琢磨的量子: 薛定谔的猫、EPR 佯谬和量子纠缠.

粒子或者量子的不确定性给人们带来了极大的困惑. 微观粒子在某个地方出现是不可预知的, 只能得到在这个位置上出现的概率; 微观粒子的状态甚至是不可观测的, 一旦观测就破坏了它的状态.

(i) 薛定谔的猫.

薛定谔的猫就是一个有关量子能不能观测的争论. 薛定谔说, 你把一只猫放进黑箱子里, 里面再放一瓶毒药, 毒药的开关用一个放射源来控制. 只要放射源放射出粒子, 把药瓶打开, 猫就被毒死, 否则猫就活着 (图 4-9 是一个简图). 问题是对于站在黑箱外面的人而言, 不知道猫到底是活着还是死去. 正确的答案应该是, 既可能活着也可能死去 (叠加态). 这不是废话吗? 不是的. 量子力学告诉我们, 这只猫活着和死去的概率分别是二分之一. 说它活着还是死去还是半死不活都不对, 它就是可能活着也可能死去, 量子力学的叠加态就是这样的. 当然, 要知道猫是活着

图 4-9 薛定谔的猫, 死还是活?

还是死去的方法很简单, 打开箱子一看就知道. 可是一旦你开了箱, 就是进行了观测, 也就破坏了猫原先既可能活着也可能死去的状态, 然后只有一个结果, 活着或者死去 (塌缩态).

这里薛定谔把猫比作一个量子, 它的状态在没有测量前是叠加态, 测量会导致原来的状态 "塌缩". 正如玻尔说的, 所有的量子状态, 在未测量前都是不确定的, 就是都是叠加态, 猫可能死了也可能活着.

我认为叠加态塌缩可能是测量仪器发出的能量与量子产生了作用导致的. 因为量子的能量非常小, 测量等于要看一下量子, 而测量都是用能量看, 这时候就有可能和量子相互作用.

薛定谔的猫是十分有趣的问题, 围绕它的争论仍然在继续, 希望能比较快地看到结果.

(ii) EPR 伴谬.

薛定谔的猫是死是活还不知道, 关于观察会影响量子状态的争论继续进行. 爱因斯坦说什么也不同意玻尔等人的 "荒谬" 观点, 一直在与玻尔的哥本哈根学派论战.

1935 年 3 月, 爱因斯坦与他的两个同事波多尔斯基 (Boris Podolsky, 1896—1966) 和罗森 (Nathan Rosen, 1909—1995) 共同在《物理评论》(*Physics Review*) 杂志上发表了一篇论文——《量子力学对物理实在的描述可能是完备的吗?》, 再一次挑战玻尔的观点. 他们想了一个看起来很巧妙的办法来否定关于测量量子会导致其塌缩的观点. 这个挑战以三位发起者的首字母命名, 称为 "EPR 伴谬".

伴谬 (paradox) 指的是从一个被认为是正确的理论出发, 推出了一个和事实不符合的结果, 说明这个理论似是而非, 有点真假难辨的意思. 研究伴谬有助于彻底了解某个现象或者命题. 物理学上有许多有名的伴谬, 最出名的可能是狭义相对论有关双生子的伴谬, 我们在下一章会涉及.

量子论认为在没有观察之前, 一个粒子的状态是不确定的, 它的状态是弥散的, 代表它出现在某处的概率. 被探测以后, 波函数塌缩, 粒子随机地取一个确定值而出现.

爱因斯坦他们设想, 有一个不稳定的粒子, 很快就会衰变成两个小粒子 A 和 B, 向不同的两个方向飞去, 一个去了澳大利亚的悉尼, 一个去了玻尔的故乡哥本哈根. 假设 A 和 B 有两种自旋, 分别叫 "左" 和 "右", 那么如果粒子 A 的自旋为 "左", 粒子 B 的自旋便一定是 "右", 这是为了保持角动量守恒, 反过来也一样. 这两个粒子就像是一双手套, 如果看了在哥本哈根的那个是右手, 不用时间来传递信息, 那么在悉尼的那个一定是左手. 图 4-10 是一个示意图. 爱因斯坦等人认为, 所有信息的传播都不能超过光速, 那么说粒子 A 和 B 在观测前是 "弥散的、不确定的幽灵" 显然难以自圆其说. 唯一的解释是两个粒子从分离的一刻, 其状态就已经确定了, 后来人们的观测只不过是得到了这种状态的信息而已.

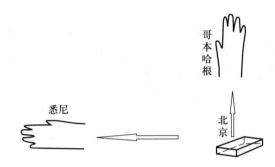

图 4-10　两只手套分别从北京飞去了悉尼和哥本哈根

玻尔则认为, 没有测量前不存在两个粒子的相关性, 也就是说没有左右手的区别, 测量以后才知道. 但是玻尔的观点造成信息从哥本哈根传递到悉尼是不需要时间的 (纠缠态是否会造成信息超光速传递尚有争议), 这与相对论光速不能超越相矛盾.

那么, 两个有关联的粒子之间传递信息到底需要不需要时间? 爱因斯坦认为需要, 玻尔认为不需要.

(iii) 量子纠缠和量子通信.

我们可以认为两个有相关性的粒子之间是一种量子纠缠. 什么是量子纠缠?

两个粒子在经过短暂时间彼此耦合之后 (就像 EPR 说的那个大的粒子衰变时产生的两个粒子, 它们同时产生, 彼此有关), 单独搅扰其中任意一个粒子, 会不可避免地影响到另外一个粒子的性质, 尽管两个粒子之间可能相隔很长一段距离 (就像一个在悉尼, 一个在哥本哈根), 这种关联现象称为量子纠缠 (quantum entanglement). 像光子、电子一类的微观粒子, 或者像富勒烯分子等一类较大的粒子团, 都可以观察到量子纠缠现象. 纠缠态可以是超距 (就是不受距离限制, 多远都可以) 的, 甚至改变它们是否需要能量都不知道. 不需要时间的传输可能是不需要能量的, 但为什么会这样? 显然与我们通常对自然的理解格格不入. 这说明我们对量子世界的认识还很肤浅, 难怪有人说可能有第二次量子革命, 就是进一步加深对量子的理解.

微观粒子的状态是不可观测的, 因为一旦观测就必须破坏它的状态以得到响应 (如薛定谔的猫). 给定两个处于量子纠缠的粒子, 如果其中一个被观测, 破坏了它们的纠缠态, 另外一个马上就有响应, 不需要时间. 利用量子纠缠的这个特点, 近年来人们发展了量子通信.

量子通信最大的特点就是保密性极强. 假设我们把两个处于纠缠态的粒子, 一个粘在信封的封口, 一个放在自己的办公桌上. 我们把信寄给朋友或者有关人员, 我们之间有约定的看信方式. 如果中途有人拆了信件, 即观察了那个在信封上的粒子, 办公桌上的粒子马上就有了响应, 我们就知道信件被人偷窥了.

有人宣称, 量子通信是没有瑕疵的, 完全安全, 因为只要有人偷看信息就能被发现. 对此很多科学家有不同的看法, 认为现在还没有破解量子通信的方式, 可能只是还没有找到, 不等于永远没有. 找到破解的方法, 我们对微观世界的认识就会前进一步.

目前看起来与玻尔等人的论战是爱因斯坦输了, 但是谁笑到最后还未可知. 量子力学还有很多未解之谜, 玻尔说: "谁要是不为量子论感到困惑, 那他就是没有明白量子论." 费曼说: "我认为我可以有把握地说, 没人能理解量子力学."

1921 年, 哥本哈根大学理论物理研究所在玻尔的倡议下成立了, 由此诞生了哥本哈根学派, 玻恩、海森堡、泡利以及狄拉克等都是这个学派的主要成员. 哥本哈根学派对量子力学的创立和发展做出了杰出贡献, 他们对量子力学的解释被称为量子力学的 "正统解释". 爱因斯坦不满意的正是这个 "正统解释". 玻尔本人不仅对早期量子论的发展起过重大作用, 而且他的认识论和方法论对量子力学的创建起了推动和指导作用.

由哥本哈根学派创立的 "哥本哈根精神" 要求对任何理论要从不同的观点和角度进行质疑和做出评价. 哥本哈根精神是科学发展的动力, 也是科学家对待理论的共识. 一个理论只有经过哥本哈根式的严格对待, 才能称得上是好的理论.

从 1900 年到 1928 年, 物理学经历了一场巨大的变革, 物理学家们认识到: 微观物质粒子运动的力学规律不再是以牛顿三定律为基础的经典力学, 而是反映物质粒子和波动双重属性的量子力学. 那几年对量子论产生有重大贡献的科学家如下:

1900	普朗克	量子假说
1905	爱因斯坦	光电理论
1913	玻尔	原子模型
1924	德布罗意	物质波
1925	海森堡	矩阵力学
1926	薛定谔	波动力学
	玻恩	对波函数的统计解释
1928	狄拉克	相对论量子力学

最后我们总结一下量子论的重点:

(1) 紫外灾难. 引起对经典理论的怀疑, 开启能量量子化的认识.

(2) 普朗克的量子假说、爱因斯坦的光电效应、玻尔的原子理论、德布罗意的物质波理论.

(3) 薛定谔方程.

(4) 玻恩的概率波解释.

(5) 海森堡不确定关系.

经典力学和量子力学的主要区别是: 经典力学处理宏观物体的运动, 量子力学处理微观粒子的运动. 量子论的两大支柱: 能量量子化、不确定关系.

卷首语解说

前面我们讲过, 物理学理论的建立靠的是直觉和想象力, 而不是归纳和推理. 那为什么所有的物理书里面都有很多的逻辑推导, 而且看起来条理清楚, 好像理论就是这样来的? 爱因斯坦说, 靠直觉和想象力, 理论的框架先在头脑中产生, 要知道头脑想出的理论对不对, 就要看它是否符合逻辑, 符合实际情况, 这时就需要通过推理告诉大家你的理论是对的. 所以, 不是先有逻辑推理后有理论, 而是相反. 这一点在学习时很容易产生错觉而导致错误的认识.

北大物理系的阎守胜教授在他的著作《固体物理基础》一书的序中说: "我希望在讲述中有尽可能清晰的物理图像, 不要让学生迷失在冗长的计算之中. 学生学过理论物理基础课程之后, 容易欣赏从几个基本定理出发进行数学演绎的做法. 实际上这并不是物理的主要部分." 我十分赞赏阎守胜教授的这一观点, 也一直在自己的教学中这样告诉学生. 我自己在研究中曾经提出过一个高温超导电性的分块模型, 这个理论的产生完全符合爱因斯坦说的过程, 先有一个理论的框架, 然后寻找数学的表述方法, 花了好几年时间, 最终有了合理的逻辑表述, 理论结果也与实验相符合.

第五章　现代物理学的诞生——相对论

情感上的敏感性或许是科学家应该具有的一种可贵的品质. 无论如何, 一个伟大的科学家应该被看作一个创造性的艺术家, 把他看成一个仅仅按照逻辑规则和实验规章办事的人是非常错误的.

——贝弗里奇

前面我们说过, 开尔文勋爵在演讲中提到 20 世纪初物理学虽然天空晴朗, 但遥远的天边有两朵令人不安的乌云, 一朵是紫外灾难, 另外一朵是迈克耳孙–莫雷实验. 紫外灾难经过众多科学家的努力, 最终导致了量子论的诞生. 这一章我们讲述迈克耳孙–莫雷实验导致相对论的诞生. 如果说量子论的诞生是众人努力的结果, 相对论的诞生却基本是爱因斯坦一个人的功劳.

1905 年, 爱因斯坦发表了论文《论运动物体的电动力学》, 提出狭义相对论 (special relativity). 10 年后, 1915 年, 爱因斯坦又发表了广义相对论 (general relativity).

我们先从真空光速和以太说起.

5.1　真空光速和以太

很早人们就知道, 光传播的速度很快, 一点亮蜡烛, 屋子马上就亮堂起来, 太阳一升起, 世界马上明亮. 但是, 光的速度到底有多快却没人知道. 当人们有了一定的科学知识和技术水平以后, 就开始对光速进行测量. 最早对光速的测定是 1676 年, 丹麦天文学家罗默 (Ole Christensen Rømer, 1644—1710) 利用木星卫星发生星食时, 光线传递到地球的时间不同, 推测出光速为 2×10^8 m/s, 数量级是正确的. 后来又有一些科学家用各种各样的方法测量光速, 不再赘述. 目前在国际单位制中, 光速被定义成精确值

$$c = 299792458 \text{ m/s},$$

常取近似为 3×10^8 m/s.

木星卫星的星食, 简称木卫食, 等同于地球上的月食. 木星是一个绕太阳一周为 12 年的行星, 它有 11 颗卫星, 其中 4 颗最亮的用稍好一些的望远镜就可看到. 它们绕木星旋转的轨道平面, 几乎与地球和木星绕太阳旋转的轨道平面重合, 因而

木星的卫星每绕木星一周, 在进入木星阴影处就发生一次星食. 最接近于木星的卫星, 其周期约 42 小时, 所以木卫食经常发生, 研究很方便. 地球位置不同, 木卫食传递到地球的时间就不同.

那么, 光是如何传播的呢? 那时候人们知道声波要以空气为介质传播, 水波要以水为介质传播, 所以认为光传播也应该有介质. 这是很合理的想法. 那光传播时所依靠的介质究竟是什么? 那时候找不到光传播的介质, 但科学界认为没有介质是不行的. 物理学家们就假设, 光传播要依赖一种被命名为 "以太" (ether) 的物质.

根据以太的存在所必须肩负的一系列的使命, 科学家们总结了以太所应具有的一些特殊性质: 必须是固体, 强度非常大, 密度极小; 充满在所有物质中, 与任何物质之间的摩擦力都几乎是零; 等等. 怎么会有物质同时具有这些看起来相互矛盾的特征, 听起来像是天方夜谭. 然而, 没有以太的存在, 光的传播就无法得到合理的解释.

于是物理学家们投入了极大的热情, 做了许多的实验去寻找这个传奇般的物质——以太.

5.2   迈克耳孙–莫雷实验

有没有办法证明以太存在? 光是电磁波, 在以太中传播, 对以太来说是均匀各向同性传播. 地球在太阳系中环绕太阳在公转, 还有自转, 地面相对于以太显然有运动. 这样地面相对于以太的速度就应该可以在地面的实验中察觉出来.

麦克斯韦提出了一个实验. 假如存在以太, 当地球围绕太阳运行时就一定会穿过以太. 同时, 由于地球在 1 月、4 月、5 月是以稍有不同的方向运动, 因此我们应该能够观测到一年中不同时段光速的细微差别. 麦克斯韦本来要发表这个观点, 但《皇家学会会刊》的编辑劝说麦克斯韦不要发表, 因为他认为这个实验没法成功, 当时仪器的精度达不到测量非常细微变化的要求. 1879 年, 麦克斯韦在病逝之前, 就此观点给一位朋友写了封信. 这封信在他去世后发表于《自然》杂志上, 被一位叫迈克耳孙 (Albert Abraham Michelson, 1852—1931) 的美国物理学家读到了. 受麦克斯韦想法的启发, 迈克耳孙和莫雷 (Edward Williams Morley, 1838—1923) 在 1887 年进行了一次非常灵敏的实验, 用以测量地球穿越以太的不同速度.

迈克耳孙和莫雷的想法是比较垂直的两个不同方向的光速. 如果光速相对以太是一个定值, 那么测量结果就应该揭示出光速由于方向不同所引起的变化. 他们设计了一个干涉仪来测量光速的变化, 这就是后来实验室常见的迈克耳孙干涉仪. 图 5-1 是迈克耳孙干涉仪的光路图.

我们来看看干涉仪如何测量光速的变化. 光从光源 S 发出, 穿过半透镜 G_1, 一

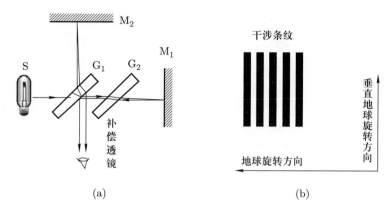

图 5-1　(a) 迈克耳孙干涉仪光路图;(b) 干涉仪沿两个不同方向移动 (中间是干涉条纹)

部分进入透镜 G_2, 一部分到达反射镜 M_2, 分成两束可以相互干涉的光 (这就是所谓的分振幅法, 将一束光分成相干的两束). G_2 是个补偿透镜, 它的存在让从 G_1 透射和反射的光都经过透镜 3 次, 这样两束光才能相干, 不然透射的光经过透镜的次数和反射的光不一样, 就不能相干了.

　　测量时先让 S-M_1 沿地球旋转方向, 然后再转 90°, 让 S-M_1 垂直地球旋转方向. 如果以太有运动速度, 则两次测量结果应该有微小的差别. 迈克耳孙和莫雷给出了干涉仪测量精度的公式:

$$\Delta N = \frac{2l}{\lambda} \frac{u^2}{c^2}, \tag{5-1}$$

这里 ΔN 是干涉条纹的变化数量, u 是干涉仪运动的速度, c 是光速, l 是光臂长度 (S-M_1 的长度), λ 是波长. 显然, u^2/c^2 很小, 但是, 光臂 l 与波长 λ 的比值却很大, 在迈克耳孙–莫雷 1887 年的实验中, $l = 1.2$ m, $\lambda = 590$ nm, 预期观察到 ΔN 为 0.04 条 (干涉仪的精度为 0.01 个条纹). 如果干涉仪相对以太有运动, 可以观察到干涉条纹的移动. 但是, 他们没有观察到移动. 后来, 他们又在美国、德国、瑞士等国家做实验, 结果没有发现干涉条纹有任何变化.

　　从迈克耳孙–莫雷的实验, 似乎可以得出如下的结论:

　　(1) 以太不存在, 光的传播不需任何媒质, 可在真空中传播, 以太不能作为绝对参考系.

　　(2) 地球上各方向光速相同, 与地球运动状态无关.

　　但是, 那时候大家都相信以太存在, 想要改变大家的想法并不容易. 迈克耳孙–莫雷实验结果公布以后, 在 1887 年到 1905 年之间, 物理学家曾经试图去解释迈克耳孙–莫雷实验, 主要有菲茨杰拉德和洛伦兹的解释.

　　菲茨杰拉德 (George Francis FitzGerald, 1851—1901, 爱尔兰物理学家) 根据麦

克斯韦电磁理论, 在 1889 年对迈克耳孙–莫雷实验提出了一种解释. 菲茨杰拉德认为当干涉仪指向地球运动的方向时, 以太的长度就会缩短, 而缩短的程度正好抵消光速的减慢, 所以没有测量到光速的变化, 以太是存在的. 但是这种缩短无法测量.

1892 年, 洛伦兹也提出了与菲茨杰拉德相同的解释. 这一观点可以解释迈克耳孙–莫雷实验, 并承认以太存在, 光速有变化. 1895 年洛伦兹提出了更为精确的长度收缩公式, 同时认为时间也变慢了一点, 这就是著名的洛伦兹变换. 物体在以太中运动时, 以太沿运动方向长度收缩, 其收缩的比例恰好符合迈克耳孙–莫雷实验的计算. 同时这个方向的时间也变慢, 这样这个方向的光的速度保持不变.

迈克耳孙–莫雷实验是物理学史上最伟大的实验之一.

5.3　狭义相对论简介

1905 年 9 月, 德国《物理年鉴》发表了爱因斯坦的论文《论运动物体的电动力学》. 爱因斯坦认为既然光速不变, 以太就没有存在的必要, 于是舍弃静止参考系以太, 提出了狭义相对论的两个基本假设, 这两个假设就是相对性原理和光速不变原理.

相对性原理说, 物理定律在所有的惯性系中都是相同的, 因此所有的惯性系都是等价的, 不存在特殊情况.

光速不变原理说, 在所有惯性系中, 光速在真空中的传播速度都是相同的.

什么叫惯性系, 常见的有哪些参考系? 一类近似的惯性系是相对于地球静止或做匀速直线运动的参考系, 而常见的非惯性系是相对地面惯性系做加速运动的参考系. 非惯性系有两种, 平动加速系和转动参考系. 平动加速系是相对于惯性系做变速直线运动, 但是本身没有转动的参考系, 例如在平直轨道上加速运动的火车. 转动参考系是相对惯性系转动的参考系, 例如在水平面匀速转动的转盘. 物体转动时虽然速度不变, 但方向改变, 所以也是非惯性系.

爱因斯坦巧妙地保留了洛伦兹变换来解释迈克耳孙–莫雷实验和光速不变, 但和洛伦兹相反, 他认为不是在以太中运动时以太变了, 而是运动物体变小了, 时间变短了. 不过, 洛伦兹的公式还是对的, 只是赋予了不同的意义. 洛伦兹变换是为了保护以太, 而爱因斯坦则利用洛伦兹变换从根本上否定了以太. 爱因斯坦据此得到了一些非常有意思的结论.

爱因斯坦曾经给迈克耳孙写过一封信赞扬他: "我尊敬的迈克耳孙博士, 您开始工作时, 我还是个孩子, 只有一米高, 正是您将物理学家引向新的道路. 通过您精湛的实验工作, 铺平了相对论发展的道路. 您揭示了光以太的隐患, 激发了洛伦兹和菲茨杰拉德的思想, 狭义相对论正是由此发展而来的. 没有您的工作, 相对论今天顶多也只是一个有趣的猜想, 您的验证使之得到最初的实验基础."

谁知迈克耳孙不买账, 他不喜欢爱因斯坦的理论, 说: "我的实验竟然对相对论这个怪物的诞生起了作用, 我对此感到十分遗憾."

(1) 同时的相对性和因果关系的绝对性.

爱因斯坦提出一个简单又直观的思路. 如图 5-2 所示, 假设在火车站的两端有信号灯同时闪亮, 如果一个人站在站台中间, 会看到两端的灯同时亮. 如果一个人坐在高速行驶的火车里面, 看到的则是朝自己的那一个先亮, 背对自己的那一个后亮. 因为观察者在不同的参考系, 虽然信号灯同时闪亮, 看到的情况却不一样.

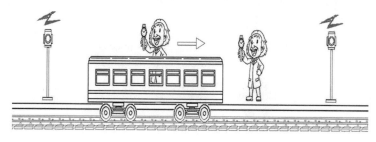

图 5-2　人在站台上和在飞驰的火车内看到站台两端的灯闪亮的时间不一样

这就是同时的相对性. 一般说来, 如果在不同时间、不同空间位置发生的两个事件 A 和 B, 在一个参考系中观察是同时发生的, 在另一个参考系中观察就可能是 A 先于 B 发生, 再换一个参考系中观察又可能是 B 先于 A 发生. 时间的同时、先后次序都是相对的了, 这就是时间的相对性、同时的相对性.

爱因斯坦打破了时间绝对性的观念. 在经典物理学和人们的经验中, 时间是永远不会变的, 相对论告诉我们, 时间和人们所处的参考系有关.

其实我们每个人对时间的体验也是不一样的. 董必武先生 90 岁时写了一首感怀的诗, 第一句就是 "九十光阴瞬息过". 著名的爱情小说作家琼瑶女士在 80 岁时写的一封信里面有句话: "我已经 80 岁了, 明年就 81 岁了! 这漫长的人生." 90 岁的董必武觉得时间过得很快, 而 80 岁的琼瑶却觉得时间很漫长, 可见他们对时间的体验是不一样的. 不仅是不同的人, 就是同一个人, 在不同的情况下对时间的体验也不一样. 如果经历高兴的事情, 就觉得时间快; 如果经历悲伤的事情, 就觉得时间慢.

在一个参考系里 A 先于 B, 在另一个参考系里可能是 B 先于 A, 同时是相对的, 那会不会破坏因果关系? 爱因斯坦说, 不会.

如果两个事件 A 和 B 之间是有因果关系的, 则 A 和 B 之间一定可以通过小于或等于真空光速的信号联系起来, 这时它们的时间顺序就是绝对的了. 就像我们在科幻电影里面看到一个人回到过去, 看见了自己的祖父, 但是自己却绝对不可能先于祖父出生一样. 爱因斯坦对因果关系有着十分坚定的信念, 他终生都不相信量子论的不确定性原理, 这可能是他的哲学思想, 也与人类的经验符合.

　　在任何参考系中来看, 都是 "因" 在前, "果" 在后, 不会因果时间顺序互换而在某个参考系中 "倒因为果", 这就是因果关系的绝对性.

　　(2) 运动方向长度的收缩和运动时间的延缓.

　　运动物体沿运动方向的长度收缩是由狭义相对论导出的一个重要的现象. 狭义相对论告诉我们, 如果一个物体运动得极快, 快要赶上光速时, 它的形状就会发生明显变化, 沿运动方向长度就会收缩, 如果原来是一个球形, 就会变成椭球甚至一个薄片. 图 5-3 是一个示意图.

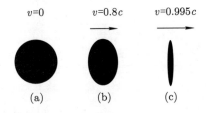

图 5-3　一个球体运动时形状的变化, v 是速度, c 是光速. 可见 0.8 倍光速时, 球体的形状就明显地变成椭球

　　洛伦兹当年为了解释迈克耳孙–莫雷实验, 提出洛伦兹变换, 想说明是运动方向的以太在变化. 而爱因斯坦却认为, 没有以太, 而是运动物体在变化, 给了洛伦兹变换不同的意义. 下式是运动物体长度的洛伦兹变换式:

$$L = L_0 \sqrt{1 - \frac{v^2}{c^2}}, \tag{5-2}$$

其中 L_0 是物体本身的长度, L 是运动着的物体的长度, v 是物体的运动速度, c 是真空光速. 可以看到, v 越大, 根号里面的数值越小, L 就越小. 如果运动速度 v 等于光速 c, 那么根号里面就是零, 这时候运动物体应该没有长度了. 这当然是不可能的, 因为有质量的物体的速度永远达不到光速. 光之所以快, 是因为光子没有质量. 洛伦兹变换是狭义相对论中关于不同惯性系之间事件的时空坐标变换的基本关系.

　　请大家注意, 只有物体的运动速度非常快, 可以和光速比较时才能有明显的形状变化的效应, 或者说相对论效应, 如果速度慢, 相对论效应是可以忽略的. 这是应用相对论时首先要注意的问题.

　　物体运动速度可以和光速比较时, 沿运动方向物体的尺度会明显变短, 那么运动的时间会怎么样?

运动时间延缓是狭义相对论得出的另一个重要现象, 就是说, 如果一个物体运动得极快, 它的时间就会显著变慢:

$$T = \frac{T_0}{\sqrt{1 - \dfrac{v^2}{c^2}}}, \tag{5-3}$$

这里 T_0 是运动着的钟走的时间, T 是从地面上测量运动着的钟走过的时间, v 是钟的运动速度, c 是真空光速. 这是时间的洛伦兹变换式. 可以看到, 如果运动速度接近光速, 根号里面就是一个很小的数值, 远远小于 1. 在速度接近光速时, 就会有 1 天等于 20 年的效果, 就是说, 地面上看时钟走了 20 年, 高速运动的时钟自己觉得只过了 1 天. "山中方一日, 世上已百年", 这个中国古代的传说按照相对论的原理是可以实现的. 这就是运动时间的延缓, 物体高速运动时间就变慢了.

那么, 相对论的这个结论有没有实验依据呢? 1971 年, 美国科学家将两个原子钟, 一个放在喷气机里面绕地球飞行, 另一个放在美国一个城市, 结果发现两个原子钟有可测量的变化, 二者的时间变得不一致, 证明相对论运动时钟变慢是正确的.

有人说相对论的理论看起来很美妙, 却没有什么实际应用. 的确, 能够用到相对论的情况比较少, 因为在速度极高的条件下相对论才有必要应用. 但相对论不是一点应用都没有, 例如 GPS 卫星定位系统, 卫星在空中的位置是精心安排好的, 任何时候在地球上的任何地点至少都能看见其中的 4 颗. GPS 导航仪通过比较从 4 颗 GPS 卫星发射来的时间信号的差异, 计算出所在的位置. 卫星在天空飞行, 速度很快, 其上的时钟要比地球上的慢. 如果在地球上的人要约好卫星在某一时刻做一件事情, 例如探测一辆卡车的位置, 由于卫星上的时间和地球有差别, 卫星在指定时间看到的位置其实不是地球上真实的位置. 如图 5-4 所示, 在指定的时间内, 卡车实际的位置是 A, 而卫星由于时间慢, 看到的位置是 A'. 如果把卫星的时间做了相对论修正, 精度就可以大大提高. 目前卫星的分辨率最高可以达到 0.3 m.

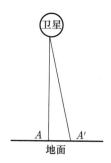

图 5-4 某一时刻在卫星上看到的位置和地球上有差别

全球导航卫星系统 GNSS 有 4 个: 美国的 GPS、欧洲的伽利略系统、俄罗斯的 GLONASS, 和中国的北斗 (Compass). 2019 年, 亚马逊计划发射 3236 颗近地通信卫星. SpaceX 公司的 Starlink 工程, 计划到 2024 年向太空发射约 1.2 万颗卫星, 从太空直接向美国和全球提供高速互联网接入服务.

运动时钟的延缓这个性质在高能物理的研究中起着很大的作用. 许多粒子的寿命都是非常短的, 没有办法测量, 这是观测中的一大障碍. 但是, 当粒子以接近光速相对于观察者运动时, 在观察者看来, 它们的寿命就会大大地 "延长", 从而达到可以观测的程度.

例如, K⁻ 介子是一种不稳定的粒子, 静止时的平均寿命是 12.37 ns. 如果要让 K⁻ 介子飞出 5 m 去碰撞别的粒子, K⁻ 介子以接近光速运动, 不考虑时钟延缓的效应, 经过 5 m 后, 将只剩下约 26% 的 K⁻ 介子. 然而由于时钟延缓效应, 如果 K⁻ 介子运动很快, 将只衰变掉很小的一部分, 大部分 K⁻ 介子可以用于碰撞, 这时效率就很高了, 而高效率的来由是 "相对论时钟延缓".

(3) 双生子佯谬.

相对论提出后, 在很长一段时间内大部分科学家都不相信 (现在仍然有个别科学家不相信). 在 1911 年 4 月波隆哲学大会上, 朗之万用双生子问题来质疑狭义相对论的时间效应. 这是一个人们津津乐道的故事.

像迈克耳孙一样, 朗之万不喜欢爱因斯坦的相对论, 他为难爱因斯坦, 提出了双生子问题. 如果一个相对于观察者运动的物体, 其内部生物节奏会变慢, 那么, 一对双生子, 一个乘坐高速运动的飞船离开地球去遨游宇宙, 另一个留在地球 (图 5-5). 由于运动是相对的, 这时对于这两个双生子来说, 每一个人都看到另一个人以很高的速度离自己而去, 并且对方的生理节奏都放慢了. 过了一段时光, 乘宇宙飞船的那一个返回了地球, 这时, 根据狭义相对论, 好像每个人都应该觉得对方年轻了. 到底是谁更年轻? 这就是所谓的双生子佯谬. 双生子佯谬主要的问题在于, 认

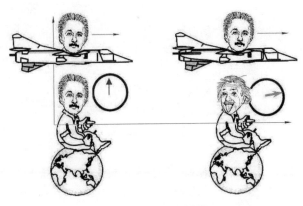

图 5-5　双生子佯谬

为时钟变慢是客观存在还是仅仅是坐标变换 (或参考系选择) 的结果. 我们都知道, 相对运动就是选择了不同的参考系.

　　双生子佯谬的提出是因为朗之万不相信狭义相对论, 想用它来说明相对论是自相矛盾的. 如果我们把双生子换成 K⁻ 介子, 相对论时间变慢就一目了然了 (图 5-6), 也就没有了佯谬或者悖论. K⁻ 介子在静止时的寿命只有 12.37 ns, 但是给予它能量, 让其以接近光速运动时, 寿命超过 30 ns. 显然是高速运动使其寿命增加了, 爱因斯坦是对的. 1911 年还没有加速器, 所以没有粒子寿命和速度关系的实验结果, 加速器是二战以后才出现的. 如果不是在 1911 年而是在 1961 年, 朗之万就不会提出双生子佯谬了.

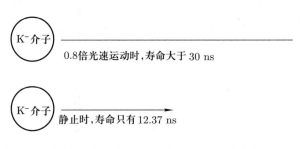

图 5-6　把双生子换成 K⁻ 介子, 时间延缓马上得到证明

　　双生子佯谬强调了运动是相对的这个概念. 运动的确是相对的, 你看我离你远去, 我也看你离我远去. 但双生子佯谬中没有考虑飞船离开和返回地球时加速和减速的过程, 这是出现矛盾的根源. 如果考虑了加速和减速过程, 能够证明遨游宇宙归来那个更年轻. 由于讨论很复杂, 我们不展开了.

　　由于爱因斯坦的理论在当时很难理解, 给人们造成了困惑, 有一首诗这样写道:
　　　自然界的规律都隐藏在黑暗之中.
　　　上帝说: 让牛顿去吧,
　　　于是, 一切便大放光明.
　　　但不久,
　　　魔鬼又说: 让爱因斯坦去吧,
　　　一切又都黯淡无光.
(诗的前半段是英国诗人蒲柏 (Alexander Pope, 1688—1744) 写的, 后边关于爱因斯坦的不知道是谁写的)

　　(4) 物体的极限速度.

　　如果一辆火车以 20 m/s 的速度前进, 车上一位乘客向前方扔一块石头, 速度是 10 m/s, 那么在地面上的观察者看来, 毫无疑问石头的速度是向前 30 m/s. 那么, 如果在一个飞行速度为 0.5 倍光速的飞船上发射一束光, 其速度会是 1.5 倍光速吗?

狭义相对论告诉我们, 当速度很高时, 把速度直接相加是不对的, 速度叠加有一个上限, 永远不能超过真空光速. 真空光速是物体速度能达到的最大极限, 也就是一切信号传播的极限速度. 狭义相对论给出了一个公式来计算高速行进物体的速度叠加 (这个公式在低速时也成立, 只是与 $u + v$ 差别太小, 没必要使用):

$$V = \frac{c^2(u + v)}{c^2 + uv}. \tag{5-4}$$

这是相对论的速度叠加公式, 速度 u 和速度 v 都不大于真空光速 c. 如果它们中有一个等于真空光速 c, 则合速度 $V = c$. 任何情况下, 合速度 V 总是不大于真空光速 c. 表 5-1 给出了几个计算结果.

表 5-1   根据相对论速度叠加公式计算出的结果

真空光速 $c = 299792458$ m/s		
速度 u	速度 v	合速度 V
$0.1c$	$0.1c$	$0.198c$
$0.5c$	$0.5c$	$0.8c$
$0.8c$	$0.8c$	$0.976c$
$0.9c$	$0.9c$	$0.994c$
$0.5c$	c	c
c	c	c

(5) 质量和能量的关系.

在经典物理中, 质量和能量是无关的, 它们之间不能相互转换. 在狭义相对论中, 爱因斯坦说质量可以变成能量, 能量也可以变成质量, 并且给出了一个优美的公式——质能方程:

$$E = mc^2. \tag{5-5}$$

它曾被选为物理学史上最伟大的 10 个方程之一. 在这个关系式中, 爱因斯坦把能量 E 和质量 m 联系起来, 揭示出物体所具有的全部能量 E 正比于该物体的质量 m 乘以真空光速 c 的平方. 这个公式也是霍金的《时间简史》里唯一的一个公式.

在经典物理中, 经典动能为 $E = \frac{1}{2}mv^2$, 而相对论能量为

$$E = \frac{mc^2}{\sqrt{1 - \dfrac{v^2}{c^2}}}.$$

当 $v \ll c$ 时, 把相对论能量展开为泰勒级数, 有

$$E = mc^2 + \frac{1}{2}mv^2 + \frac{3}{8}m\frac{v^4}{c^2} + \cdots .$$

很显然, 上式第一项为物体无运动时的能量, 第二项为经典动能, 第三项及更高阶项很小, 可以忽略. 所以 $E = mc^2$ 为静止时的能量, $E = mv^2/2$ 为动能, 与经典物理相一致.

级数是物理上处理不易求解的方程时常用的工具. 就像一个形状不规则的土豆, 要求它的体积并不容易, 我们可以把土豆按一定的规则分成几块, 分后的土豆形状比较规则, 体积容易计算, 然后, 把各个块的体积加起来就行了. 如果不要求结果十分精确, 最后体积很小的块可以忽略. 也可以按要求, 只要最大的一块或者两块就可以了. 级数中的每一项可以是实数也可以是其他变量, 不一定是一个数. 这不是数学意义上级数的定义.

质能方程是个伟大的方程, 虽然看起来很简单. 在质能方程发现之前, 质量守恒和能量守恒是两个独立的定律, 不能从其中一个推导出另外一个. 有了质能方程, 质量守恒和能量守恒就可以合二为一. 这是人类对自然规律的认识的一个极大进步.

质能方程还是充分利用能量的基础. 核聚变和核裂变发生时会损失质量, 这些质量根据质能方程要转化成能量. 原子核裂变反应时释放千分之一质量的能量. 核裂变用于原子弹、核电站、核动力潜艇等. 原子核聚变释放千分之六质量的能量, 用于氢弹、受控热核聚变等.

大家不要小看只有千分之一或者千分之六的质量转变成能量, 在质能方程中能量等于质量乘以光速的平方, 而光速很大, 所以得到的能量很大. 1 g 物质裂变时释放的能量大约相当于 25000 度电, 基本够 10 个家庭使用 1 年了. 如果人类可以更好地利用核能, 能源问题大概就解决了. 遗憾的是, 核能效率的提高和安全问题都是很大的难题, 需要时间去解决.

那么, 能不能更高效率地释放能量?

粒子物理学发现所有的粒子都有相对应的反粒子 (有些粒子的反粒子是其自身). 如电子的反粒子是正电子. 电子带负电, 正电子的质量和电子相同, 但带正电. 电子和正电子相遇时, 就会发生 "湮灭":

$$e^- + e^+ \to \gamma + \gamma, \tag{5-6}$$

即电子和正电子消失而转化为两个光子, 释放百分之百的能量.

(6) 运动物体质量的变化.

在狭义相对论中, 当一个物体运动时, 它的质量也不是一成不变的, 将随着运动速度 v 的增加而增加. 质量 m 和我们平时所说的质量之间有如下的关系:

$$m = \frac{m_0}{\sqrt{1 - \dfrac{v^2}{c^2}}}, \tag{5-7}$$

其中的质量 m 就是这个变化的质量, 称为相对论质量, 而 m_0 是物体静止时的质量. 可以看出, 当物体的运动速度 v 和光速一样时, 根号里面的值为零, 因此, m 就变得无穷大. 当一个物体以接近真空光速的速度运动时, 如果想通过增加物体能量的办法 (如燃烧燃料) 给物体加速, 那么实际上物体的速度增加不了多少, 而能量都将耗费在增加物体的质量上. 这就是任何有质量的物体都不可能达到光速的原因.

我们回顾一下狭义相对论的方程, 相对于经典物理, 它最主要的变化就是多了一个 $\sqrt{1 - \dfrac{v^2}{c^2}}$, 就是洛伦兹变换因子. 如果速度 v 很小, 根号里面近似等于 1, 方程就成了经典物理方程; 如果速度 v 可以和光速比较, 根号里面的值就很小, 无论是相对论时间、质量等都变化很大, 方程就成了相对论方程.

洛伦兹变换非常巧妙, 但也告诉我们, 考虑相对论效应时, 物体的运动速度应非常高, 要可以和光速相比较时才有必要. 日常生活中所遇到的现象大多数用经典物理学就已经能够很好地解释了. 在研究能量很高、速度很大的粒子运动时, 就不得不考虑相对论性效应. 在讨论粒子的湮灭与产生时, 也不得不利用那个优美的质能方程.

狭义相对论关于时间与运动速度有关, 物质的尺度、质量与运动速度有关的结论, 本质是改变了绝对时空观.

5.4　广义相对论简介

1905 年, 爱因斯坦提出了狭义相对论, 1915 年, 完成了广义相对论.

狭义相对论对光速做了限制, 认为所有速度都不能超过光速. 爱因斯坦在对万有引力定律做分析时看到, 万有引力是即时力, 传递是不需要时间的, 应该可以比光速快. 显然, 这与光速不变原理相违背. 我们再看一下万有引力的公式

$$\boldsymbol{F} = -G_{\mathrm{N}} \frac{m_1 m_2}{r^2} \boldsymbol{r}_0, \tag{5-8}$$

其中只有质量和距离, 没有时间的尺度. 爱因斯坦提出了颠覆性的观点, 即引力不像其他种类的力, 而是空间–时间不是平坦的这一事实的后果. 爱因斯坦把空间和时间一体化, 认为空间和时间可以用一个四维空间来表示.

牛顿绝对空间的绝对性表现在, 空间是作为一个与物质无关的独立东西而引进的, 而且还指定, 空间在理论的因果结构中担任一个绝对的角色, 即空间作为一个惯性系作用于一切物质, 而这些物质却不给空间任何作用. 广义相对论的时空观则认为, 时间和空间不是离开物质而独立存在的东西, 物质不是在空间之中, 而是这些物质有着空间的广延. 就是说, 没有物质就没有空间. 图 5-7 是一个在大质量天体附近时空扭曲的示意图.

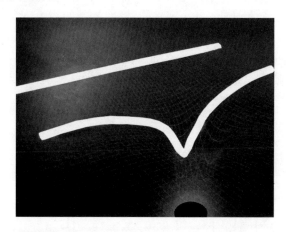

图 5-7 大质量天体附近时空的扭曲. 白色线是时间, 网格线是空间, 在大质量天体附近它们都产生扭曲

广义相对论把物质、时空和引力统一起来, 把引力相互作用归结于时空连续体的几何弯曲 (用黎曼几何表示), 物质决定时空怎样弯曲, 时空决定物体如何运动.

总地来说, 广义相对论是一种引力理论, 它把几何学和物理学统一起来, 用空间结构的几何性质来表述引力场, 有以下几个重点:

(1) 广义相对论是爱因斯坦关于空间、时间和引力的理论.

(2) 在广义相对论中, 引力并不单独存在, 它与时空融为一体.

(3) 广义相对论的时空是弯曲的, 曲率描述引力的大小.

(4) 广义相对论否定了牛顿的绝对时空观.

广义相对论有两个基本原理: 等效原理和广义相对性原理.

(1) 等效原理.

爱因斯坦把狭义相对论所说的惯性参考系之间的相对性, 推广到任意加速运动的非惯性系之中. 他说, 物理定律必须在任意坐标系中都具有相同的形式, 对任意的坐标变换都不能改变. 这就是等效原理.

我们可以把爱因斯坦的观点简单地理解为, 自然规律是确定的, 而参考系或者坐标系是人为选择的, 无论怎么选择, 都无法改变自然规律. 等效原理有以下几个

重点:

(i) 实际的引力场通常是不均匀的, 只在局域小的时空范围内可看成均匀, 等效原理在此范围内成立, 即局部等效.

(ii) 在局域小范围内, 一个没有引力场存在的非惯性系 (匀加速参考系) 中的物理定律, 与一个有引力场存在的惯性系中的物理定律是不可区分的.

(iii) 从物体质量的角度来看, 等效原理解释了物体的引力质量 (万有引力定义的质量) 与它的惯性质量 ($F = ma$ 定义的质量) 相等的经验事实.

图 5–8(a) 是一个在地面上的密封舱, 处于地面的惯性系中, 图 5–8(b) 是一个高速行进火箭之中的密封舱, 是一个匀加速运动的非惯性系. 如果我们在两个密封舱内分别做实验, 假设是最简单的铁球下落的自由落体实验, 结果会发现物理定律在两个密封舱内都一样, 无法区分.

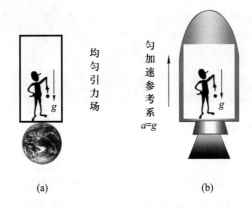

图 5–8　惯性系 (a) 和非惯性系 (b) 中物体的运动定律不可分. 小球对密封舱都以加速度 g 下落, 仓内的观测者不能测出密封舱是处于引力场中, 还是处于无引力作用的匀加速运动状态

第二章曾经说过引力质量和惯性质量, 而且说两种质量相等, 这里不再赘述. 引力质量和惯性质量相等是个经验事实, 在理论物理中找不到说明. 爱因斯坦在探讨中也没有试图解释这两种质量, 而是把二者相等当作一个基本原理看待. 有人认为, 惯性可能是引力的一种表现, 如果是真的, 那么惯性力和引力对所有物理现象的影响就是不可区分的.

由于惯性力正比于惯性质量, 引力正比于引力质量, 这两种质量又严格相等, 所以在两个密封舱内的力学实验是引力效应还是惯性效应无法区分. 这也是等效原理的一种表达.

由于等效原理, 在引力场中自由下落的系统内, 局域地看, 引力的作用被加速度抵消了, 因此这种系统倒成了一个特别好的惯性系, 远好过地面系. 进入轨道的飞船和空间站就是这样的系统. 在这种局域惯性系内, 狭义相对性原理, 以及低速运动情况下的牛顿三定律完美成立.

远在希特勒获得政权以前, 在莱纳德 (Philipp Lénárd, 1862—1947, 1905 年诺贝尔物理学奖得主) 和斯塔克 (Johannes Stark, 1874—1957, 1919 年诺贝尔物理学奖得主) 的周围就形成了一个自命为 "民族学者" 的德国物理学家小组. 他们蛮横地宣布, 爱因斯坦的相对论是 "犹太人的弥天大谎", 企图以 "犹太物理学" 的总名义, 推翻以爱因斯坦和玻尔的理论为基础的一切知识, 甚至把很多发表量子论和相对论著作的德国科学家说成是 "犹太思想家".

莱纳德和斯塔克的行为在今天看起来就是笑话, 但是这说明两个问题: 一个是某些人可以是伟大的科学家, 但可能人品低下, 科学贡献和人品并无必然的关联. 另一个就是 "偏见比无知离真理更远". 莱纳德和斯塔克认为, 只要是犹太人, 做什么都是错误的. 这也是我们今天需要吸取的教训.

(2) 广义相对性原理.

基于等效原理, 爱因斯坦将狭义相对性原理推广到任意参考系, 将空间和时间合为一体, 建立四维空间, 并提出了著名的广义相对性原理. 该原理的文字表述如下:

任何参考系对于描述物理现象来说都是等效的. 换句话说, 在任何参考系中, 物理定律的形式不变.

物理定律其实就是一种因果关系, 例如, 有了力, 才能克服惯性. 因果关系在任何情况下都不能改变, 否则自然界就没有秩序, 也就无法存在. 这其实是爱因斯坦一贯的哲学思想, 因果关系不能变.

爱因斯坦对万有引力方程不满意, 经过近 10 年的思考和试探, 1915 年他终于找到了自认为满意的引力场方程, 称为爱因斯坦引力场方程. 由于方程涉及数学较多, 我们只写出结果, 而不加讨论:

$$R_{\mu\nu} = 8\pi G \left(T_{\mu\nu} - \frac{1}{2} g_{\mu\nu} T_{\lambda}^{\lambda} \right), \tag{5-9}$$

其中下标 $\mu, \nu = 0, 1, 2, 3$, 代表时空分量, $R_{\mu\nu}$ 称为里奇张量, 代表空间弯曲程度, $g_{\mu\nu}$ 称为度规张量, 用来定义距离, $T_{\mu\nu}$ 是能动张量, 代表物质分布和运动状况, T_{λ}^{λ} 是该张量的迹, G 是引力常数, 就等于牛顿引力常数 G_{N}. 张量 (Tensor) 是一种数学概念, 广义相对论就是用张量表示的. 爱因斯坦方程的物理意义是, 空间中物质的能量–动量分布决定了空间弯曲的状况.

(3) 广义相对论的几个验证.

爱因斯坦提出, 引力不像其他种类的力, 它是时空不平坦这一事实的后果, 就是因时空不平坦才看到的现象. 时空弯曲是由于处于其中的质量和能量的分布不均匀引起的. 不受其他力作用的物体沿着最短路径——测地线运动.

广义相对论发表后很长时间内都得不到重视, 因为科学上几乎没有什么问题需要用广义相对论去解决, 因而懂的人也非常少. 有个故事说, 在 20 世纪 20 年代初, 有一位记者问爱丁顿 (Arthur Stanley Eddington, 1882—1944, 英国天文学家、物理学家), 听说世界上只有三个人能理解广义相对论, 是真的吗? 爱丁顿停了一下, 然后回答: "我正在想这第三个人是谁."

直到 20 世纪 60 年代, 宇宙学新的发现需要广义相对论解释, 此后广义相对论的研究才被科学界重视. 例如中子星和宇宙微波背景辐射, 它们的很多现象, 广义相对论的解释才是合理的.

广义相对论是关于引力的理论, 爱因斯坦说引力是时空弯曲的后果. 时空弯曲是广义相对论重要的结论. 有哪些证据支持这一点呢? 我们举几个重要的例子 (其实例子也不多, 屈指可数, 但很重要).

(1) 水星近日点进动.

天文观测早已发现, 水星相继两次通过近日点时, 近日点的位置有些变化 (见图 5-9 中的位矢), 称为进动, 总观测值为每百年向前移动 5600.73″. 经典力学认为这是其他行星的引力造成的, 按经典力学可以算出进动的理论值应为每百年 5557.62″, 这比观测值少了 43.11″. 由于此差值已是观测精度的数百倍, 故引起了学术界的重视.

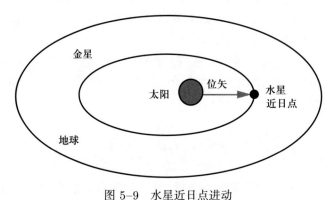

图 5-9　水星近日点进动

爱因斯坦认为, 这个差异必须考虑太阳近旁的时空弯曲效应, 从而算出水星的进动每百年还应再加上 43.03″, 这与实测结果符合得很好.

(2) 光线引力偏移.

广义相对论预言, 引力场中的光线不再沿直线进行, 而是偏向于引力场源. 1919 年的日全食期间, 科学家们分别在非洲和南美洲, 对掠过太阳表面的恒星光线受引力作用而发生的偏移进行测量 (图 5-10), 实测结果分别为 1.61″ ± 0.40″ 和 1.98″ ±

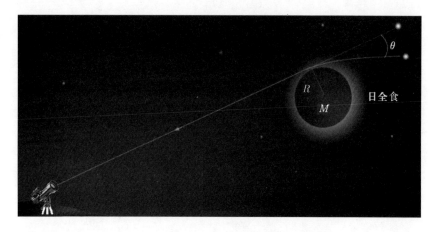

图 5-10 日全食时光线在太阳附近的弯曲

0.16″, 与广义相对论预言相一致. 若按牛顿引力理论推算, 太阳引力对光线所造成的偏移量只有 0.87″. 此类测量后来还进行过多次, 结果都与广义相对论预言一致.

(3) 引力波.

1915 年, 爱因斯坦用他那美妙的引力场方程说出了引力的奥秘, 其中有一个他称之为引力波的数学解. 引力波变化实在是非常微小, 所以爱因斯坦很快就断言, 引力波无法被探测到. 当然, 这也是因为爱因斯坦时代科学仪器的精度不够.

引力波简单说就是引力源附近时空弯曲的传播.

激光干涉引力波天文台 (Laser Interferometer Gravitational-Wave Observatory, 缩写为 LIGO) 是美国分别在路易斯安那州的列文斯顿和华盛顿州的汉福德建造的两个引力波探测器. 2015 年 9 月 14 日, LIGO 搜寻到了一阵时空的涟漪, 就是引力波 GW150914, 是两个黑洞并合的结果.

这两个黑洞的初始质量大约为太阳的 30 倍, 以 0.5 倍光速绕着对方旋转, 相互并合发生在 13 亿年前. 二者并合之后, 大约 3 倍太阳质量的物质转化为能量, 以引力波的形式释放出来, 通过时空弯曲的方式向宇宙中传播 (图 5-11).

自 2015 年以来, 科学家已探测到 10 次由黑洞并合事件产生的引力波, 另外还探测到 1 次由两颗中子星碰撞事件产生的引力波.

最大黑洞并合事件发现于 2017 年 7 月 29 日. 两个黑洞并合过程中有相当于约 5 个太阳质量的能量以引力波的形式释放, 并合后的新黑洞质量还相当于约 80 个太阳. 这也是迄今所观测到的距地球最遥远的黑洞并合事件, 距地球约 90 亿光年.

(4) 黑洞.

广义相对论预言, 质量极大的天体, 其引力可使时空发生极度弯曲, 甚至在天

图 5-11　两个黑洞并合时产生引力波的示意图

体周围形成一个光波既不能发射又不能反射的区域, 称为 "黑洞".

天体物理学研究表明, 质量大于 8 倍太阳质量的天体, 在演化中有可能形成黑洞. 黑洞强力吸引相邻恒星的表面物质, 可形成高速质量流和带电粒子流, 从而激发出 X 射线. 所以在宇宙中发现哪里有很强的 X 射线流, 哪里就可能有黑洞.

2019 年 4 月, M87 黑洞的照片被公布 (图 5-12). 这个黑洞也被公认为宇宙中的 "黑洞之王". 它的直径足有 400 亿千米, 是地球的 300 万倍, 质量是太阳的 65 亿倍, 离地球 5500 万光年. 很多科学家惊讶图片竟然与理论计算是如此一致. 作者也曾经感到惊讶, 并就此求教于北京大学天文系的一位教授. 他回答说: "这个你就要崇拜爱因斯坦!" 爱因斯坦再次被证明是对的.

图 5-12　2019 年公布的 M87 黑洞照片

(5) 陀螺仪实验.

1950 年代, 斯坦福大学的物理学家希夫 (Leonard Schiff, 1915—1971) 寻找简便的方法检验广义相对论. 希夫被小孩玩的陀螺启发, 他想, 如果要验证空间会被扭曲, 陀螺倒是可以帮忙. 1959 年, 他在斯坦福大学游泳池遇到两位同事, 费尔班克 (William Fairbank, 1917—1989) 和坎农 (Bob Cannon, 1923—2017), 三个人讨论做一个陀螺仪并送上天空, 去探测空间的扭曲. 原理是这样的, 陀螺仪的轴线指向固定的方向, 如果地球使空间扭曲了, 陀螺仪的轴线指向也会随之变化, 而其偏转的角度是可以测量的.

这是一个非常聪明的办法, 但存在一个问题. 根据广义相对论, 地球对空间的影响是非常小的, 测量陀螺仪的偏转角度, 相当于从 100 km 之外测量一个硬币的直径. 研究小组花了两年多的时间想搞清楚如何测量如此小的数值. 最后他们想出一个办法, 将 4 个独立的陀螺仪装载在一个卫星上, 让其中轴指向一颗星 (图 5-13). 如果空间扭曲, 时间长了, 陀螺仪将不再指向这颗星. 因此他们就能捕捉到空间扭曲. 四个陀螺仪的轴向要一致很困难, 但是, 4 个陀螺仪的轴线一致, 精度就要比一个陀螺仪的高.

(a)   (b)   (c)

图 5-13　陀螺仪实验. (a) 陀螺仪轴线指向一个方向; (b) 陀螺仪轴线偏转;(c) 4 个陀螺仪组成的探测器

1962 年, 他们向美国航空航天局 (NASA) 申请了一笔经费, 大概 100 万美元, 叫作引力探测 B 计划. 小组原来以为这个计划 3 年就可以完成, 结果事与愿违, 该研究成为历史上最漫长的马拉松式的计划. 为了完成计划, 他们花了几十年的时间, 除了要将卫星送上天空, 还要制造人类历史上最光滑的物体 (陀螺仪), 结果用了大概 35 年的时间还没有成功.

这个计划曾经 9 次差点被美国航空航天局撤掉. 在花费了 40 年时间和 7500 万美元以后, 最终, 在 2004 年 4 月, 研究组的成员们高兴地看到发射了卫星. 这时候, 1959 年坐在游泳池边讨论的 3 个人中就只有坎农还活着. 这真是一个曲折惊险的研究经历. 接下来的一年时间, 引力探测卫星绕地球飞行, 研究小组密切地监控卫星的一切, 试图寻找地球扭曲空间的证据. 最终, 数据开始变化, 然而出现了一个新问题, 陀螺仪正在缓慢地发生微小的错位, 这可能导致价值数百万美元的数据丢失, 近半个世纪的研究将要功亏一篑.

在紧要关头, 研究组得到了两笔救命钱. 研究创始人之一费尔班克的儿子以私人名义向该项目捐款, 还有一位斯坦福大学航空学院的校友也为这个计划捐赠, 使得计划能够继续. 在接下来的两年内, 数据的难题被解决了, 数据显示陀螺仪的偏转角度和爱因斯坦的理论分毫不差. 爱因斯坦是对的, 空间的确是物质的延展, 或者说空间也是 "物质", 真实地存在.

有人认为基础研究意义不大, 不能应用, 只是满足人们的好奇心. 这个说法有些道理, 但并不完全. 基础研究, 像这个陀螺仪实验, 是为人类积累知识, 现在可能没有什么用处, 以后就不一定了. 另外, 在得到基础知识的过程中, 往往会得到一些技术上或者其他方面的进步. 还说这个陀螺仪. 由于陀螺仪对方向的变化很敏感, 后来被用在导弹的导航上面. 这个看似简单的东西, 其实科技含量极高, 是很多国家的高度保密技术. 再举一个国内的例子. 30 多年前北京发展高能正负电子对撞机, 科学上的贡献且不说, 建设过程大大提高了北京乃至全国的精密加工技术.

有人说: "爱因斯坦的广义相对论是何等美丽的理论, 可是实验却少到令人惭愧." 有人说: "广义相对论是理论物理学家的天堂, 实验物理学家的地狱." 也有科学家到今天还不承认相对论, 对此我们也应该包容.

物理学是一门实验科学, 在爱因斯坦以前, 几乎所有重要的理论都是依赖实验或者观察结果而来. 例如牛顿的三个定律和万有引力理论, 是在伽利略和开普勒等人工作的基础上产生的. 爱因斯坦的广义相对论开创了从观念开始建立理论的先河. 广义相对论发表之前, 没有相关的实验和观察结果, 我们上面提到的观察和实验, 都是为了验证广义相对论才有的. 爱因斯坦曾经对不少人说过, 他的其他贡献, 如果他自己不发表, 其他人很快也就发表了, 但是广义相对论除外. 爱因斯坦认为, 广义相对论如果他不提出, 大概就没有这个理论了. 霍金也曾经表达过类似的看法, 他说 "观念和观察同样重要". 如今在宇宙学和一些做实验很困难的领域, 爱因斯坦和霍金的观点越来越得到验证.

随着人类对宇宙的探索越来越深入, 相信爱因斯坦的理论会得到更多的验证甚至发展, 但也有可能被新的观察结果否定.

5.5　20 世纪初物理学大发展总结

量子论的发现对我们今天的生活产生了极大的影响, 可以说, 没有量子论就没有今天的电子学, 也就没有今天如此方便的生活. 二战以后世界经济如此快速地发展, 和量子论的贡献也是分不开的. 量子论虽然有不确定性原理, 但那只是微观世界的一个特征而已, 也说不定那只是我们对量子现象还没有足够的认识罢了, 不会改变宏观世界的运行规则. 量子论今后依然会在我们的生活中发挥重要作用, 量子计算机和量子通信可能很快就让我们再次看到量子论的神奇.

相对论是爱因斯坦一个人的杰作, 当然对它的验证和深入研究离不开众多的科学家. 相对论对我们的生活影响很小. 好奇心是人类进步的主要原因之一, 相对论对人类最大的贡献在于引起人们的好奇心, 你所熟悉的空间和时间原来和你经验的有很大的区别, 我们甚至还有可能回到过去或穿越到未来. 如果真的如此, 岂不妙哉!

20 世纪的前 30 年, 物理学发生了翻天覆地的变化. 那段历史永远都会为人们津津乐道, 永远值得研究和纪念. 当我们回顾那段历史, 学习那段时间所创造的知识, 会感到从中获益匪浅, 会对科学、对人生都有新的认识.

在那段岁月里, 我们不仅看到了物理学的变化, 也从中看到了人生观的斗争、哲学的争论, 甚至人格对科学研究的影响, 例如, 普朗克对量子论破坏经典物理学完美性的不安, 爱因斯坦终生都对量子力学的不确定性耿耿于怀, 还有莱纳德对犹太人研究成果的歧视.

这一切为我们提供了有关知识和认识的丰富营养.

卷首语解说

有人说科学和哲学本是一家, 贝弗里奇却说科学和艺术是一家, 其实, 如果从所有的学问都需要创造性这一点来说, 世界上所有学问都是一家. 没有创造就没有知识, 学习的目的不是学到多少知识, 而是要创造新的知识. 我经常对学生说, 不要总是在知识的花园里流连忘返, 而要开拓一片属于自己的土地. 如果你只学了很多知识, 却没有自己的创造或者创新, 学习的目的就没有达到. 如何才能有创造或者创新? 那就要回顾我们前几章的卷首语.

第六章 原子和分子的结构

自然科学家应当是这样一种人，他愿意倾听每一种意见，但必须自己做出判断. 他不应当被表面现象所迷惑，不偏爱任何一种假设，不属于任何一个学派，不盲从任何一位大师. 他应当重事不重人，真理才是他的首要目标. 如果有了这些品质，再加上勤勉，他就有希望进入科学的殿堂.

——法拉第

16 世纪，从伽利略开始，物理学逐渐成形. 经过 300 多年的发展，到了 19 世纪末，经典物理学的大厦完全建成. 20 世纪初的 30 年，物理学经过了巨大的变革，形成了量子论和相对论这现代物理学的两大支柱. 我们前面几章介绍了经典物理学和现代物理学的基本情况，这些是支配物理世界的基本规律，是物理学的大框架. 在这些大框架下，物理学分成不同的领域，这些领域正是构成物理学大厦的砖石. 简单地介绍这些领域，会加深我们对物理学的理解.

纵观当今世界，经典物理学和现代物理学融洽地结合在一起，为人类提供了各种方便和享受.

原子分子物理是物理学的一个重要分支，它研究原子分子的结构、能级跃迁、光谱和碰撞理论、原子分子激发态动力学、原子分子激光光谱、团簇物理等. 原子分子物理是一个庞大而重要的领域，这一章我们简单介绍原子和分子的结构，使读者对原子分子物理有些基本的了解.

6.1 原子的有核壳层结构

通过对原子结构的逐步认识，我们可以看到对事物的认识是如何逐渐趋于正确的，以及如何正确地分析实验结果.

人类有文明以来，就想知道世界到底是由什么组成的. 古希腊的哲学家德谟克利特 (Democritus, 约公元前 460—前 370) 最早提出了原子论的思想. 他认为世间万物都是由最基本的、不可分割的最小微粒构成. 他说，除了原子，一无所有. 这当然是不对的，我们现在知道，宇宙中除了实物，还有能量，而且能量可能多于实物. 到了工业革命时期，人们对自然界的认识有了较大的进步. 英国化学家道尔顿 (John Dalton, 1766—1844) 于 1803 年提出原子学说，其要点是: (1) 化学元素由不可分的微粒——原子构成，它在一切化学变化中是不可再分的最小单元. (2) 同种元素原子的性质和质量都相同, 不同元素原子的性质和质量各不相同, 原子质量是元素的基本特征之一. (3) 不同元素化合时, 原子以简单整数比结合.

道尔顿学说的三个要点中的第二、三点基本是对的, 第一点说原子是不可再分的最小单元则是错误的, 现在我们都知道原子可以再分为电子、质子、中子, 而质子和中子则是由夸克组成的. 但是, 第一点的后半部分, 原子 "在一切化学变化中是不可再分的最小单元" 是正确的. 化学变化只是原子核外电子的重新分布, 不涉及原子核, 所以原子的确是化学变化中的最小单元.

无论如何, 道尔顿的学说是认识微观世界的开端. 道尔顿学说的第二、三条是可以实验验证的. 德谟克利特的学说在那时候不可验证, 可以认为只是一个哲学观点.

电子是科学家最早发现的带有单位负电荷的一种粒子, 由英国物理学家汤姆孙于 1897 年发现 (图 6-1). 汤姆孙设计了一个实验, 通过测定阴极射线在一定强度的磁场中弯折的曲率半径, 再利用静电偏转力与磁场偏转力相抵消的方法, 确定粒子的速度, 得到阴极射线粒子的荷质比 (即电荷与质量之比) 大约是氢离子荷质比的 2000 倍. 这样根据阴极射线粒子与氢离子的电荷量相同, 就可得到这种粒子的质量. 后来, 人们把这种构成阴极射线的粒子称为电子. 电子的荷质比为 $e/m \approx 1.758802 \times 10^{11}$ C/kg.

图 6-1 位于英国剑桥大学老卡文迪什实验室门口的发现电子纪念牌. 汤姆孙当时在卡文迪什实验室工作

阴极射线管 (cathode ray tube, CRT) 最广为人知的用途是构造显示系统, 所以俗称显像管. 它是利用阴极电子枪发射电子, 在阳极高压的作用下, 射向荧光屏, 使荧光粉发光, 同时电子束在偏转磁场的作用下, 做上下左右的移动来达到扫描的目的. 老式的电视机就是用显像管显示图像的. 阴极射线管最早是研究用的仪器, 后来被用于示波器上, 显示复杂的波形.

　　汤姆孙的实验过程是这样的. 他将一块涂有硫化锌的小玻璃片, 放在阴极射线所经过的地方, 看到硫化锌会发出闪光. 这说明硫化锌能显示出阴极射线走过的途径. 在一般情况下, 阴极射线是直线行进的, 但当在射线管的外面加上电场, 或用一块马蹄形磁铁放在射线管的外面时, 发现阴极射线发生了偏转. 根据其偏转的方向, 就可以知道它带正电还是负电 (这就是第三章里面讲的带电粒子在电磁场中要受到电场力和洛伦兹力的影响). 汤姆孙在 1897 年得出结论说, 这些射线是带负电的粒子. 但这些粒子是什么呢? 它们是原子、分子, 还是其他? 这需要做更精细的实验. 当时还不知道比原子更小的东西, 因此汤姆孙假定这是一种被电离的原子, 即带负电的 "离子".

　　后来, 美国物理学家密立根 (Robert Andrews Millikan, 1868—1953, 1923 年诺贝尔物理学奖得主) 在 1913 年到 1917 年的油滴实验中, 精确地测出了新的结果, 阴极射线粒子的质量约是氢原子的 $1/1836$. 密立根测得的结果肯定地证实了阴极射线是由电子组成的.

　　知道了电子、原子, 而且原子是电中性的, 那么原子里面有电子带负电荷, 肯定还有带正电荷的部分, 不然就不能维持电中性了. 原子里面负电荷和正电荷是怎么结合、怎么共存的? 这就成了要研究的问题.

　　1903 年, 汤姆孙提出了原子的 "葡萄干布丁模型". 他认为, 原子有一定体积, 是电中性的, 但原子内还是有电荷分布的, 只是原子内正电荷的总量等于负电荷的总量. 这是第一个带有亚原子结构的原子模型. 汤姆孙认为正电荷像流体一样均匀分布在原子中, 而电子就像葡萄干一样散布在正电荷中, 它们的负电荷与正电荷相互抵消 (图 6-2).

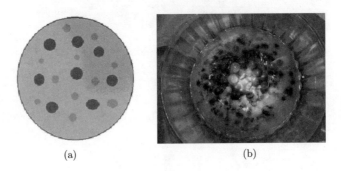

(a)　　　　　　　　　　　　　(b)

图 6-2　(a) 汤姆孙的布丁模型; (b) 真实的布丁 (一种食品)

　　汤姆孙的这个模型在当时有合理性, 说明了原子是电中性这一事实.

　　很快, 对原子的结构就有了新的认识, 这要归功于卢瑟福 (Ernest Rutherford, 1871—1937, 1908 年诺贝尔化学奖得主) 小组的实验工作.

1909 年, 盖革 (Hans Wilhelm Geiger, 1882—1945, 德国物理学家) 和马斯登 (Sir Ernest Marsden, 英国物理学家, 1888—1970) 在卢瑟福著名的 "金箔实验" 中, 第一次观测到 α 粒子 (氦核) 束透过金属薄膜后在各方向上散射分布的情况, 其结果中居然出现少数意料不到的大角度散射. 他们观察到散射角大到 150° 的 α 粒子.

在叙述盖革-马斯登实验之前, 我们先说一下物质粒子碰撞的问题, 以便于更好地理解他们的实验. 很多人小时候都玩过弹球, 一个弹球去碰撞另外一个弹球, 结果有图 6-3 的三种情况. 我们现在把弹球换成两个粒子来说明这个问题.

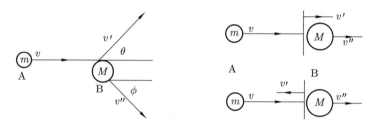

图 6-3　两个粒子碰撞的三种结果

考察一个质量为 m, 速度为 v 的粒子 A 和一个质量为 M 的静止粒子 B 碰撞. 碰撞后 A 粒子的运动方向转了 θ 角, 速度变为 v', B 粒子沿着和入射方向成 ϕ 角的方向以速度 v'' 射出. 如果碰撞是正碰, 则 B 粒子沿着和入射方向成 $\phi = 0°$ 的方向射出, 而 A 粒子射出的运动方向有可能仍然向前取 $\theta = 0°$, 也有可能向后取 $\theta = 180°$. 这就是碰撞后的三种结果, 如果 B 粒子质量 M 很大, 才可能发生和最后一种情况相似的情况, 就是 A 粒子尽管很难以 180° 反弹回来, 但是角度可能很大.

α 粒子 (现在知道就是氦原子核) 是带正电荷的重粒子. 盖革他们用 α 粒子去撞击金箔, 结果发现 α 粒子在穿过金箔时朝四处散射. α 粒子束在透过金属膜时发生散射说明尽管金属是电中性的, 但金属原子内还是有电荷分布的. 正电荷对 α 粒子排斥, 负电荷对 α 粒子吸引, 造成 α 粒子被散射. 但由于每一个小粒子的质量都不会很大, 散射的角度不会很大. 如果 α 粒子碰到原子时是正碰, 基本上会穿透过去, 且散射角很小.

如果被碰撞的物体的质量比碰撞的物体小, 则碰撞后碰撞物体还会保持一定的向前的势头, 即散射角不会超过 90°. 但是盖革他们在实验中发现了 α 粒子的散射角大到 150° 的情况 (图 6-4), 说明原子中的全部正电荷集中在质量远大于 α 粒子的物体上. 要使 α 粒子产生如此大角度的散射, 也只能设想原子的全部正电荷集中在小于一百万亿分之一米的范围内, 这样才能使 α 粒子受到足够大的排斥力.

基于这样的事实和分析, 就有了卢瑟福的有核原子模型. 卢瑟福的有核原子模型的要点如下:

(1) 原子的中心部分是一个半径大约是一百万亿分之一米的核.

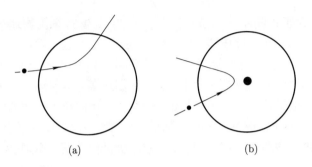

图 6–4　盖革–马斯登实验发现, 有个别的 α 粒子散射的角度达 $150°$ (b), 其他散射角度如 (a)

(2) 原子的全部正电荷和绝大部分质量集中在核上.

(3) 电子分布在核外半径约为一百亿分之一米, 即 $1\,\mathring{A}$ 的区域内.

　　卢瑟福 1871 年 8 月 30 日生于新西兰纳尔逊的一个手工业工人家庭, 并在新西兰长大. 他进入新西兰的坎特伯雷学院学习, 23 岁时获得了三个学位 (文学学士、文学硕士、理学学士). 1895 年在大学毕业后, 他获得了英国剑桥大学的奖学金, 进入卡文迪什实验室, 成为汤姆孙的研究生. 他提出了原子结构的行星模型, 为原子结构的研究做出很大的贡献. 1898 年, 在汤姆孙的推荐下, 他担任加拿大麦吉尔大学的物理教授. 卢瑟福在那待了 9 年, 于 1907 年返回英国出任曼彻斯特大学物理系主任. 1919 年, 他接替退休的汤姆孙, 担任卡文迪什实验室主任. 在卢瑟福的领导下, 原子核物理在卡文迪什实验室诞生. 1925 年, 他当选为英国皇家学会主席, 并于 1931 年受封为纳尔逊男爵. 1937 年 10 月 19 日, 卢瑟福因病在剑桥逝世, 与牛顿和法拉第并排安葬在伦敦的威斯敏斯特教堂, 享年 66 岁.

　　1908 年, 卢瑟福获得诺贝尔化学奖. 他对自己不是获得物理学奖感到有些意外, 风趣地说: "我竟摇身一变, 成为一位化学家了 …… 这是我一生中绝妙的一次玩笑!" 卢瑟福的确不是化学家而是物理学家, 这也是诺贝尔奖历史上的趣事.

　　卢瑟福的原子模型使我们对原子结构的认识又进了一步. 现在我们知道了原子的大概结构, 正电荷在中心, 负电荷在外围. 进一步的结构是什么? 电子在核外是如何运动的? 遵从什么规律?

6.2　电子分布的壳层结构

　　继卢瑟福之后, 1913 年, 丹麦物理学家玻尔提出氢原子模型理论, 认为氢原子的能量只能取某些特殊值:

$$E_n = -\frac{m_e e^4}{2n^2 (4\pi\varepsilon_0)^2 \hbar^2}, \quad n = 1, 2, 3, \cdots. \tag{6–1}$$

玻尔的公式包含了正整数 n 和 $\hbar$, 显示了氢原子电子核外运动的能量是量子化的. 第三章讲过能量量子化的问题, 这里不再赘述. 到此我们已经接近对原子结构的全面认识了.

由于电子所处的位置主要由 n 值决定, 在核外对应不同的 n 值, 离原子核的平均距离不一样, 电子就像处于不同的层, 或者壳层上, 所以叫作壳层结构.

玻尔提出了氢原子模型理论之后的三四年间, 索末菲 (Arnold Sommerfeld, 1868—1951, 德国物理学家) 把玻尔理论推广到可以是椭圆形轨道的普遍情形, 得到氢原子的能量确实仍然只能取某些特殊的值, 即当初玻尔给出的值.

(1) 氢原子光谱.

索末菲的理论依据主要是氢原子的光谱. 电子的核外轨道是不连续的, 每一个轨道上的能量不一样, 也是不连续的, 但是遵从索末菲提出的公式. 一个简单的氢原子光谱可见图 4–5.

电子从不同能量的轨道迁移或者跑出原子外, 就要吸收能量. 由于能量量子化, 所以光谱就显示了一些分立的直线, 每一根直线都代表一个轨道或者能量.

氢原子虽然简单, 但是对它的研究让我们知道了原子核外电子的运动规律. 下面给大家列出历史上对氢原子光谱研究有重要贡献的几个科学家.

1885: 瑞士数学教师巴耳末发现了氢原子可见光波段的光谱, 并给出了经验公式.

1908: 德国物理学家帕邢 (Friedrich Paschen, 1865—1947) 发现氢原子光谱的帕邢系谱线, 处于红外波段.

1914: 美国物理学家莱曼 (Theodore Lyman, 1874—1954) 发现莱曼线系, 莱曼线系位于紫外光波段.

1922: 美国物理学家布拉开 (Frederick Sumner Brackett, 1896—1988) 发现布拉开线系, 位于红外光波段.

1924: 美国物理学家蒲芬德 (August Herman Pfund, 1875—1949) 发现氢原子光谱的蒲芬德线系, 位于红外波段.

1953: 美国物理学家汉弗莱 (Curtis Humphreys, 1898—1986) 发现氢原子光谱的汉弗莱线系, 位于红外波段.

由此可见原子光谱的复杂性, 也就是说原子核外能级是非常复杂的.

(2) 四个量子数.

什么是量子数? 量子数就是电子在核外运动遵从的一些量子力学的规律和原则.

电子绕核运动, 要受到很多条件的限制. 例如, 原子核对电子的吸引, 电子和电子之间的相斥, 电子绕核运动会产生磁场、角动量, 会影响电子的运动, 电子有自旋, 自旋也会产生自旋角动量和磁场, 当然也影响电子在核外的运动.

带电粒子做圆周运动就会产生磁场, 无论是绕一个中心旋转还是自己旋转 (自旋. 实际上将自旋看作自转是不严格的).

电子在核外绕核运动看起来是很复杂的, 物理学家把这些复杂的因素都一一考虑, 总结了电子绕核运动的一些规律, 下面就做简明的介绍. 电子绕核运动的规律归结为一句话: 电子绕核运动要遵从 4 个量子数和泡利不相容原理.

(i) 主量子数.

前面已经说过, 氢原子的能量确实只能取某些特殊的值, 即不连续的量子化的值. 从量子力学理论来看, 电子在原子核周围运动的状态如图 6–5 所示, 并没有具体的确定的运动轨道, 但是有确定的运动状态, 对应有确定的能量. 我们把标志电子离原子核远近而决定能量的状态参数称为主量子数. 主量子数只能取

$$n = 1, 2, 3, \cdots.$$

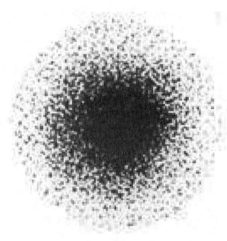

图 6–5 原子核外电子并没有固定的轨道, 而是随机分布. 但是分布是有规律的, 且电子有确定的状态和能量. 离原子核的平均距离对应的量子数是主量子数, 它决定电子的主要能量

(ii) 角量子数.

电子在核外轨道 (虽然没有轨道, 为了方便, 我们还称轨道) 运动时, 会产生轨道角动量 L. 轨道角动量是一个有方向的量, 即矢量. 轨道角动量 L 也不能任意取值, 只能取下面的值:

$$L = \sqrt{l(l+1)}\frac{h}{2\pi}, \quad l = 0, 1, 2, \cdots. \tag{6-2}$$

l 称为轨道角动量量子数, 简称角量子数.

能量同为某一 n 值的状态, 即 n 值确定以后, 角量子数 l 可以取的值为 $l = 0, 1, 2, \cdots, n-1$.

(iii) 磁量子数.

不但轨道角动量的值不能随意取, 要受到限制, 轨道角动量是矢量, 其分量也不能任意取值, 比如 z 方向分量只能取下面的值:

$$L_z = m\frac{h}{2\pi}, \quad m = l, l-1, \cdots, -l+1, -l, \tag{6-3}$$

m 称为磁量子数.

角量子数 l 给定时, 磁量子数 m 可以有 $2l+1$ 个不同的取值.

(iv) 自旋量子数.

电子有自旋, 每个电子自旋还会产生自旋角动量. 自旋角动量 S 的大小只能取下面的值 (整数或者半整数):

$$S = \sqrt{s(s+1)}\frac{h}{2\pi}, \quad s = 0, \frac{1}{2}, 1, \frac{3}{2}, 2, \cdots. \tag{6-4}$$

自旋角动量在某一方向的投影以 $\dfrac{h}{2\pi}$ 为单位的数值叫自旋量子数, 也以 s 表示. 对单个电子来说, 其自旋量子数只能是 $1/2$ 或者 $-1/2$.

微观粒子按照自旋的情况可以分为两种: 自旋为半整数的, 例如电子, 称为费米子; 自旋为整数的, 例如光子 (自旋为 1), 称为玻色子.

考虑四种量子数以后, 能量同为某一 n 值的状态总数为

$$N = 2n^2. \tag{6-5}$$

氢原子只有一个电子 (n 有很多, 参见氢原子光谱), 它可以处在各种可能的状态. 其中能量最低的状态称为基态, 比基态能量高的态都称为激发态.

至此, 我们知道核外运动的电子其状态由 4 个量子数决定:

(i) 主量子数 n: 标记电子离原子核的远近, 决定系统能量高低;

(ii) 角量子数 l: 其对应的运动轨迹用 s, p, d, f, $\cdots$ 表示;

(iii) 磁量子数 m: 标记每个角量子数对应的不同状态;

(iv) 自旋量子数 s: $1/2, -1/2$.

我们用图 6–6 来说明 4 个量子数的物理意义.

(3) 泡利不相容原理.

泡利在分析了大量原子能级数据的基础上, 为了解释化学元素的周期性而在 1925 年提出来的假设, 称为泡利不相容原理, 简称泡利原理.

所有粒子都有自旋角动量, 自旋角动量沿某一方向的投影只能是 $\hbar$ 的整数倍或半整数倍, 前者称为玻色子, 后者称为费米子. 泡利原理说: 全同费米子系统中不能有两个或两个以上的粒子同时处于相同的单粒子态, 就是说两个电子不能同时 4

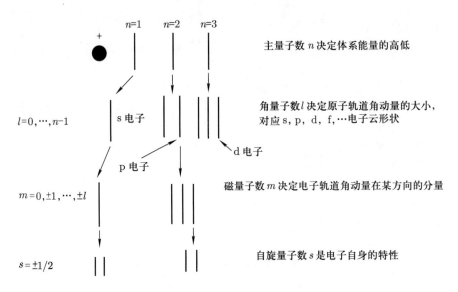

图 6-6　4 个量子数的物理意义

个量子数都相同, 假如前面 3 个量子数 (n, l, m) 都相同, 那么, 它们的自旋量子数 s 一定不能相同, 一个是 1/2 则另一个只能是 $-1/2$.

在量子力学里, 全同粒子指的是不可区分的微观粒子. 只要是某一种粒子, 无论来自哪里, 都分辨不出来. 全同粒子包括基本粒子, 像电子、光子, 也包括稍微大一些的粒子, 像原子、分子.

4 个量子数和泡利不相容原理, 缺少任意一个, 对电子在核外运动的描述都是不完备的.

6.3　天然元素和人造元素

前面讲了电子在原子核外运动的规律, 不同的原子是由不同的核子 (后面再讲) 和不同的电子构成的, 每一个元素的电子数目和核内的质子数目相等, 质子带正电荷, 所以元素显示电中性. 可以把元素按照电子数目的多少排布成一个元素周期表.

元素周期表的生成符合量子数的规律, 基态主量子数 n 决定周期表的行, 角量子数 l 决定列, 见图 6-7. 元素周期表的本质就是电子在原子核外排布的规律.

前面我们说了电子的运动规律, 现在说一下原子的大概情况. 原子的直径大约是 1 Å, 中心有一个带正电的原子核, 带的正电荷是质子电荷的整数倍, 这个整数 Z 就是这种原子的原子序数. 在原子核的周围有 Z 个带负电的电子围绕它运动, 原子核很重, 核外的电子的总质量只占原子质量的万分之二到万分之六. 原子核的直径大约是十万分之几埃, 而一个电子的直径则小于一亿分之一埃.

元素周期表

序数 — 1 H — 元素符号
氢 — 元素名称
1.008 — 原子量

* 人造元素

	IA	IIA	IIIB	IVB	VB	VIB	VIIB	VIII	VIII	VIII	IB	IIB	IIIA	IVA	VA	VIA	VIIA	0
1	1 H 氢 1.008																	2 He 氦 4.003
2	3 Li 锂 6.94	4 Be 铍 9.01											5 B 硼 10.81	6 C 碳 12.01	7 N 氮 14.01	8 O 氧 16.00	9 F 氟 19.00	10 Ne 氖 20.18
3	11 Na 钠 22.99	12 Mg 镁 24.31											13 Al 铝 26.98	14 Si 硅 28.09	15 P 磷 30.97	16 S 硫 32.06	17 Cl 氯 35.45	18 Ar 氩 39.95
4	19 K 钾 39.10	20 Ca 钙 40.08	21 Sc 钪 44.96	22 Ti 钛 47.87	23 V 钒 50.94	24 Cr 铬 52.00	25 Mn 锰 54.94	26 Fe 铁 55.85	27 Co 钴 58.93	28 Ni 镍 58.69	29 Cu 铜 63.55	30 Zn 锌 65.41	31 Ga 镓 69.72	32 Ge 锗 72.64	33 As 砷 74.92	34 Se 硒 78.96	35 Br 溴 79.90	36 Kr 氪 83.80
5	37 Rb 铷 85.47	38 Sr 锶 87.62	39 Y 钇 88.91	40 Zr 锆 91.22	41 Nb 铌 92.91	42 Mo 钼 95.94	43 Tc 锝* 97.91	44 Ru 钌 101.07	45 Rh 铑 102.91	46 Pd 钯 106.42	47 Ag 银 107.87	48 Cd 镉 112.41	49 In 铟 114.82	50 Sn 锡 118.71	51 Sb 锑 121.76	52 Te 碲 127.60	53 I 碘 126.90	54 Xe 氙 131.29
6	55 Cs 铯 132.91	56 Ba 钡 137.33	57-71 La-Lu 镧系	72 Hf 铪 178.49	73 Ta 钽 180.95	74 W 钨 183.84	75 Re 铼 186.21	76 Os 锇 190.23	77 Ir 铱 192.22	78 Pt 铂 195.08	79 Au 金 196.97	80 Hg 汞 200.59	81 Tl 铊 204.38	82 Pb 铅 207.2	83 Bi 铋 209.0	84 Po 钋 209.0	85 At 砹 210.0	86 Rn 氡 222.0
7	87 Fr 钫 223.0	88 Ra 镭 226.0	89-103 Ac-Lr 锕系	104 Rf 鑪* 261	105 Db 𨧀* 262	106 Sg 𨭎* 263	107 Bh 𨨏* 264	108 Hs 𨭆* 265	109 Mt 䥑* 266	110 Ds 𫟼* 269	111 Rg 錀* 272	112 Cn 鎶* 277		114 Fl 𫓧* 289		116 Lv 𫟷* 289		

镧系	57 La 镧 138.91	58 Ce 铈 140.11	59 Pr 镨 140.91	60 Nd 钕 144.24	61 Pm 钷* 144.91	62 Sm 钐 150.36	63 Eu 铕 151.96	64 Gd 钆 157.25	65 Tb 铽 158.93	66 Dy 镝 162.50	67 Ho 钬 164.93	68 Er 铒 167.26	69 Tm 铥 168.93	70 Yb 镱 173.04	71 Lu 镥 174.97
锕系	89 Ac 锕 227.0	90 Th 钍 232.0	91 Pa 镤 231.0	92 U 铀 238.0	93 Np 镎 237.1	94 Pu 钚 244.1	95 Am 镅* 243.1	96 Cm 锔* 247.1	97 Bk 锫* 247.1	98 Cf 锎* 251.0	99 Es 锿* 252.1	100 Fm 镄* 257.1	101 Md 钔* 258.1	102 No 锘* 259.1	103 Lr 铹* 260.1

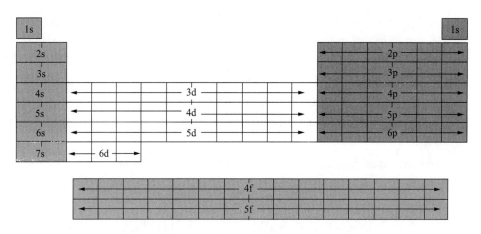

图 6-7 元素周期表和量子数, 基态主量子数 n 决定周期表的行, 角量子数 l 决定列. 2016 年, 国际纯粹与应用化学联合会 (IUPAC) 正式公布了 4 种新发现元素的名称: 113 号元素 nihonium(Nh, 钶), 115 号元素 moscovium(Mc, 镆), 117 号元素 tennessine(Ts, 础) 和 118 号元素 oganesson(Og, 氤). 所以, 上面周期表中的空位都已补齐了

我们打一个比方, 如果把原子放大到一个足球场那样大, 原子核就像一粒小米到黄豆那么大, 而电子就是最细的尘土粉末. 由此可见, 原子内部的结构是很稀松

的, 物质粒子所占的空间只是原子所占空间的很小的一部分, 所以由原子构成的各种物质都是可以压缩的.

原子的化学性质主要由它的电子壳层结构决定, 也就是由原子的原子序数决定.

在这 118 种元素当中, 最轻的元素是氢, 化学符号为 H, 原子序数为 1, 原子量为 1.00792, 是宇宙中含量最丰富的元素. 紧跟氢的是氦, 化学符号为 He, 原子序数为 2, 原子量为 4.002602, 是最轻的惰性气体, 也是宇宙中除氢以外含量最丰富的元素.

至 20 世纪 50 年代, 人们认识的自然界存在的元素共 92 种, 最重的元素是铀, 化学符号为 U, 原子序数为 92, 原子量为 238.0289.

20 世纪 40 年代, 物理学家通过原子核反应产生了原子序数为 93 的镎, 和原子序数为 94 的钚. 后来发现, 这两种元素在自然界中也有极少量的存在.

现在, 人们认识到自然界存在的元素共 94 种, 最重的元素是钚, 化学符号为 Pu, 原子序数为 94, 原子量为 244.064197.

比钚更重的元素都是人工制造的元素, 目前共有 118 种元素.

6.4   分子和晶体的构成——化学键

自然界的物质五花八门, 千奇百怪, 有高山流水, 也有荒漠戈壁, 有的坚硬如铁, 也有的柔软如棉 (图 6–8). 它们都是由原子组成的. 原子通过它们之间的相互作用结合成分子和晶体. 有的分子由单个原子组成, 绝大多数分子是由多个原子组成的, 并且组成它们的原子的数目和种类也是不同的. 许多种物质的分子由不同种类元素的原子构成, 称为化合物.

化学上通常用化学键 (chemical bond) 来表示这种原子间结合成分子和晶体的相互作用.

化学键的本质是带电粒子之间的库仑相互作用. 参与化学键形成的主要是原子最外层的价电子, 内部满壳层上的电子不参与化学键的形成.

化学键有 4 类:

(1) 离子键: 满壳层的正负离子之间的库仑吸引力使它们结合成晶体.

(2) 共价键: 通过两个原子共有价电子使原子结合成分子和晶体.

(3) 金属键: 由所有正离子共享所有巡游 (就是可以随意活动的) 的价电子所产生的结合力形成金属.

(4) 范德瓦耳斯力: 电中性分子或单原子分子之间通过范德瓦耳斯力实现结合. 严格地说, 范德瓦耳斯力不是化学键, 是分子间的相互作用.

下面分别介绍.

图 6-8　自然界中的各种宝石、矿物、珍珠, 最右边的是一簇碳纳米管

(1) 离子键.

碱金属和碱土金属元素的原子只有一个或两个价电子, 它们与原子核的结合比较松散, 原子容易失去价电子而成为带正电的离子.

卤族和氧族元素的原子有六或七个价电子, 它们倾向于从外部获得一个或两个电子而形成满壳层 (满壳层就是某一个壳层容纳了能够容纳的最多电子, 是稳定结构), 成为带负电的离子.

满壳层的正负离子之间的库仑吸引力使它们结合成晶体. F 原子外层有 7 个价电子, 是 -1 价. Na 原子外层有 1 个价电子, 是 $+1$ 价. Na 原子把外层的 1 个价电子给了 F 原子. Na 原子和 F 原子都变为离子, 通过库仑吸引力结合成 NaF 晶体, 见图 6-9.

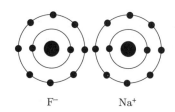

F^-　　　　Na^+

图 6-9　NaF 的结合是典型的离子键

要特别指出的是, 在离子晶体中无法辨认哪几个离子构成一个分子, 离子键把晶体中的所有正负离子连接成一个整体.

离子晶体中正、负离子之间有很强的静电吸引力, 结合紧密, 因此离子晶体具有熔点高、挥发性低、压缩模量高、电导率低等特性.

(2) 共价键.

许多无机化合物和绝大多数有机化合物的分子并不是由离子键结合. 两个原子彼此靠近时, 它们的一些价电子为两个原子核所共有, 使两个原子的外层都能接近或达到满壳层. 共价键就是通过两个原子共有价电子使原子结合成分子. 通过共价键形成的分子通常都是非极性分子 (即正负电荷中心重合的分子, 不重合的分子称为极性分子).

F 原子外层有 7 个价电子, 是 -1 价. 两个 F 原子各拿出 1 个价电子作为 "共有" 价电子. 使每个 F 原子都成为满壳层 F 原子 (8 个电子是满壳层). 两个 F 原子通过共有两个价电子变为 F_2 分子 (图 6-10(a)).

氢分子 H_2 也是靠共价键结合形成的, 两个氢原子共享一对电子 (图 6-10(b)). 由于满壳层是稳定结构, 形成离子键或者共价键时都会放出能量, 因而形成的分子要比独立原子状态稳定. 例如氢原子形成氢分子时要放出 4.48 eV 的能量.

图 6-10　F_2 (a) 和 H_2 (b) 都是共价分子, 它们都是两个原子共享一对电子结合而成

通过共价键可以形成晶体, 这种晶体称为共价晶体. 由于晶体中原子共享了电子, 电子有一定的流动性, 所以很多共价晶体有导电性.

(3) 金属键.

大部分金属都比较活跃, 就是说金属的最外层电子容易失去. 例如非常活泼的金属 Li 和 Na 遇见水就会剧烈反应, 甚至发生爆炸.

金属形成晶体时, 所有的价电子在晶体内部自由移动, 称为巡游电子. 众多巡游电子集合在一起的性质有些像气体, 所以也称金属中的巡游电子为自由电子气, 用气体的很多规律去处理金属中的电子运动曾获得很大成功.

电子气和正离子之间的库仑相互作用使它们结合成金属晶体. 由所有正离子和巡游价电子形成的结合力称为金属键.

例如, Na 原子有 1 个价电子. Na^+ 离子组成晶体, 所有的价电子脱离原属的 Na^+ 离子构成电子气. Na^+ 离子和电子气一起组成金属晶体, 见图 6-11.

金属内的巡游电子可以在整个金属晶体内自由运动, 所以金属具有良好的导电性和导热性.

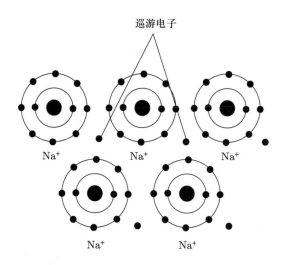

图 6–11 金属 Na 晶体是由 Na 原子结合而成的金属晶体, Na^+ 离子固定在自己的位置上, 电子在其间巡游

　　由于金属中都是正离子, 它们排列的具体形式没有特殊的限制, 因而金属一般都具有很大的塑性, 可以经受相当大的塑性形变, 而巡游电子则是金属导电的根本原因.

　　金属键的作用较强, 因此金属的硬度高、熔点高.

　　上面三种化学键, 即离子键、共价键、金属键称为分子内结合. 还有分子间结合, 这就是范德瓦耳斯力.

　　(4) 范德瓦耳斯力和氢键.

　　惰性气体原子和一些外层电子已经饱和的分子是非常稳定的分子, 但在低温下可以结合成晶体 (惰性强的气体, 很难液化和固化).

　　这些电中性的分子或单原子分子之间的结合是通过范德瓦耳斯力来实现的.

　　范德瓦耳斯力本质上是由于电荷分布偏离对称带来的库仑吸引力和库仑排斥力的合效果. 由于原子在不断地运动, 正负电荷中心重合的非极性分子会在瞬间产生中心不重合, 这样就有了极性.

　　范德瓦耳斯力表现为两个电中性的分子之间可以有很弱的吸引力, 这种吸引力随距离的增加极其迅速地减弱. 图 6–12(a) 给出了示意图.

　　氢键在本质上和范德瓦耳斯力是一样的, 都是分子间不同电荷的相互吸引造成的. 以 H_2O 为例, O 的电负性大、半径小, 电子偏向 O, 使 O 带负电荷, 而 H 带正电荷. 这种 H 与其他分子中电负性大、半径小的原子相互接近时, 产生一种特殊的分子间力, 称为氢键. 如图 6–12(b) 所示, 带负电荷的 O 吸引带正电荷的氢形成氢键. 以上两种是分子间的结合力, 要比分子内的结合力弱很多. 范德瓦耳斯力和氢键是非常类似的结合方式.

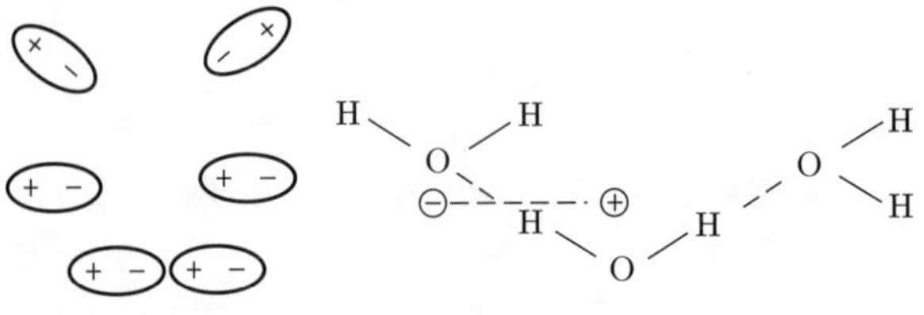

图 6–12　范德瓦耳斯力 (a) 和氢键 (b)

　　电负性表示元素在化合物中吸引电子能力的强弱. 元素的电负性越强, 在化合物中吸引电子的能力就越强. 1932 年, 美国化学家鲍林引入电负性的概念, 用来表示两个不同原子间形成化学键时吸引电子能力的相对强弱. 电负性只是一个定性的标准, 当今的物理学中基本不用这个概念.

　　原子世界中我们看到了 118 种元素的原子, 它们都是由一个原子核和在它周围运动的核外电子组成.

　　这么多种原子虽然质量相差甚大, 但所占的体积大体上差不多. 也就是说, 电子少的原子, 电子与核的结合比较疏松, 而电子多的原子, 电子与核的结合比较紧密.

　　这 118 种原子又通过复杂的电磁相互作用结合成上千万种化合物.

　　在这个丰富多彩的物质世界中, 我们所看到的一切大都是原子由离子键、共价键、金属键、范德瓦耳斯力按不同的方式结合而成. 在这些结合中, 核外电子扮演着主要的角色, 而原子核则不参与其中. 组成它们的原子, 其核外电子的运动也非常复杂, 由 4 个量子数决定 (主量子数、角量子数、磁量子数、自旋量子数), 并且还要遵从泡利不相容原理.

6.5　原子和分子的能级和光谱

　　能级的提出始于普朗克的能量不连续理论, 而实验发现则始于氢原子光谱. 能级就是能量按一定规则的排布方式, 由量子力学, 按照如 (6–1) 式, 能量不连续.

　　能级是构成分子和化合物的基础, 是光谱学的基础, 也是很多物理现象的基础, 例如激光、固体物理中的费米面, 等等. 对能级概念有清楚的认识和掌握是学习物理的重要内容. 能级不是一成不变的, 当一个原子周围的环境发生改变, 例如有其他原子存在时, 能级就会分裂. 能级在外加的电场和磁场中也会分裂. 总之, 能级是能量按一定规则的排布方式, 只要有其他能量对它作用, 能级就会发生变化.

(1) 形成分子时能级的变化.

图 6-13 中间是一氧化碳 (CO) 的分子轨道, 两边分别是碳和氧的原子轨道. 所谓的原子轨道和分子轨道也就是能级, 电子只能处在这些轨道 (能级) 上. 当碳和氧还没有化合时, 它们分别具有 2s 和 2p 轨道, 但是能量是不一样的. 化合以后, 两个原子的能级混合, 就形成了图中间一氧化碳的能级, 电子就填充在这些能级上. 电子填充遵从一定的规则, 严格讲述超出本书的范围, 但必须遵从一个原则 ——能量最低原则, 就是两个原子形成分子以后, 整体的能量一定要降低, 否则就不能形成分子.

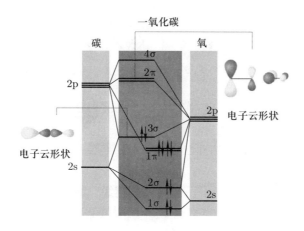

图 6-13 碳、氧的能级和一氧化碳的分子轨道

(2) 环境引起能级的变化.

图 6-14 是一个能级图, 它表示了一个原子的能级在不同的环境场下是不一样的. 例如, 在周围环境是球形, 就是周围的环境分布都一样时, 5 个能级都在一起, 没有分裂. 如果周围环境变成四面体, 那就会分裂成左边的样子, 3 个能级在上, 2 个能级在下. 如果周围环境是八面体, 那就分裂成右边的样子, 2 个能级在上, 3 个在下. 其他环境变化方式类似.

所谓的能级分裂, 都是由于一个原子周围的电场或者说库仑力发生变化造成的. 由于有些能级之间的能量间隔很小, 所以很容易受到影响.

(3) 电磁场引起能级的变化.

当一个原子或者分子处于磁场或者电场中的时候, 原来的能级就要发生分裂, 就像图 6-14 所示的那样, 电场或者磁场的加入相当于周围环境发生了变化. 能级在磁场中的分裂称为塞曼效应, 是荷兰物理学家塞曼发现的. 能级在电场中发生分裂的现象称为斯塔克效应, 是德国物理学家斯塔克发现的, 就是我们在第五章里面说过, 极端民族主义者、污蔑爱因斯坦的那个斯塔克.

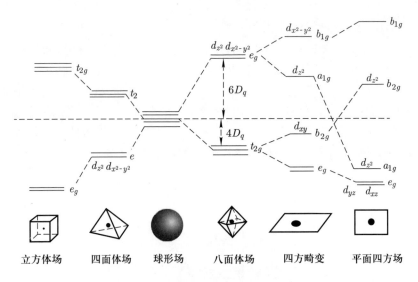

图 6-14 能级在不同环境下的分裂

可以看到, 能级的概念在物理学研究中十分重要.

(4) 多电子原子的能级.

氢原子只有一个电子, 光谱图 (谱线就是能级) 就很复杂. 如果一个原子有多个电子, 光谱图就更复杂了. 决定多电子原子结构的相互作用有:

(i) 原子核对电子的吸引力;

(ii) 电子之间的排斥力;

(iii) 电子的轨道磁矩和轨道磁矩之间吸引和排斥的相互作用;

(iv) 电子的自旋磁矩和自旋磁矩之间吸引和排斥的相互作用;

(v) 电子的轨道磁矩和自旋磁矩之间吸引和排斥的相互作用;

(vi) 电子是费米子, 多个电子还要受泡利原理的限制.

这些情况使多电子原子的能级结构要比氢原子复杂得多, 但是以下几点是确定的:

(i) 电子分布可以有许多, 但确定的状态, 相应的电子有确定的能量, 即能级. 能级的值是分立的、确定的.

(ii) 从能量高的能级跃迁到能量低的能级时会发射出有确定频率的光子, 表现为线原子光谱, 称为发射光谱. 相反, 从能量低的能级跃迁到能量高的能级就要吸收能量, 称为吸收光谱. 见图 6-15.

原子光谱的频率覆盖了波长等于或长于 X 射线的各波段的电磁波.

通过多电子原子光谱可以知道多电子原子内部能级的分布, 多电子原子能级的分布反映了多电子原子内部的复杂结构.

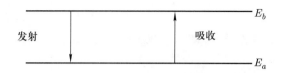

图 6–15 原子中的两个能级, 其中 E_a 能量低, E_b 能量高

(5) 分子的能级.

单原子分子的结构和能级和原子的是一样的. 能级基本上取决于电子的运动状况, 即 "电子能级". 多原子分子的结构 (图 6–16(a) 是一个例子) 不同于单个的原子, 有多个相对基本固定的原子核. 多原子分子的能级由三个主要部分组成: 电子能级、振动能级、转动能级. 下面简单介绍一下.

(i) 电子能级: 分子中的电子在两个或多个原子核场中运动, 形成不同能量的电子运动状态.

分子的各电子能级之差的数量级和原子的相近. 如果分子的电子能级之间发生跃迁, 所产生的光谱一般在可见光和紫外线区域. 所以, 电子能级的大小在几电子伏范围. 电子能级的能量与 (6–2) 式类似.

(ii) 振动能级: 组成分子的各原子在其平衡位置附近做微小的振动, 振动的能量也是量子化的, 形成了振动能级. 振动能级的能量表示为

$$E_\nu = \left(n_\nu + \frac{1}{2}\right) h\nu_0, \quad n_\nu = 0, 1, 2, \cdots, \tag{6-6}$$

ν_0 称为分子的振动频率, n_ν 称为振动量子数.

振动能级的特征是同一振动模式的相邻能级之间的间隔是均匀的, 是一个确定的能量, 见图 6–16. 振动能级的间隔比电子能级的间隔小, 如果只有振动能级间的跃迁而没有电子能级间的跃迁, 所产生的光谱叫作纯振动光谱, 它落在近红外线区, 波长为几微米, 能量 $E_\nu \sim 10^{-1}$ eV.

(iii) 转动能级: 分子整体绕质量中心的转动的能级也是量子化的, 形成了转动能级. 转动能级的能量用下式表示:

$$E_J = \frac{h^2}{8\pi^2 I} J(J+1), \quad J = 0, 1, 2, \cdots, \tag{6-7}$$

I 称为分子的转动惯量, J 称为转动量子数. 转动能级只有液体和气体才有, 固体中原子不能转动, 只能在平衡位置附近振动.

转动能级的特征是, 同一转动模式的相邻能级之间的间隔, 是按最小间隔的简单整数倍均匀上涨, 即依次为

$$E_1, 2E_1, 3E_1, 4E_1, 5E_1, \cdots.$$

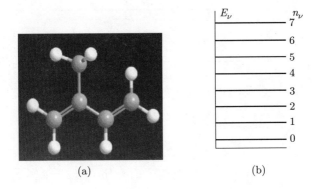

图 6-16　(a) 聚二丁烯分子的立体图; (b) 振动能级能量分布

转动能级间的间隔比振动能级的间隔小得多, 纯转动能级跃迁所产生的光谱在远红外线区域和微波区域, 波长为毫米和厘米的数量级, 能量 $E_J \sim 10^{-4}$ eV, 见图 6-17.

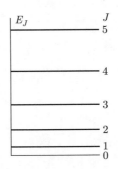

图 6-17　转动能级的分布

可以把分子的能量近似地表示为这三部分能量之和:

$$E = E_e + E_\nu + E_J. \tag{6-8}$$

分子的这三部分能量的能级间隔有明显差别:

$$\Delta E_e(10 \text{ eV}) > \Delta E_\nu(10^{-1} \text{ eV}) > \Delta E_J(10^{-4} \text{ eV}). \tag{6-9}$$

分子的能级以电子能级为基础, 再加上一些振动能级, 如果是液体和气体, 还要再加上一些转动能级.

(6) 能级应用实例.

我们举两个能级应用的例子, 以便加深对能级的理解.

(i) 频标和原子钟.

我们经常听说, 时间就是金钱, 时间就是生命, 还有浪费时间、消磨时间、节省时间等等, 什么是时间? 在农耕时代, 人们交流很少, 交通工具很缓慢, 对时间的要求也不严格, 因而计算时间不需要十分精细, 也不需要仔细研究. 工业革命以来, 交通越来越频繁和快速, 就需要各地的时间统一. 如果时间计算不统一或者不精细, 就会导致事故的发生. 交通事故的出现, 例如两辆火车相撞, 可能是开始研究时间的动因.

下面简单介绍精确计时的变迁. 人类最早的计时是天文计时, 就是按照地球和太阳运行的规律计算时间. 规定平均太阳日的 1/86400 为 1 s, 称为世界时. 世界时是以地球公转和自转为基础的. 但由于地球自转并不均匀, 这样的标准会每 3 年差 1 s. 稳定度约为 10^{-8}, 即一亿分之一. 后来产生了更精确的标准, 每 30 年差 1 s. 稳定度约为 10^{-9}, 即十亿分之一.

我们现在用的公历叫格里高利历, 是从儒略历演变而来. 儒略历是一种源自古埃及的历法. 罗马人占领埃及以后, 罗马统帅儒略·凯撒 (又译朱利乌斯·凯撒) 把埃及人的历法做了修改, 形成了儒略历, 于公元前 46 年开始实行. 儒略历每年 365.25 天, 比地球围绕太阳一周要长 11 分 14 秒, 这样, 128 年就要差一天. 到了 16 世纪下半叶, 已经比实际晚了 10 天, 比如, 1583 年的春分应该在 3 月 21 日, 历法上却是 3 月 11 日. 罗马教皇格里高利十三世在 1582 年组织了一批天文学家, 根据哥白尼日心说计算出来的数据, 对儒略历做了修改, 将 1582 年 10 月 5 日到 14 日之间的 10 天撤销, 10 月 4 日之后就是 10 月 15 日, 所以 1583 年的春分又回到 3 月 21 日. 后来人们将这一新的历法称为 "格里高利历", 也就是今天世界上所通用的历法, 简称格里历或公历. (东正教一直采用儒略历, 现在他们的日历已经比公历晚了 13 天)

哥白尼因为宣传日心说而遭到教会的打击和反对, 但他的著作 1543 年发表后仅 40 年, 教会却要用他的理论来修改历法, 可见真理就是真理, 不是强权可以战胜.

天文计时标准依赖天文观测, 使用不方便, 于是人们开始探索用仪器来记录时间. 符合以下标准的系统就可以作为计时仪器: 能产生稳定的周期运动、具有维持这种周期运动的能源和记录周期运动的仪器.

20 世纪 20 年代出现了石英钟. 石英是各向异性晶体, 按切割方式和形状尺寸的不同, 它具有不同的, 但是稳定的固有振动频率. 把石英晶体放在电磁振荡回路中, 当电磁振荡频率等于石英的固有振荡频率时, 就有大的电磁振荡信号输出, 可以用来计时. 石英晶格具有稳定的固有振动频率, 是作为计时仪器的基础.

现在最好的石英钟的稳定度达到 2×10^{-13}, 即十万亿分之二. 我们现在常用的钟表和手表不是石英钟 (也称电子钟) 就是机械钟.

20 世纪 50 年代出现了原子钟. 原子钟的基础是原子、分子能级的超精细结构 (简单说就是两个能级之间的能量差非常小), 用不同能级之间跃迁的次数来定义时间. 许多原子、分子能级的超精细结构处于微波波段, 波长为厘米量级, 这些能级之间的能量间隔非常小, 便于使用微波技术来实现原子钟.

20 世纪 50 年代先后出现了氨分子钟、铯原子钟、铷原子钟、氢原子钟.

铯原子钟 1955 年的精确度达到 10^{-9}, 1975 年精确度为 10^{-13}, 平均每 5 年精确度提高 10 倍.

1967 年, 第 13 届国际计量大会决定: 以零磁场下 ^{133}Cs 原子基态两个超精细结构能级之间 (图 6–15) 的跃迁频率, 作为国际通用的频率标准, 定义与它相应的电磁波持续 9192631770 个周期的时间为 1 s, 即原子秒. 就是能量要在这两个能级之间跳跃约 91 亿次才是 1 s, 可见精确度有多高.

请注意, 这是原子秒的定义, 原则上没有误差. 现在国际上一切计时都是以这个原子秒的定义为标准.

这次大会是计时标准向原子时转换的标志. 虽然如此, 我们在日常生活中还用不上原子钟, 机械钟和电子钟就足够了. 原子钟的用途主要是统一全球的时间.

现在世界各地, 共有 200 台高水平的铯原子钟定时协调和比对, 共同维持原子时. 中国计量科学研究院所建的两台铯原子钟, 从 1981 年起也参加了世界原子时的协调. 全国统一的原子时系统中心在陕西天文台.

(ii) 激光.

激光 (light amplification by stimulated emission of radiation, 缩写 laser) 是利用能级之间的瞬时跃迁发射能量.

早在 1917 年, 爱因斯坦就从理论上预言原子和分子在一定的情况下可以有 "受激辐射", 这个理论导致了后来激光的发明.

在讲述激光之前, 先要介绍一点基本的知识, 以便大家比较好地理解这个问题. 量子力学指出, 原子和分子中的能量分为不同的能级, 在通常的情况下, 原子和分子都处在低能级, 因为低能级的能量低, 这一点是自然界的普遍规律, 任何一个系统都倾向于处在能量最低的状态, 就像水往低处流一样. 如果原子或者分子接收到了外界的能量, 例如加热、光照, 等等, 这时候它们就会跃迁到高能级.

在一个有许多原子或者分子的系统中, 通常情况下处于低能级的原子或分子的数量多, 而在接收到能量以后, 就可能使处于高能级的原子或分子的数量多于低能级的数量, 这种情况称为 "粒子数反转". 爱因斯坦的理论说, 在粒子数反转的情况下, 也就是系统处于激发态的情况下, 如果一个光子穿过这个系统, 而这个光子的频率正好等于系统从高激发态到基态或者低激发态而放出光子的频率, 这个系统就会马上发生跃迁, 放出同样频率的光子. 这种情况就称为系统的 "受激辐射".

爱因斯坦的理论发表以后的多年间, 科学家在寻找产生受激辐射的方法, 先后有苏联科学家巴索夫 (Nikolay Basov, 1922—2001)、普罗霍罗夫 (Alexandr Prokhorov, 1916—2002) 和美国科学家汤斯 (Charles Hard Townes, 1915—2015) 在激光理论和激光器的研究方面做出了很大的贡献. 他们先后于 20 世纪 50 年代发明了气体激光器, 三个人一起获得了 1964 年诺贝尔物理学奖. 后来, 科学家发现在掺铬的红宝石中可以产生激光, 就发明了固体激光器. 1960 年, 美国科学家梅曼 (Theodore Harold Maiman, 1927—2007) 在佛罗里达州迈阿密的实验室里, 用一个高强度闪光灯管来刺激红宝石水晶里的铬原子, 产生了一条相当集中的纤细红色光柱, 当它射向某一点时, 可使这一点达到比太阳还高的温度.

如果原子或分子已经处于高激发态, 平均经过一定时间 (称为这个激发态的平均寿命), 它就会自动跃迁到基态或低激发态, 从而放出具有确定频率的光子. 这称为原子或分子的自发辐射. 激发态的平均寿命一般为 $10^{-9} \sim 10^{-8}$ s 的量级.

原子和分子的自发辐射会表现出以下特点: 即使大量原子都已处于高激发态, 它们也不会同时集中地一起跃迁. 它们跃迁的速率由激发态的平均寿命所决定.

从某一激发态跃迁到另一较低能量的态时, 所发射出的光子频率是确定的. 但处在不同激发态的原子或分子所发射的光子的频率就可以不同, 显现出多条明线光谱和带光谱.

与自发辐射的光子的方向、偏振等都是空间各向同性的随机均匀分布不同, 原子和分子的受激辐射 (激光) 会表现出以下特点: 如果大量原子或分子都已处于高激发态, 只要它们同时都受到光子穿过的激发, 就可以同时集中地一起跃迁, 瞬时放出较大的能量. 它们跃迁的速率原则上并没有直接的限制, 发射出的光子的频率、发射方向、偏振方向、相位和引起它发射的光子都是一致的. 这就是激光.

红宝石 (红宝石是 Al_2O_3 掺 Cr, 蓝宝石是 Al_2O_3 掺 Fe 或者 Ti) 是一种优良的激光材料. 铬 (Cr) 原子是一种很好的工作物质. 图 6–18(a) 给出了铬原子的重要能级图.

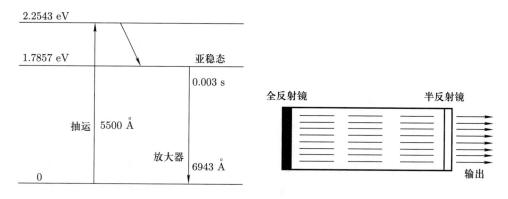

图 6–18 激光的原理 (a) 和激光器示意图 (b)

通过用 5500 Å 的光照射把最低能级的原子激发到最高能级 (2.2543 eV), 然后原子很快跃迁到第二能级 (1.7857 eV), 这是一个平均寿命为 0.003 s 的亚稳态.

由于第二能级是亚稳态, 可以通过波长为 5500 Å 的强光抽运 (就是用能量激发), 持续让处在第二能级的原子数比处在最低能级的原子数还多, 达到粒子数反转, 实现输出波长为 6943 Å 的单色、定向相干的激光.

图 6-18(b) 是激光器的原理示意图. 红宝石作为激光材料, 中间部分称为谐振腔. 一端是全反射镜, 另外一端是半反射镜, 让光都从另外一端射出, 被反射回工作介质的光继续诱发新的受激发射, 光被放大. 因此光在谐振腔内来回振荡造成连锁放大反应, 产生强烈的激光, 从半反射镜一端输出.

现在已有的激光器的工作介质接近一千种, 有气体、液体、固体、半导体, 产生的激光波长, 从紫外到远红外都有.

激光的特性首先是方向性好, 发散角仅为几个毫弧度 (毫弧度等于 1 弧度的千分之一, 360° 圆周为 2π 弧度, 也就是 6283.185 毫弧度), 按立体角来看, 一般射出的方向集中在空间立体角 $10^{-8} \sim 10^{-5}$ 球面度 (整个球面为 4π 球面度) 的范围. 就是射出的光线集中, 不发散. 用通常的激光笔就可以看出这一点, 照到很远的地方光斑仍然很集中.

激光的另一个特性是亮度高. 自然光源中最亮的是太阳, 它的亮度是每平方厘米每球面度 10^3 W 的数量级. 目前大功率激光器的输出功率可以高达每平方厘米每球面度 $10^{10} \sim 10^{17}$ W 的数量级, 即最高可达太阳亮度的一百万亿倍.

激光的应用主要有以下几个方面:

激光测距. 测量月亮到地球的距离时的误差只有 10 cm, 即精确到 100 亿分之2.6(激光测距是通过测量激光从发射到返回之间的时间来计算距离的).

激光加工. 利用激光的高亮度和高定向性的特点, 可以把激光的辐射能量集中在很小的一定空间范围内, 产生几千到几万摄氏度的局部高温. 在这个温度下, 任何金属和非金属材料都会迅速熔化或汽化. 可以利用激光进行多种特殊的非接触性特种加工.

激光医疗. 一种新型的以激光为基础的医疗和诊断手段得到了迅速的发展. 激光治疗的方式包括辐照、烧灼、汽化、光刀切割、激光针灸等. 日常生活中常见的一种激光应用, 是为戴首饰打耳洞. 激光打耳洞瞬间完成, 几乎无疼痛感, 远远优于传统技术.

很多人以为激光是高科技的产品, 在国防方面应用比较多, 其实激光应用最广泛的领域是日常生活, 典型的就是激光唱盘. 唱盘用激光写入, 因为有波长很短的激光, 所以写入的密度大, 光盘的容量就大, 很适合日常使用. 2000 年前, 激光唱机和随身听很受大众的欢迎, 1998 年 MP3 的发明改变了这一状况. MP3 使用起来远比激光唱机方便, 使激光唱机的销量大减, 生意一落千丈. 可见生意的好坏有时候和经营无关, 却和技术的进步有关. 只有不断跟上技术的进步, 才能不断地发展.

卷首语解说

在前面几章的卷首语中, 我们讲了科学研究的第一要义就是要有想象力, 要有良好的直觉. 现在我们说说一个科研人员要有哪些素养.

法拉第告诉我们两点: 第一, 要愿意听取别人的意见. 我经常对学生讲, 聪明的人学习别人, 愚蠢的人只相信自己. 海纳百川就是这个道理. 第二, 不盲从, 只认真理不认权威. 有一本书叫《达尔文的阴谋》(*The Darwin Conspiracy*, John Darnton 著), 里面有一句话: "在英国科学界, 抬出名人名号的行为往往为人所不屑."

第七章　原子核与核能利用

一遇困难, 或为别的研究方向所吸引而冲动, 就立即放下手里的难题, 这是科学家身上的严重缺点. 一般说来, 研究一经开始, 研究人员就应竭尽全力去完成. 一个不断改变自己的任务, 去追逐新想到的高明想法的人, 往往一事无成.

——伯纳德 (Claude Bernard, 1813 —1878, 法国生理学家, 现代生理学奠基人之一)

上一章我们知道了原子有原子核和核外电子, 并且知道了核外电子的运动规律. 这一章我们讲述原子核到底是什么样的, 还有如何利用原子核的能量, 即所谓的核能. 大家会看到, 对原子核的认识也是逐步深入的.

在 1897 年汤姆孙发现电子后, 科学研究开始进入微观领域. 1909 年, 盖革–马斯登的实验让科学家认识到原子有核, 后来就有了卢瑟福的行星模型, 就是原子核处在中心位置, 电子像行星围绕太阳一样地绕核运动.

那么, 原子核到底是什么样的?

7.1　质子和中子组成原子核

1919 年, 卢瑟福用 α 粒子 (就是氦核) 轰击氮核, 发现了质子. 当用 α 粒子轰击氮原子核时, 闪光探测器纪录到氢核的迹象. 因为氢是第一个元素, 根据希腊单词 "第一", 卢瑟福把发现的这个粒子命名为 "proton", 中文译为质子. 卢瑟福认识到氮原子是这些氢核唯一可能的来源, 因此氮原子必须含有质子. 他建议原子序数为 1 的氢原子核是一个基本粒子. 后来, 科学家发现质子并不是一个基本粒子, 而是复合粒子, 是由夸克组成的. 基本粒子的意思是不可能再分割了, 例如电子就是一个基本粒子.

研究发现, 氦的原子序数为 2, 但质量数却为 4, 原子核中除了质子外, 似乎还应该有其他东西. 有一种看法认为在原子核中还有额外的质子, 以及数目相同的电子, 以中和多出来的电荷. 1920 年, 卢瑟福提出, 一个电子和一个质子应该可以形成一个新的中性粒子, 但当时并没有实验依据.

1932 年, 查德威克 (James Chadwick, 1891—1974, 英国物理学家, 1935 年诺贝尔物理学奖得主) 用 α 粒子轰击金属铍, 发现轰击后铍所发出的射线是一个中性的粒子, 质量大约相当于一个质子. 查德威克还注意到, 因为中子不带电荷, 所以它穿透物体的程度远比质子深得多. 查德威克于 1932 年 2 月发表了论文《中子可能存在》. 该文指出, 实验的证据显示这个射线应该是中子. 很快, 他又发表了一篇论文《中子的存在》, 确认发现了中子. 到了 1934 年, 这个新发现的中子是一个基本粒子的事实已得到了确认, 它并非如卢瑟福原先所提出的是由质子和电子结合而成. 现在知道中子和质子一样, 也是复合粒子, 由夸克组成, 但那时候人们还没有认识到这一点, 称中子为基本粒子.

回过头再看氦的原子序数为 2, 质量数为 4 的问题. 原来, 氦的原子核由 2 个质子和 2 个中子组成, 所以质量数是 4.

各种元素原子的不同表现在原子核的不同, 从而决定在原子核周围运动的电子数目也不同, 见图 7-1. 原子核的体积很小, 原子核直径的量级是 10^{-5} Å. 在研究原子核和粒子问题时, 常用 fm (飞米) 作为长度的单位, 1 fm= 10^{-5} Å, 也就是一千万亿分之一米 (10^{-15} m).

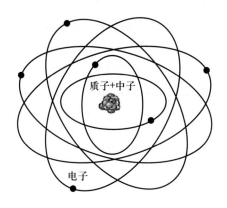

质子+中子

电子

图 7-1 原子和原子核

在发现中子以前, 人们不清楚原子核是由什么粒子构成的, 这些粒子又是怎样构成原子核的. 19 世纪 30 年代初, 人们知道原子核的性质可以由原子序数和原子量两个量描写. 原子序数 Z 是该原子核所带的正电荷, 是单位正电荷的倍数, 原子量 A 则正比于原子核的质量, 并且大体上是氢原子量的整数倍, 而氢原子核就是质子.

质子的静止质量很重, 约是电子的 1836.15 倍. 中子的质量比质子略重一点, 自由中子的质量约是电子的 1838.67 倍. 自由中子是不稳定的, 平均寿命为 886.7 s, 而质子却是十分稳定的粒子.

原子量其实就约是质子数和中子数之和. 一种原子核的质子数是固定不变的, 但是中子数是可以不同的. 质子数相同但中子数不同的原子互称同位素. 元素周期表中很多元素都有同位素. 例如氢有三种同位素, 它们的质子数都为 1, 但中子数

分别为 0, 1 和 2, 称为氕 (音撇)、氘 (音刀)、氚 (音川), 元素符号分别为 H, D (或
²H), T (或 ³H). 由于氘和氚含有的中子多, 质量重, 称为重氢, 由它们合成的水称
为重水. 自然界中氢的同位素主要是 H, 丰度 (即在自然界的含量) 超过 99.98%. D
的丰度约为 0.016%. T 的丰度不到 0.001%.

至此, 科学家对原子核有了基本的认识: 原子核是由质子和中子组成的.

从一个静止的原子来看, 原子核很重, 在中心基本不动, 而电子则在原子核周
围运动. 原子核和核外电子之间主要是电磁相互作用, 靠这种相互作用结合成原子.
质子和中子之间在很近距离 (10 fm 以内) 有很强的吸引力, 称为强相互作用. 质子
和中子靠这种近距离的强相互作用结合成原子核.

波普尔 (Karl Popper, 1902—1994, 奥地利哲学家) 在其著作《猜想与反驳》中
提出了科学和非科学划分的证伪原则. 波普尔认为, 所有的定律和理论都是猜测或
尝试性的假说, 一种科学的理论一定要有办法来证明它是错误的, 例如你可以做实
验或者观察来验证一个理论是否正确. 例如爱因斯坦的广义相对论, 可以观察光线
是否弯曲来验证它的真伪. "哥本哈根精神" 也要求从不同的观点对任何现象进行
批评和做出评价. 就是说, 对一个理论, 科学家应该采取吹毛求疵的态度, 千方百计
找出其错误. 当然, 如果找不出, 那就是正确的, 但是在接受一个理论是正确的之前,
一定要先从不同的角度对其进行考察和批评.

在认识原子核的过程中, 曾有一个原子核的结构模型, 认为原子核是由质子和
电子所组成, 原子量就是原子核中包含的质子的数目. 这个模型可以对原子核的原
子序数和原子量给予较好的解释 (那时候还不知道同位素), 但进一步的分析研究
就碰到了一系列基本的困难. 通过对这个模型的分析, 我们会看到如何一步步地接
近真理.

(1) 原子核的结合很紧, 说明把原子核的各组成成分结合在一起的相互作用很
强, 特别是在距离为 1 fm 左右时. 如果原子核是由质子和电子组成, 那么它们之间
的相互作用应该远比电磁相互作用强. 然而当把电子射向原子核, 接近到几 fm 甚
至 1 fm 距离时, 始终没有观察到有超过通常电磁相互作用的更强的相互作用存在.

(2) 如果原子核中包含电子, 电子的位置就被限制在原子核的体积内, 即在半
径为几 fm 的球体积内. 由于微观粒子运动要满足位置和动量的不确定关系

$$\Delta p_x \Delta x \geqslant \hbar, \tag{7-1}$$

如果 Δx 趋于 0, 则 Δp 趋于无穷大, 这时电子的动量就不能很小, 相应地电子所具
有的动能也不能太小. 例如, 氧原子核的半径约为 3 fm, 通过不确定关系给出的在
氧原子核中电子动量的不确定范围, 可以估计出电子具有的动能至少为 16.3 MeV.
具有这么大动能的电子不可能被束缚在原子核里, 将会很快地从原子核中穿出来,
这表明由质子和电子组成的原子核不可能是稳定的.

(3) 质子和电子都是自旋量子数为 1/2 的费米子, 当它们组成原子核时, 可以根据角动量的相加规则很容易地估计出原子核自旋角动量的性质, 判断原子核是费米子还是玻色子. 由于每一对质子和电子的自旋角动量之和可以是 0 或 1, 所有配了对的质子和电子的总自旋量子数必然是整数, 因此原子核的自旋类型应完全由原子序数决定, 原子序数为奇数的原子核应该是费米子, 原子序数为偶数的原子核应该是玻色子. 然而这个规则并不对, 氮的原子序数是 7, 但实验测得氮核的自旋量子数为整数, 是玻色子, 并不是费米子.

以上三点都否定了这个原子核模型.

7.2 原子核的体积、密度和结合能

(1) 体积.

原子核大体是球形, 考察从很轻到很重的各种原子核的体积值, 得到原子核的体积约等于原子量乘 7.24 fm³.

原子核中粒子密度大体上是个常数, 每个粒子, 不论是质子还是中子, 都平均占有 7.24 fm³ 的体积. 原子量越大, 占的体积也越大. 于是原子核的体积大体上正比于组成原子核的质子数和中子数的总和.

核力 (指强相互作用力) 作用半径大体正比于质量数 A 的立方根:

$$R(A) = R(1)A^{\frac{1}{3}}, \quad R(1) = 1.2 \text{ fm}. \tag{7-2}$$

这里 $R(A)$ 是核力作用的半径, $R(1)$ 是常数, A 是原子核的质量数. 从 (7-2) 式可以看到, 强相互作用的距离是非常短的. 例如铝的质量数约为 27, 它的核力作用半径仅为 3.6 fm, 即 3.6×10^{-15} m.

核中的质子和中子越多, 就越需要更大的力把它们维系在一起, 所以原子量越大的原子核, 其核力越大.

自由中子比自由质子略重, 它们之间的质量差只有千分之一点三, 可以近似地看作相等. 质子与中子的差别在于质子带电而中子不带电, 然而它们的强相互作用性质和行为相似, 都是原子核的组成粒子. 这表明质子和中子可以近似看作同一种粒子的不同带电状态. 质子和中子统称为核子.

(2) 密度.

各种原子核的粒子数密度大体上是常数, 因为质子和中子的质量基本相似, 所以各种原子核的质量密度大体上也是个常数. 核子之间只在短距离内才有很强的吸引力. 由于强相互作用力很大, 核子之间结合得非常紧密, 都具有很强的不可入性.

单位体积物质的质量称为该物质的密度. 我们简单对比一下几种物质的密度. 水的密度是 1 g/cm³, 铁是 7.87 g/cm³, 铜是 8.96 g/cm³, 铂是 21.45 g/cm³, 而原子核的密度是 2.294×10^{14} g/cm³, 即每立方厘米 2.294 亿吨! 可见原子核的密度是巨大的.

(3) 原子核的结合能.

在核子结合成原子核时, 原子核的质量并不是全部核子质量的和, 在这个过程中, 会释放出一定的能量, 这就是结合能. 相应地生成的原子核将损失一部分质量. 原子核的结合能是损失质量的结果, 符合质能方程 $E = mc^2$. 原子核的结合能非常大.

原子核中平均每个核子的结合能称为平均结合能, 又称比结合能.

原子世界中能量常常采用电子伏 (eV) 作为单位, 电子伏就是一个电子的电量经过一伏特的电压降所获得的能量. 对于一个氢原子, 如果要把电子从氢原子中拉出去, 需要耗费 13.6 eV 的能量.

原子核的能量变化的尺度是 MeV, 比原子世界中能量变化的尺度大一百万倍.

氦原子的原子量是 4.002602, 一个原子质量单位的能量相当于 931.494 MeV (来自 $E = mc^2$, 粒子物理中, 经常用 MeV, GeV 等来表示粒子的质量, 就是利用了这种对应), 它的原子核是由两个中子和两个质子组成的.

一个自由中子的质量是 939.566 MeV/c^2, 一个自由质子的质量是 938.272 MeV/c^2, 因此, 在中子和质子结合生成氦原子核时, 由于释放了结合能, 相应地质量损失了 27.276 MeV/c^2. 氦原子核的比结合能是 6.819 MeV.

7.3　原子核的运动性质和结构

最轻的原子核是氢核, 它就是一个质子, 最重的原子核由 293(118 号元素) 个核子组成. 从原子核既含有很多核子, 又有很强的相互作用看, 它应该有独特的结构特点.

许多核子相互吸引结合在一起, 很像原子核外由许多电子组成原子的情形. 人们期望, 核子的能级分布也将和原子中电子的能级分布类似, 是分层的.

原子核是由质子和中子组成的, 由于质子和中子是不同的粒子, 需要分别考虑它们的壳层分布.

通过分析实验资料发现, 含质子数或中子数为 2, 8, 20, 28, 50, 82, 以及中子数为 126 的原子核特别稳定, 核子的平均结合能特别大, 在自然界中的含量也比相邻的原子核丰富. 这些数值称为幻数. 质子数或中子数为幻数的原子核很稳定, 而质子数和中子数都是幻数的 "双幻核" 尤其稳定, 质子数和中子数远离幻数的核则很不稳定.

根据这方面的特点, 人们发展了原子核结构的壳层模型理论, 对原子核结构的许多性质给出了成功的描述和预言. 原子核的壳层结构和电子的壳层结构有很大的区别, 不在我们的讲解范围内.

根据原子核结构的壳层模型理论, 质子数 Z 的下一个幻数可能是 114, 中子数 N 的下一个幻数可能是 184, 因此 $Z = 114$, A (原子量) $= 298$ 的原子核将是一个超重的双幻核, 这个原子核和它邻近的原子核将表现出比较高的稳定性, 这就是理论上推测可能存在的超重核稳定岛 (现在人工制作出的 114 号元素的原子量与之不符, 为 285).

物理学家梅耶 (Maria Goeppert-Mayer, 1906—1972, 美国物理学家) 和詹森 (Johannes Hans Daniel Jensen, 1907—1973, 德国物理学家) 在 1963 年因发现幻数为 2, 8, 20, 28, 50, 82, 126 而获得诺贝尔物理学奖 (发现原子核结构壳层模型理论, 成功地解释了原子核的长周期和其他幻数性质的问题). 在那之后的几十年里, 物理学中这一幻数系列已成为一个定论. 直到 2002 年, 日本理化学研究所的谷畑勇夫 (Isao Tanihata, 1947—　) 发现了新的幻数 16, 这种定论才被打破.

谷畑勇夫利用特殊装置, 人工制作了许多中子数较多的原子核, 然后查看在什么情况下原子核是稳定的. 研究结果发现, 当中子数为 6, 30, 32 时, 原子核不易衰变且呈稳定状态. 这一结果说明, 中子过剩的原子核有与普通原子核完全不同的幻数系列.

中子过剩的原子核一般寿命很短, 多为超新星爆炸时诞生. 新幻数的发现将能更精确地说明为什么宇宙中存在许多特定元素.

重原子核由许多核子组成, 显现出原子核是由核子作为组元的微观聚集状态, 这一点和固体中有许多电子的情况很类似. 根据这个特点, 借用描述固体中电子运动的电子气模型, 人们发展了原子核结构的费米气体模型理论, 对原子核的许多性质和行为给出了成功的描述和预言.

我们发现, 一个领域的理论有时候可以被其他领域加以改造而借用, 获得很好的效果. 这就是所谓的 "它山之石, 可以攻玉" 吧.

前面我们说过, 原子核的密度很大, 达每立方厘米 2.294 亿吨. 这么大的密度还能像描述气体一样描述它? 微观世界很奇妙, 即使这么大的密度, 核子还是有很大的运动空间. 自然界中还有密度更大的物质, 例如中子星的密度可达每立方厘米 10 亿吨, 黑洞的密度就更是大得不可思议, 大约每立方厘米 10^{29} 吨.

原子核既然是许多核子聚集的系统, 必然会表现出大量核子集体运动的行为, 例如原子核整体的转动和振动, 都是典型的集体运动, 不能归结为单个核子的运动. 人们根据这方面的特点发展了原子核结构的综合模型理论, 也对原子核的许多性质和行为给出了成功的描述和预言.

7.4　原子核的衰变和反应

很久以来, 人类一直梦想着能够将一种物质转变成另外一种物质, 连牛顿也把他后半生的许多精力投入炼金术当中, 幻想着某一天能够把普通的金属变成黄金.

历史进入 20 世纪, 不同物质之间的转化已不再是一个神话了. 科学家们利用原子核反应已经实现了从一种元素向另一种元素的转化, 或者制造新的元素. 这些都是利用原子核的衰变和反应实现的. 核反应和化学反应完全不同. 化学反应只改变核外的电子数目, 而不改变原子核, 所以, 反应以后, 原子还是反应前的原子. 而核反应的产物不再是反应前的原子, 而是新生成的原子.

我们简单回顾一下核反应发展的过程.

1896 年, 法国科学家贝克勒尔 (Antoine-Henri Becquerel, 1852—1908, 1903 年诺贝尔物理学奖得主) 通过对含铀物质的研究发现了放射性, 原子核物理从此诞生了. 也有人认为原子核物理的诞生开始于剑桥大学的卡文迪什实验室, 因为他们用人工方法裂变了原子核.

1898 年, 法国的物理学家居里夫妇 (Pierre Curie, 1859—1906, Marie Curie, 1867—1934, 共同获得 1903 年诺贝尔物理学奖) 又发现了放射性元素钋和镭.

1899 年, 卢瑟福发现铀所发出的射线分为两种: 一种是穿透力较弱且较易被吸收的 α 射线, 后来证明它的成分是 α 粒子, 即氦原子核; 另外一种是 β 射线, 它的成分实际上就是电子.

1934 年, 法国物理学家约里奥–居里夫妇 (Irène Joliot-Curie, 1897—1956, Jean Frédéric Joliot-Curie, 1900—1958, 居里夫妇的女儿和女婿) 用 α 粒子轰击铍, 发现了一种穿透力极强的射线, 但是他们没有给予正确的解释. 这是人工放射性的开始. 后来英国的查德威克重新做了实验, 给出了正确的解释, 这种射线的成分就是中子. 科学逐渐进入了原子核时代.

在自然界中, 许多元素的原子核是不稳定的, 它们能够通过放射出某种射线而变成另外一种元素的原子, 这就是放射性衰变. 我们把这些不稳定、容易衰变的元素称为放射性元素.

粒子放射性衰变有一定的规律. 假设某一放射性物质所含的放射性粒子数在 $t = 0$ 时的数目为 N_0, 经过衰变后, 在 t 时还没有衰变的粒子数目为 N, 则有

$$N = N_0 e^{-\lambda t}, \tag{7-3}$$

式中的 λ 称为衰变常数, 是反映粒子衰变性质的常数, 它的倒数等于平均寿命. 这就是放射性物质的粒子数随时间变化的规律. 原子核物理学中也常采用平均寿命 τ 来描写, (7-3) 式也可以写作

$$N = N_0 e^{-t/\tau}. \tag{7-4}$$

从 (7-4) 式还可以得到该放射性物质的半衰期

$$T_{1/2} = \tau \ln 2, \tag{7-5}$$

也就是放射性物质衰变掉一半所需要的时间, 等于平均寿命乘以 2 的自然对数.

衰变常数 λ、平均寿命 τ、半衰期 $T_{1/2}$ 都是放射性物质的特征量, 它们反映了该放射性物质的一部分衰变性质.

以铀 238 同位素为例, 把原子核的符号写为

$$\text{质量数} \to 238 \atop \text{原子序数} \to 92} \text{U} \leftarrow \text{原子核符号}$$

核电站就是利用原子核裂变时产生的巨大能量来发电的装置. 2011 年, 日本福岛核电站发生严重的核泄漏事件, 一时全世界谈核色变, 很多国家停止了核电站的建设, 中国也不例外. 由于能源紧张的原因, 这几年各国又开始恢复核电站建设. 其实核电站原则上是没有危险的, 发生问题只是因为建设或者操作时没有考虑周到而已, 如果在设计上和操作方面有良好的进展, 核电还是优质的能源. 表 7-1 是一些常见放射性元素的半衰期. 从表中可以看出, 最危险的放射性元素其实是碘 131 (^{131}I), 它的半衰期最短, 只有 8 天, 就是说 8 天就会衰变掉一半. 无论是原子弹

表 7-1　常见放射性元素的半衰期

碘 131	8 天
铯 134	2 年
铯 137	30 年
钌 103	2 年
钌 106	1 年
锶 90	30 年
钚 238	88 年
钚 239	2.41 万年
钚 242	37 万年
钚 244	8000 万年
铀 234	24.7 万年
铀 235	710 万年
铀 238	45 亿年

还是核发电, 最常用的放射性元素是铀 235 (^{235}U), 它的半衰期是 710 万年, 钚 239 (^{239}Pu) 的半衰期是 2.41 万年. 看起来它们是很稳定的, 不应该是放射性元素. 这个问题的关键在于这些元素虽然看起来半衰期很长, 很稳定, 但是很容易被外来的力量破坏而产生裂变. 例如, 用中子照射这两个同位素, 它们很快就裂变了. 这有些

像玻璃球和铁球, 放在一起, 如果没有人动它们, 都可以很长时间维持稳定不变. 可是如果有人用东西击打它们, 则玻璃球很快就破碎了, 而铁球却不会, 铀 235 和钚 239 就是这样, 中子一照射, 马上就裂变了. 后面我们还要稍微仔细讲述.

下面介绍三种原子核衰变的类型.

(1) α 衰变. 它是某种元素的原子核通过放射出一个 α 粒子, 变成另外一种元素的原子核的衰变.

原子核在进行 α 衰变时, 原子序数减去 2, 质量数减去 4, 成为原子序数比它小 2 的原子核. 其中, 衰变前的原子核称为母核, 而衰变后生成的原子核称为子核, 如

$$\ce{^{238}_{92}U} \to \ce{^{234}_{90}Th} + \ce{^{4}_{2}He} \tag{7-6}$$

就是一种 α 衰变.

(2) β 衰变. 它的特点是原子核的原子序数改变而质量数不变. β 衰变主要分为三种类型: β⁺ 衰变、β⁻ 衰变和轨道电子俘获.

在 β⁺ 衰变中, 原子核中的一个质子放出一个正电子和一个中微子而成为中子, 同时原子序数也减去 1. 如第 11 号元素钠 22 通过 β⁺ 衰变, 减少了一个质子, 变成第 10 号元素氖, 并且放射出一个正电子和一个中微子:

$$\ce{^{22}_{11}Na} \to \ce{^{22}_{10}Ne} + e^{+} + \nu_{e}. \tag{7-7}$$

在 β⁻ 衰变中, 原子核中的一个中子放出一个电子和一个反中微子而成为质子, 同时原子序数也加上 1. 如铀 239 通过 β⁻ 衰变, 将核中的一个中子变成质子, 变成镎 239, 并且放出一个电子和一个反中微子:

$$\ce{^{239}_{92}U} \to \ce{^{239}_{93}Np} + e^{-} + \bar{\nu}_{e}. \tag{7-8}$$

可以看出 β⁺ 衰变和 β⁻ 衰变刚好是相反的, 一个衰变后原子序数减少 1, 一个增加 1, 一个发射正电子和中微子, 一个发射电子和反中微子.

轨道电子俘获指原子核俘获了核外内层电子轨道上的一个电子, 同时放出一个中微子, 一个质子变为中子, 从而使原子序数减去 1. 下式中铜 29 衰变成镍 28 就是铜原子核俘获了一个外层电子, 它的一个质子变成中子, 元素序数减少 1, 但是原子量并没有改变:

$$\ce{^{64}_{29}Cu} + e^{-} \to \ce{^{64}_{28}Ni} + \nu_{e}. \tag{7-9}$$

对 β 衰变的研究导致了中微子的发现. 在原子核衰变过程中, 产生了正电子和中微子, 这就是很多研究中微子的工作在核电站进行的原因.

β⁺ 衰变中产生的正电子是电子的反物质. 正电子在物理学研究中有很重要的应用. 物理学中有一门学问叫作 "正电子湮灭", 用来研究固体中的电子行为. 其大

概的意思是说, 一个正电子射入固体以后, 就与固体中的电子湮灭, 产生一个光子而从固体中射出, 测量这个光子的行为就可以反推出电子在固体中的状况.

(3) γ 衰变. 它往往是伴随着 α 衰变或 β 衰变而产生的. 原子核经过 α 衰变或 β 衰变后一般处在激发态, 这时就会发生 γ 衰变, 使原子核跃迁到基态, 同时放出一个高能光子 (图 7-2).

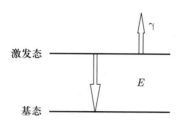

图 7-2 原子核的 γ 衰变

除此之外, 原子核的放射性衰变还有原子核的自发裂变等一些其他形式, 这里不再一一赘述. 只有很重的原子核才会有显著的自发裂变. 最早发现的可以自发裂变的原子核是铀核, 铀核可以自发裂变成两个原子核, 还有三分裂和四分裂现象. 现在已知的可以自发裂变的原子核主要是比铀还重的原子核.

类似于分子、原子的化学反应, 原子核也具有核反应. 用具有一定能量的粒子去轰击原子核时, 原子核的性质就有可能发生改变, 这个过程称为核反应.

从 1919 年卢瑟福完成了世界上第一个人工核反应起 (就是前面说的, 卢瑟福用 α 粒子轰击氮核, 发现了质子), 人们已经实现了许许多多的核反应. 对各种核反应的研究使人们能够更深入地了解原子核内部的构造, 这已经成为研究原子核的一个重要的手段.

1942 年, 费米 (Enrico Fermi, 1901—1954, 美国物理学家, 1938 年诺贝尔物理学奖得主) 领导的研究组在美国芝加哥大学成功建立了第一个石墨反应堆, 人类第一次释放并控制了原子能, 为原子能利用开了先河.

7.5 原子核的裂变反应和核能应用

原子核的衰变是自发的, 裂变则主要是人为的, 主要的手段就是用中子照射原子核.

1938 年, 德国放射化学家哈恩 (Otto Hahn, 1879—1968, 1944 年诺贝尔化学奖得主) 和他的助手斯特拉斯曼 (Fritz Strassmann, 1902—1980) 发现, 当他们用中子照射铀时, 会产生中等质量的钡原子、氪原子和中子:

$$^{235}_{92}\text{U} + {}^{1}_{0}\text{n} \rightarrow {}^{144}_{56}\text{Ba} + {}^{89}_{36}\text{Kr} + 3{}^{1}_{0}\text{n}. \tag{7-10}$$

1939 年, 奥地利-瑞典物理学家迈特纳 (Lise Meitner, 1878—1968) 和奥地利-英国物理学家弗里施 (Otto Robert Frisch, 1904—1979) 指出, 在哈恩他们的实验中, 铀的确发生了裂变而产生了钡. 由此, 人们第一次发现了原子核的裂变现象.

核反应的两个特殊情形就是重核的裂变和轻核的聚变, 我们先说重核裂变.

原子核的裂变就是重原子核通过核反应分裂成两个或几个中等质量的原子核, 同时释放出大量能量的过程, 如

$$\,^{235}_{92}\text{U} + \,^{1}_{0}\text{n} \rightarrow \,^{140}_{54}\text{Xe} + \,^{94}_{38}\text{Sr} + 2\,^{1}_{0}\text{n}. \tag{7-11}$$

(7-10) 和 (7-11) 式就是两种典型的重核裂变过程. 铀 235 分别裂变成钡、氪和氙、锶, 并分别放射出 3 个和 2 个中子.

为什么重原子核裂变成两个或几个中等质量的原子核时会释放出大量的能量? 原因就是我们前面说过的结合能的变化. 一般说来, 原子核的平均结合能越大就越稳定.

我们看一个实例. 铀 238 的平均结合能约为 7.570 MeV, 质量数 $A = 40$ 到 120 的中等原子核的平均结合能约为 8.6 MeV. 因此, 如果一个铀 238 原子核裂变为两个中等质量的原子核, 平均结合能将增加约 1.03 MeV, 即平均每一个核子放出 1.03 MeV 的能量, 这大体上相当于一个核子具有的全部静止能量的千分之一. 这就是核裂变产生的能量是其质量千分之一的根据, 依据 $E = mc^2$, 这是相当大的能量释放!

如果依靠原子核自发裂变来释放这些能量, 由于重原子核的自发裂变的概率很小, 平均寿命很长 (见表 7-1), 需要等待的时间很长. 要使重原子核的裂变很快地进行, 就要用中子去撞击重原子核, 这时重原子核立即发生裂变.

重原子核在裂变时不仅会产生其他原子核和中子, 如前面所说, 还会放出大量的能量. 而且, 在裂变过程中产生的中子又能够轰击其他原子核而实现新一轮的裂变, 这就是所谓的链式反应. 见图 7-3.

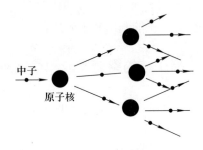

图 7-3   链式反应

前面我们已经看到, 当重原子核发生裂变时除了分裂成两个或多个较轻的原子核外, 还会释放出几个中子, 这些中子又可以去引发新的裂变. 每次裂变释放出的

中子中, 平均实际用于实现下一次裂变的中子数, 称为增殖因数 k, 有三种情况:

(1) 如果 $k < 1$, 则链式反应不能维持进行;

(2) 如果 $k \geqslant 1$, 则链式反应能进行;

(3) 如果 $k \gg 1$, 则链式反应能迅速发展扩大, 实现极短时间内大量集中释放能量, 即核爆炸.

下面介绍核裂变在两种情况下的应用.

(1) 制造原子弹.

当 $k \gg 1$ 时, 重核裂变的这个特性是制造原子弹的基础. 原子弹利用能够发生裂变的重核物质, 通过链式反应在瞬间释放出大量的能量, 从而产生极大的破坏力与杀伤力.

能够用于链式裂变反应的材料称为 "核燃料". 人们最早认识的, 同时也是使用得最广的核燃料是铀 235 和钚 239.

如果有了一定量的核燃料, 它的增殖因数取决于核燃料的纯度和体积. 核燃料中的杂质对于裂变反应产生的中子有吸收作用, 会降低增殖因数. 所以, 生产核弹材料的纯度要求很高.

核燃料中产生的中子有一部分会穿出核燃料的表面, 不参与引起下一次裂变, 因而核燃料的表面积相对体积较大也会降低增殖因数. 当核燃料体积越小时, 表面积占的比重就越大, 增殖因数也就越小.

对于确定纯度的核燃料, 它的增殖因数等于 1 的体积称为临界体积. 当核燃料的体积小于临界体积时, 增殖因数就小于 1, 链式反应就不会进行; 当核燃料的体积大于临界体积时, 增殖因数就大于 1, 链式反应就会进行.

铀的存在以铀 238 为主, 丰度为 99.275%, 铀 235 的丰度只有 0.720%. 铀还有其他 13 种同位素, 但都丰度极低. 能够制造原子弹和用于核发电的主要是铀 235, 但是, 铀 235 和铀 238 是共生的, 要想把铀 235 分离出来是极其困难的. 所以, 核弹制作的主要难题之一就是分离同位素. 有了足够的铀 235 同位素, 核弹的制作倒是难度不太大.

原子弹的制作原理是首先通过实验和理论的研究, 确定某种核燃料的临界体积, 再根据该种核燃料的临界体积, 制造几块都小于临界体积的核燃料材料, 分开放, 想引爆时突然将它们并到一起成为一块大于临界体积的核燃料, 立即实现核裂变的链式反应, 发生迅速释放能量的爆炸. 为了能迅速实现几块核燃料的合并, 需要用烈性炸药做原子弹的雷管. 原子弹的结构见图 7-4.

铀原子弹的爆炸临界质量大约是 19 kg. 有个故事说, 二战时, 德国很多科学家受纳粹迫害而逃亡他国, 也有些科学家留在德国为希特勒效力, 海森堡 (就是量子力学里面提出矩阵力学和不确定关系的那个) 就是留下来的一个. 当时美国人在研

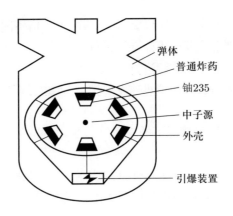

图 7-4　原子弹结构

究原子弹, 德国人也在研究, 而海森堡是德国原子弹研究计划的负责人. 二战结束前, 美国人成功研制出了原子弹, 并且在日本使用, 而德国却没有成功. 有人说是海森堡他们算错了原子弹的临界质量, 认为需要几百千克, 而按照德国当时的情况是无法生产这么多核燃料的, 所以就没有制造. 还有一种说法, 海森堡认为希特勒要是有原子弹, 将带给人类巨大的灾难, 因而故意说临界质量很高, 无法制造. 海森堡在二战中的行为仍然是一个谜. 无论如何, 法西斯没有掌握原子弹是人类的幸运.

科学界和政府对海森堡很宽大. 二战以后, 海森堡在英国被关了几年, 出来后仍然自由地从事科学研究.

原子弹的爆炸能量, 一般用相等能量的 TNT 炸药的质量来描述, 称为 TNT 当量. 一般原子弹的 TNT 当量为几千吨到几万吨. 由于临界体积的限制, 原子弹很难制作得爆炸力特别大, 其爆炸力有一定的上限. 比原子弹爆炸力大得多的是氢弹. 氢弹的爆炸力不像原子弹那样受临界体积限制.

1945 年 8 月 6 日, 美军对日本广岛和长崎投掷了当量为两万多吨的原子弹. 这是世界上唯一一次在战争中使用核弹. 原子弹是十分残酷的武器, 所以国际社会强烈要求禁止其使用.

国际社会禁止核试验以后, 有核国家仍然在研究核武器, 但是转为用计算机模拟, 而非实际试验. 核武器的发展在走小型化的道路, 就是尽量提高中子的使用效率, 使核弹不再需要那么多的核燃料, 当然杀伤力也就大大降低了.

自 1945 年以来, 世界各地进行了 2000 次左右的核试验. 由于核武器对世界和平的威胁, 1996 年 9 月 10 日, 联合国大会以 158 票赞成、3 票反对、5 票弃权的压倒多数票通过了《全面禁止核试验条约》, 从此以后不许再进行核试验. 然而, 禁止核扩散还要继续努力才能真正实现.

(2) 发电.

要实现核燃料发电, 通常要有纯度足够高的放射性同位素.

并不是所有的重原子核都能作为核燃料, 只有一部分可以. 现在使用的核燃料是铀 235 和钚 239、铀 233. 前面说过, 天然铀中铀 238 占 99.275%, 而铀 235 只占 0.720%, 它们共生在一起.

铀 238 和中子碰撞后往往并不发生裂变, 而是吸收中子而形成更重的铀 239, 因此即使是化学纯的天然铀也不能用来作核燃料, 必须在天然铀中, 把铀 235 浓缩到相当的纯度才能够作为核燃料. 然而铀 235 和铀 238 的化学性质是相同的, 不能通过化学方法把它们分开, 只能利用它们的原子核的质量有微小差别, 用物理的方法把它们分开.

铀的一种气态化合物是六氟化铀 UF_6, 这两种同位素形成的六氟化铀的分子量分别为 349 和 352, 即它们分子的质量有约 0.86% 的差别. 那么如何浓缩铀? 通常有两种方法.

(i) 离心机法: 把六氟化铀气体放入离心机中, 高速旋转, 较重的分子受到的离心力较大, 从而靠近离心机外面的气体中重的分子的浓度较大. 通过多次离心分离使铀 235 的浓度提高.

(ii) 扩散法: 把六氟化铀气体放入真空管道中去扩散, 在相同温度下, 较轻的分子扩散的速度较快, 跑在管道的前头, 在适当的距离就可以把不同的同位素分开. 纯度不够高时, 可以通过多次扩散分离使铀 235 的浓度提高.

这两种方法分离的效率都很低, 成本很高, 用时很长.

有了足够的核燃料以后, 接下来就是建造原子核反应堆. 如果要用原子核的裂变产生的巨大能量作为稳定的能源, 就要实现增殖因数维持为 1 的核裂变链式反应. 增殖因数为 1 时, 既能产生能量, 又不会导致剧烈反应而发射核爆炸. 原子核反应堆在核燃料中插有一些能够迅速吸收中子的可调节位置的控制棒来控制增殖因数的变化, 使它保持在 1 附近. 图 7-5 是一个反应堆示意图, 核材料铀棒插在大块的石墨堆中, 镉棒作为吸收中子的控制棒也插入石墨堆中.

石墨具有良好的中子减速性能, 最早作为慢化剂用于原子核反应堆中. 铀-石墨反应堆是目前应用较多的一种核反应堆. 反应堆中的慢化剂主要有三种: 重水、石墨、水. 重水最好, 但成本高, 早期主要用石墨. 前面说过, 重水就是水中的氢 (氕) 被氘替代.

控制棒一般用镉制作, 因为镉具有很强的吸收中子的能力. 当发现增殖因数过大时, 把控制棒插入深一些, 增殖因数立即就会降下来. 当发现增殖因数过小时, 把控制棒往外拔一些, 增殖因数马上就会提高上去. 控制棒是控制原子核裂变反应堆正常运行的重要部分.

核反应堆的核心部分称为堆芯, 它主要包括燃料元件、慢化剂和一些结构部件.

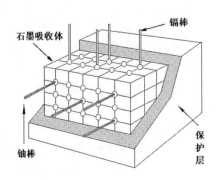

图 7-5　核反应堆

燃料元件即核燃料, 可以是天然铀或浓缩铀. 当一个中子和铀 235 碰撞产生裂变反应时, 会同时放出 2~3 个中子. 这些中子的能量是 MeV 的量级. 然后经过慢化剂, 能量大大降低. 一部分慢化后的中子再和铀 235 碰撞再发生裂变, 一部分逃散, 一部分被铀 238 吸收使其变成铀 239.

铀 239 通过 β^- 衰变变成镎 239, 半衰期为 24 min. 镎 239 通过 β^- 衰变变成钚 239, 半衰期为 2.35 天. 下面的式子表示了这个过程:

$$^{239}_{92}\text{U} \rightarrow {}^{239}_{93}\text{Np} + \text{e}^- + \bar{\nu}_\text{e}, \tag{7-12}$$

$$^{239}_{93}\text{Np} \rightarrow {}^{239}_{94}\text{Pu} + \text{e}^- + \bar{\nu}_\text{e}. \tag{7-13}$$

钚 239 也是良好的核材料, 反应堆中产生的钚是钚的重要来源. 美国人在长崎扔的原子弹就是钚弹. 当然, 钚 239 可以继续作为核燃料使用.

由于能够作为核燃料的元素在自然界中十分稀少, 除了利用反应堆中的钚 239 外, 提高铀 235 的利用率也是非常重要的研究工作. 还有一种办法是在反应堆里放入钍 232, 它吸收中子后变为钍 233. 钍 233 通过 β^- 衰变成铀 233. 铀 233 也是一种核燃料.

综上所述, 现在使用的核燃料中铀 235 是通过同位素分离得到的, 而钚 239、铀 233 则是在核反应堆中产生的.

为什么把核反应装置叫作反应堆 (pile)? 可能是慢化剂石墨堆积得像一个堆的原因. 现在也称其为核反应器 (nuclear reactor), 也有人称其为核反应炉.

核反应堆有哪些功用呢? 大概有以下几种重要的应用:

(i) 能源: 原子能发电站、核潜艇.

(ii) 核燃料生产: 大量生产钚 239、铀 233.

(iii) 放射性同位素生产: 用于生物学、医学.

(iv) 照射中子源: 进行核物理、中子和中微子物理、凝聚态物理、辐射化学、生物学、医学、材料科学等学科的基础研究.

1942 年 12 月, 费米领导的研究小组建成了第一个人工裂变链式反应堆. 1945 年, 美国制造出了原子弹. 投到长崎的原子弹就是用反应堆生产的钚 239 作为核燃料的.

7.6   原子核的聚变反应

除了通过重核的裂变可以获得原子能外, 另外一种方法就是通过轻核的聚变. 较轻的原子核通过核反应结合成较重的原子核, 并释放出大量能量的过程称为聚变. 目前使用的轻核指的是氢的同位素氘. 氚虽然也可以, 但是自然界含量太少.

如下的核反应就是轻核聚变的过程:

$$^{2}_{1}H + ^{2}_{1}H \rightarrow ^{3}_{2}He + ^{1}_{0}n, \tag{7-14}$$

$$^{2}_{1}H + ^{3}_{2}He \rightarrow ^{4}_{2}He + ^{1}_{1}p, \tag{7-15}$$

即两个氘聚合, 生产一个氦 3 (氦有两个同位素, 氦 3 和氦 4) 和一个中子, 然后一个氘再和氦 3 聚合, 生产一个氦 4 和一个质子, 过程中产生大量的热量.

通过轻核的聚变往往能获得比重核裂变更多的能量. 而且由于轻核聚变时所利用的原子核都是原子序数很小的元素, 如氘等, 它具有比重核裂变丰富得多的原材料来源. 氘可以从海水中提取, 1 L 海水中含有 0.03 g 的氘, 或者说 100 万个氢原子中大约有 115 个氘原子. 海水几乎是取之不尽的, 所以轻核聚变的物质远远多于重核裂变的物质. 然而. 轻核聚变最大的困难就是反应条件比较难以达到, 往往要在高温高压下才能实现.

核聚变产生的能量是原子核能量的千分之六, 比核裂变产生核能量的千分之一要高很多, 而且还有一个好处是无污染. 核裂变会产生很多核污染, 而且很持久. 苏联切尔诺贝利核电站 1986 年发生爆炸, 至今该地区仍然不能居住. 而轻核聚变的产物是惰性气体氦, 完全无害. 氦气如今还被用来充气球, 因为它比氢气更安全.

核聚变虽然产生的能量要高于核裂变, 但是到现在还无法控制, 不能像核裂变一样通过控制增殖因数而达到能量缓慢输出的目的. 核聚变时温度可达几百万度, 地球上没有东西可以经受这么高的温度而不融化. 科学家仍然在努力研究可控核聚变来解决这个问题. 核聚变中的气体内基本都是带电粒子, 称为等离子体, 带电粒子在磁场中受洛伦兹力的作用, 朝固定的方向偏转, 所以利用磁场来约束核聚变产生的能量理论上是可行的. 磁约束装置有很多种, 其中最有希望的可能是环流器 (环形电流器), 又称托卡马克 (tokamak). 托卡马克是一种利用磁约束来实现受控核聚变的环性容器. 它的中央是一个环形的真空室, 外面缠绕着线圈以产生磁场. 在通电的时候托卡马克的内部会产生巨大的螺旋型磁场, 将其中的等离子体加热到很高的温度, 以达到核聚变的目的. 我国也有两座核聚变实验装置, 合肥的可控核聚变装置内部温度曾达到 1 亿摄氏度以上, 但最长只维持了 100 s 左右.

　　还有研究利用强激光照射来实现约束核聚变. 总之, 如果实现了可控核聚变, 人类就将有一个取之不尽、用之不竭的能源宝库.

　　氢弹是先用一个原子弹爆炸, 形成极高的温度和压力, 然后实现轻核的聚变反应. 以铀 238 作为外壳的氢弹叫二级氢弹 (图 7-6), 它的爆炸力可以非常大, 依赖于其中充填 LiD (氘化锂) 的量. 苏联曾经制造过爆炸力为 5800 万吨 TNT 当量的二级氢弹, 并曾宣称有一亿吨 TNT 当量的二级氢弹.

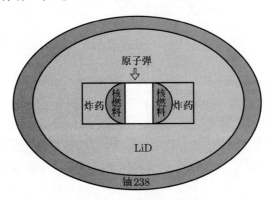

图 7-6　二级氢弹结构

　　氢弹爆炸过程是这样的: 原子弹作为氢弹的雷管, 产生高温高压, 引爆核聚变材料 LiD, 爆炸后产生大量快中子, 再引爆作为外壳的铀 238 (铀 238 一般情况下不会裂变).

　　氢弹爆炸历史如下:

　　1952 年, 美国爆炸第一颗氢弹;

　　1953 年, 苏联爆炸第一颗氢弹;

　　1961 年, 苏联在北极圈的新地岛爆炸了当量为 5800 万吨 TNT 当量的氢弹;

　　1967 年 6 月 17 日, 中国爆炸第一颗氢弹, 为 330 万吨 TNT 当量.

　　氢弹是地球上迄今为止最可怕的武器, 其威力之大难以置信. 苏联曾经爆炸了一颗 5800 万吨 TNT 当量的氢弹, 而整个二战中所有爆炸物的总和只有约 1000~2000 万吨 TNT 当量. 二战中美国人在日本投下的原子弹也只有 2 万吨 TNT 当量. 值得庆幸的是, 国际社会已经对核武器达成共识, 以后只能和平利用核材料. 当然还有一些人妄想使用核武器破坏人类和平, 逆历史潮流而动, 那是不会得逞的.

　　我曾经在拙作《徜徉莫斯科》(大众文艺出版社, 2006) 中介绍过苏联爆炸氢弹的故事.

7.7 核发电简介

核发电就是利用核裂变时产生的能量来推动发电机组发电, 从而达到使用核能的目的. 图 7–7 是一个核电站的示意图. 由于大量用水, 核电站一般设在海边或者水源丰富的地方.

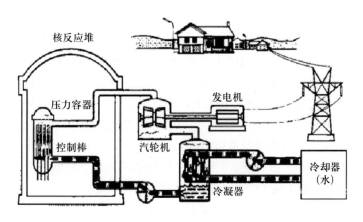

图 7–7 核电站

1954 年第一个原子能发电站建成, 其后到 1984 年, 全世界已经有 281 座原子能发电站在运行, 发电总功率达 1.8 亿千瓦·时. 到 2008 年为止, 全世界有超过 600 座核电站. 当前世界上还有 450 多座核电站并网发电. 2018 年, 全世界核反应堆生产了 10 亿千瓦·时的电力.

由于担心核电站发生事故, 核能在全球商业总发电量中所占份额持续缓慢地下降. 特别是 2011 年日本福岛核电站事故以后, 核电份额从 1996 年 17.5% 的峰值降至 2018 年的 10.15%. 2018 年, 14 个国家的核能发电量增加, 12 个国家下降, 5 个国家保持稳定. "五大" 核能发电国家, 按照发电量排名分别是美国、法国、中国、日本和俄罗斯, 发电量占世界核电总量的 70%. 尽管迄今为止核电站主要分布在工业化国家, 但是目前正在建设的 32 个核电站中有 31 座分布在亚洲、中欧和东欧地区(2017 年数据). 中国在建规模世界第一(2019 年数据).

根据国际原子能机构 2019 年的数据, 全球有 449 座核电站并网发电, 生产了 390000 MW 的电力. 世界最大的核电站曾经是日本福岛核电站, 总装机容量约 9000 MW. 但由于 2011 年的核泄漏事故, 福岛核电站现在关闭了.

世界上的化石能源 (指石油、天然气和煤) 总有一天会使用殆尽, 寻找替代能源是一项十分迫切的任务. 尽管使用核能源有一定的危险, 但在目前仍然是不可替代的. 实际上核能源的危险性主要来自人的管理, 如果对核电站再进一步改进, 在设计上消灭人为操作失误, 核电还是非常安全的. 也有人认为, 核废料的保存才是最大的问题.

新核反应堆型的建设一般要经过三个阶段: 实验堆、原型堆和商业堆, 其实就是把实验室的结果, 扩大建立一座原型堆, 在堆上进行一些重要的实验, 获得准确的结果, 为实用的商业堆提供支持.

按照技术发展的阶段, 核电站可以分四代.

第一代核电站的开发与建设开始于 1950 年代. 1954 年, 苏联建成功率为 5 MW 的实验性核电站. 1957 年, 美国建成功率为 90 MW 的原型核电站, 证明了利用核能发电的技术可行性. 这些是实验型的反应堆, 主要是了解核反应堆建立过程中的问题, 为以后实用做准备. 这些实验性和原型核电机组称为第一代核电机组.

1960 年后, 在第一代核电机组基础上, 陆续建成功率在 300 MW 的压水堆、沸水堆、重水堆、石墨水冷堆等核电机组, 进一步证明核能发电技术可行性和使用核电的经济性. 1970 年代, 因石油涨价引发的能源危机促进了核电的大发展. 这些机组称为第二代核电机组, 是商用核电站的开始.

20 世纪 90 年代, 为了解决切尔诺贝利核电站和一些严重核事故的负面影响, 世界核电业界集中力量, 对严重事故的预防和缓解进行了研究和改进, 提出缓解严重事故、提高安全可靠性和改善人为因素等方面的要求. 总之, 第三代机组主要是对核电站安全性有了更高的要求.

2001 年 7 月, 十个有意发展核能的国家签署了合约, 约定共同合作研究开发第四代核能技术. 根据设想, 第四代核能方案的安全性和经济性将更加优越, 废物量极少, 无须厂外应急, 并具备固有的防止核扩散的能力. 高温气冷堆、熔盐堆、钠冷快堆就是具有第四代特点的反应堆.

目前在运行的核电站绝大部分属于第二代核电站. 第三代核电站为符合安全要求的核电站, 其安全性和经济性均较第二代有所提高, 属于未来发展的主要方向之一. 第四代核电站强化了防止核扩散等方面的要求, 目前处在原型堆技术研发阶段.

前面说了反应堆有压水堆、沸水堆、重水堆和石墨水冷堆, 这里简单做一个介绍.

压水堆是使用加压轻水 (即普通水) 作为冷却剂和慢化剂, 且水在堆内不沸腾的核反应堆. 一般反应堆内气压为 10 MPa 至 20 MPa, 温度约为 300°C, 高压使得冷却水在此温度下也不会气化. 这种反应堆使用低浓度的铀作为燃料.

沸水堆又称轻水堆, 使用普通水作为慢化剂和冷却剂. 沸水堆与压水堆不同之处在于冷却水保持在较低的压力 (约为 70 个大气压) 下, 水通过堆芯变成约 285°C 的蒸汽, 并直接被引入汽轮机.

重水堆是以重水作慢化剂和冷却剂的反应堆, 可以直接利用天然铀作为核燃料. 重水堆可用轻水或重水作冷却剂.

石墨水冷堆是以石墨为慢化剂、水为冷却剂的反应堆, 见图 7-5.

慢化剂是一些含轻元素的物质, 对中子速度有减缓作用, 但又很少吸收中子, 如重水、铍、石墨、水等. 慢化剂的作用是让反应堆产生的中子速度变慢, 也就是减慢了核反应的过程, 达到控制核反应的目的.

下面介绍一下可能在未来得到应用的钍熔盐反应堆. 在 1976 年的时候, 荷兰科学家曾经对钍熔盐反应堆技术进行过实验, 其有望带来更清洁、安全的核反应堆, 提供全球规模的能源供应. 从 20 世纪 60 年代直至 1976 年, 美国橡树岭国家实验室也曾使用溶解在熔盐中的四氟化钍建设反应堆. 中国、印度等国家也进行过类似的实验. 但由于各种原因, 这种方式终被抛弃. 最近几年, 荷兰的科学家重新审视 20 世纪 70 年代的实验, 中国和美国等国家也重新开展了钍熔盐反应堆的研究.

熔盐堆属于第四代核电站. 熔盐堆改变了堆芯物理设计的思路, 是唯一采用熔融燃料的反应堆. 熔盐堆没有燃料芯块, 而是将易裂变材料熔在介质内. 这种熔融态物质是铀或钍、钚的某种氟化物与载体盐组成的低熔点物质. 这种混合物在熔点(约 460°C) 以上成为非常稳定的熔体, 在堆芯和外部热交换器间连续流动, 把热量从热交换器输送到汽轮机发电.

图 7-8 是钍熔盐核电站的简图. 钍熔盐反应堆最大的特点是安全. 由于核燃料是可以流动的熔体, 堆芯内的燃料可以随时更换, 如果出了事故, 反应堆温度超过预设值时, 燃料马上通过安全阀自动转入燃料储存罐, 这是固体燃料棒无法做到的. 钍盐反应堆在常压下运行, 也减少了传统反应堆高压下运行带来的危险.

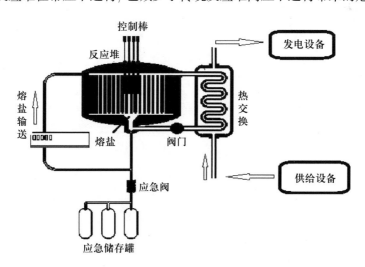

图 7-8 钍熔盐核电站. 该类型反应堆与其他类型反应堆的区别主要在于核燃料是熔融体, 反应堆内没有高压, 安全且便于控制

传统反应堆所产生的核废料中, 有大量易于生产核武器的核燃料钚 239, 这使得核能的和平利用有了制造核武器的风险. 钍熔盐反应堆使用钍 232 作为核燃料, 反应后产生铀 233, 还有少量铀 232, 这些物质不适合发展核武器, 也降低了核武器扩散的风险.

还有, 熔体燃料可以随时加入新燃料, 使得燃料可以充分燃烧, 理论上产生的核废料只有现有技术的千分之一.

熔盐堆还在研究阶段, 问题还很多. 一个重要技术瓶颈是抗中子辐射和抗熔盐腐蚀材料的研究. 传统的反应堆使用的燃料棒是固体的, 被密封在二氧化锆陶瓷管内, 不腐蚀反应堆内部的管道和其他零件, 而熔盐在反应堆内部流动, 且有很强的辐射, 这就需要研制具有特殊性质的在反应堆内部使用的材料. 无论如何, 相信科学会一步步克服这些障碍, 达到最后的目的.

卷首语解说

这一章的卷首语还是说作为一个科学家要具备哪些素质. 有句话说 "板凳要坐十年冷, 文章不写半句空", 是说做学问的人要甘于寂寞, 持之以恒. 这句话的意思和伯纳德的看法一致. 不断改变研究方向不仅是一个技术问题, 实质是急于求成和极端功利化的思想在作怪. 一个科学家如果不能全神贯注于一件事情, 是无法做出真正的贡献的.

在当今社会, 一点功利思想都没有是不现实的, 但是如果把功利放在了第一位, 就犯了伯纳德所说的错误.

第八章　粒子世界

世人何尝知道, 在那些通过研究者头脑的思想和理论中, 有多少被他自己严格的批判、非难的考察而默默地、隐蔽地扼杀了. 就是最有成就的科学家, 他们得以实现的建议、希望、愿望以及初步结论, 也只不到十分之一.

——法拉第

前面几章我们讲述了核外电子的运动以及原子核的性质, 这一章我们介绍组成原子核的粒子和与它们属于同一层次的粒子, 以及它们的基本行为. 研究这些粒子的学问称为 "粒子物理学".

粒子物理学是研究比原子核更深层次的粒子, 以及它们之间的相互作用和转化的学科. 由于绝大部分粒子在一般条件下不存在或不单独出现, 只有使用粒子加速器在能量极高的条件下才能产生和研究它们, 因此粒子物理学也被称为高能物理学.

粒子物理学的目的之一是想知道万物是如何从宇宙大爆炸开始产生的, 以达到深入理解宇宙的目的. 由于宇宙大爆炸发生在大约 138 亿年以前, 那时候宇宙的温度极高, 而现在地球上已经没有这样的条件了, 所以只有用粒子加速器加速粒子, 并且使其碰撞才能产生极高的能量. 在这样的条件下观察物质的存在状态, 其实是模拟了宇宙之初的场景.

8.1　粒子物理简介

核外电子的多样性在于它们可以处于不同的能级, 以各种不同的方式结合 (各种化学键), 这使它们的性质丰富多彩. 地球上的化合物有上千万种, 而且在以每周几百种的速度增加.

粒子的多样性在于它们的相互转换, 这是其自身所具有的多彩性质. 我们看一个例子就知道化学变化和粒子变化的不同:

$$H_2O \rightarrow H + 2O, \tag{8-1}$$

$$n \rightarrow p + e^- + \bar{\nu}_e. \tag{8-2}$$

(8-1) 式是水分解成氢和氧, (8-2) 式是中子衰变成质子、电子和反中微子. 二者的区别是, 水是由氢和氧组成的, 分解之前氢和氧就结合在水分子里面, 而中子虽然衰变成质子、电子和反中微子, 可是在衰变之前中子中并没有这 3 个粒子! 不仅如此, 在这个衰变过程中, 中子、质子、电子、反中微子的数目都是可变的 (请注意这个特点). 所以说粒子的衰变是丰富多彩的.

粒子的转化是粒子世界中特有的形式. 尽管粒子世界中观察到大量粒子反应和衰变过程, 看起来很像化学中的化合与分解, 但是两者的性质和机理是截然不同的. 化学中的化合与分解是原子间的重新组合, 粒子世界中的粒子反应和衰变则完全是粒子的转化, 是粒子的湮灭和产生, 不能归结为粒子的重新组合.

在经典物理学中, 能量、动量、角动量、电荷等是大家熟悉的守恒量. 在微观领域, 除了这些与经典物理对应的守恒量以外, 还有一些没有经典物理对应的守恒量, 例如: 同位旋、重子数、轻子数、奇异数、粲数、底数、顶数、C 宇称、P 宇称、G 宇称、CP 宇称等. 就是说, 在经典物理学中没有这些物理量, 它们是专门用来描述粒子性质的.

我们在第四章讲过, 主量子数、角量子数、磁量子数、自旋量子数用来描述电子的运动状态. 量子数是更本质的物理量, 在上述描述粒子物理的物理量里面, 有一些是量子数, 有一些则不是. 有些量是科学家为了描述某一现象而人为定义的量, 这与经典物理学不太一样, 说明粒子的行为更加复杂和不容易认识.

(1) 粒子物理极简史.

英国物理学家汤姆孙于 1897 年发现电子. 电子是科学家最早发现的带有单位负电荷的一种粒子. 我们可以把发现电子看作粒子物理研究的开端.

1909 年, 盖革和马斯登在卢瑟福指导下, 在英国曼彻斯特大学做了一个著名散射实验. 实验是用 α 粒子轰击金箔, 发现原子有一个半径很小的核, 所有的正电荷都集中在原子核里面. 后来就有了卢瑟福的原子行星模型, 原子核在中心, 电子在原子核周围旋转.

1919 年, 卢瑟福用 α 粒子 (就是氦核) 轰击氮核, 发现了质子.

1932 年, 查德威克用 α 粒子轰击金属铍, 发现轰击后, 铍所发出的射线是一个中性的粒子, 后来证明这个中性粒子就是中子.

至此, 组成原子的三个基本成员, 电子、质子、中子都被发现了. 这也是最早发现的几种粒子.

如果一个粒子不能再分割了, 它就是基本粒子. 而到目前所发现的 400 多种粒子, 大部分都是复合粒子, 就是还可以分解成其他粒子. 因此人们后来把 "基本粒子物理" 改称 "粒子物理".

粒子的名字也是五花八门. 例如, 有一个夸克叫粲夸克 (charm quark), 意思是 "迷人的夸克". 费米有个学生叫莱德曼 (Leon Max Lederman, 1922—2018, 美国物理学家, 1988 年诺贝尔物理学奖得主), 问费米是否能记住所有粒子的名字. 费米幽默地说: "年轻人, 我要是能记住这些粒子的名字, 那我就成了植物学家!"

从 20 世纪 30 年代开始, 粒子物理的发展非常迅速, 人们发现了很多新的粒子, 并且对粒子的运动规律有了深入理解. 我们下面列出自 20 世纪 30 年代以来, 在粒子物理研究方面获得的诺贝尔奖, 这样就可以对粒子物理的发展有个简单了解.

1935: 查德威克, 发现中子.

1936: 赫斯 (Victor Francis Hess, 1883—1964, 奥地利–美国物理学家), 发现宇宙线; 安德森 (Carl David Anderson, 1905—1991, 美国物理学家), 发现正电子.

1938: 费米, 证明由中子辐照能够产生新的放射性元素, 以及发现由慢中子引发的核反应.

1949: 汤川秀树 (Hideki Yukawa, 1907—1981, 日本物理学家), 以核作用力理论为基础预言了介子的存在.

1950: 鲍威尔 (Cecil Frank Powell, 1903—1969, 英国物理学家), 发展了研究核过程的照相方法, 并发现了 π 介子.

1951: 科克罗夫特 (John Douglas Cockcroft, 1897—1967, 英国物理学家)、沃尔顿 (Ernest Thomas Sinton Walton, 1903—1995, 爱尔兰物理学家), 在利用加速器使原子核蜕变方面做了开创性的工作.

1957: 杨振宁 (1922—　　)、李政道 (1926—　　), 发现了弱相互作用下的宇称不守恒.

1959: 张伯伦 (Owen Chamberlain, 1920—2006, 美国物理学家)、塞格雷 (Emilio Gino Segrè, 1905—1989, 美国物理学家), 发现反质子.

1961: 霍夫斯塔特 (Robert Hofstadter, 1915—1990, 美国物理学家), 对电子受原子核散射的先驱性研究及由此获得的对核子结构的发现.

1963: 维格纳 (Eugene Paul Wigner, 1902—1995, 美国物理学家), 对原子核和基本理论, 特别是基本对称原理的发现和应用; 梅耶夫人、詹森, 对原子核壳层结构研究所做的贡献.

梅耶夫人是继居里夫人后第二个获得诺贝尔物理学奖的女性科学家. 斯特里克兰 (Donna Strickland, 1959—　　, 加拿大物理学家, 2018 年诺贝尔物理学奖得主) 是有史以来第三位获得诺贝尔物理学奖的女性科学家, 因为在激光物理学领域的奠基性工作获奖. 2020 年, 美国物理学家格兹 (Andrea Ghez, 1965—　　) 成为第四位获得诺贝尔物理学奖的女性.

1965: 朝永振一郎 (Sinitiro Tomonaga, 1906—1979, 日本物理学家)、施温格 (Julian Schwinger, 1918—1994, 美国物理学家)、费曼, 对量子电动力学所做的基础研究, 这些研究对粒子物理学有深远的影响.

1967: 贝特 (Hans Bethe, 1906—2005, 美国物理学家), 对核反应理论做出了卓越的贡献.

1969: 盖尔曼 (Murray Gell-Mann, 1929—2019, 美国物理学家), 对基本粒子的分类及其相互作用的研究发现, 就是夸克模型.

1975: A. 玻尔、莫特森 (Ben Roy Mottelson, 1926—　, 美国物理学家)、雷恩沃特 (Leo James Rainwater, 1917—1986, 美国物理学家), 发现原子核中集体运动和粒子运动之间的关系, 并以此发展了原子核结构理论.

1976: 里克特 (Burton Richter, 1931—2018, 美国物理学家)、丁肇中 (1936—　), 发现一种重的基本粒子——J/Ψ 粒子.

1979: 格拉肖 (Sheldon Lee Glashow, 1932—　, 美国物理学家)、萨拉姆 (Abdus Salam, 1926—1996, 巴基斯坦物理学家)、温伯格 (Steven Weinberg, 1933—2021, 美国物理学家), 提出电磁相互作用和弱相互作用统一理论, 特别是预言了弱中性流.

1980: 克罗宁 (James Watson Cronin, 1931—2016, 美国物理学家)、菲奇 (Val Logsdon Fitch, 1923—2015, 美国物理学家), 发现中性 K 介子衰变时 CP 不守恒.

1988: 莱德曼、施泰因贝格尔 (Jack Steinberger, 1921—　, 德国–美国物理学家)、施瓦茨 (Melvin Schwartz, 1932—2006, 美国物理学家), 发展中微子束方法以及通过发现 μ 子型中微子而验证轻子二重态结构.

1990: 弗里德曼 (Jerome Friedman, 1930—　, 美国物理学家)、肯德尔 (Henry Kendall, 1926—　, 美国物理学家)、泰勒 (Richard Taylor, 1929—　, 加拿大物理学家), 对电子与质子及束缚中子深度非弹性散射的先驱性研究.

1995: 佩尔 (Martin Perl, 1927—　, 美国物理学家), 发现了 τ 轻子; 莱因斯 (Frederick Reines, 1918—1998, 美国物理学家), 发现了反中微子.

1999: 霍夫特 (Gerardus 't Hooft, 1946—　, 荷兰物理学家)、韦尔特曼 (Martinus Veltman, 1931—　, 荷兰物理学家), 解决了非阿贝尔规范场重整化的理论问题.

2004: 格罗斯 (David Gross, 1941—　, 美国物理学家)、波利策 (Hugh David Politzer, 1949—　, 美国物理学家)、维尔切克 (Frank Wilczek, 1951—　, 美国物理学家), 发现了粒子物理的强相互作用理论中的 "渐近自由" 现象.

2008: 小林诚 (Makoto Kobayashi, 1944—　, 日本物理学家)、益川敏英 (Toshihide Maskawa, 1940—2021, 日本物理学家), 发现有关对称性破缺的起源; 南部阳一郎 (Yoichiro Nambu, 1921—2015, 美国物理学家), 发现了亚原子物理学中自发对称性破缺机制.

2013: 恩格勒特 (François Englert, 1932—　, 比利时物理学家)、希格斯 (Peter Higgs, 1929—　, 英国物理学家), 为粒子物理学的标准模型提供了基础, 其预测的基本粒子——希格斯玻色子, 被欧洲核子研究中心的大型强子对撞机在 2012 年发现.

2015: 梶田隆章 (Takaaki Kajita, 1959—　, 日本物理学家)、麦克唐纳 (Arthur Bruce McDonald, 1943—　, 加拿大物理学家), 发现中微子振荡的现象, 从而证实了中微子有质量.

(2) 粒子物理的最新进展.

在粒子物理学里, 标准模型 (standard model, SM) 是可以说明最多问题的理论. 它是描述强相互作用、弱相互作用及电磁相互作用这三种基本相互作用, 及组成所有物质的基本粒子的理论, 并与量子力学及狭义相对论相容. 迄今几乎所有对三种相互作用的实验结果都符合这套理论的预测. 标准模型以轻子和夸克为基础, 预言有 61 种基本粒子 (也有人说 62 种, 把引力子也包括在内).

1964 年, 恩格勒特与他的同事布鲁特 (Robert Brout, 1928—2011, 比利时物理学家) 提出了对称破缺使规范场获得质量的理论, 希格斯也于同年预言一种能与其他粒子相互作用进而使其产生质量的玻色子的存在, 即希格斯玻色子, 也叫希格斯粒子. 在标准模型预言的 61 种粒子中, 希格斯玻色子是一个十分重要的粒子, 有了希格斯玻色子, 宇宙最终才有了质量. 作为物质的质量之源, 希格斯玻色子在标准模型中至关重要.

然而, 标准模型理论提出后, 其他 60 种粒子相继被实验所证实, 只有希格斯玻色子却迟迟没有找到. 如果没有希格斯玻色子, 那就意味着标准模型是不成立的. 在数十年中, 全球顶级粒子物理学家苦苦捕捉着这一 "上帝粒子" 的存在证据.

希格斯粒子多年来求而不得, 让粒子物理学家十分苦恼. 1988 年诺贝尔物理学奖获得者莱德曼写了一本科普书, 原书名叫 "该死的粒子" (Goddamn Particle), 但出版商认为不妥, 遂改成了 "上帝粒子" (God Particle). 上帝粒子由此而来.

欧洲大型强子对撞机 LHC(Large Hadron Collider) 是目前世界上最强的粒子加速器. 早在 2008 年对撞机开始运转的时候, 他们就制订了一个计划, 希望可以发现希格斯粒子.

记得当时有不少科学家反对这个计划. 有人认为, 该对撞机能量过于强大, 可能生成微型黑洞, 黑洞不断长大, 会吞噬整个世界. 事实证明, 这个担忧是多余的. 当时有人科普过这个问题, 计算出即使产生黑洞, 其能量也十分微小, 一只蚊子扇动翅膀就能使其毁灭.

欧洲核子研究中心 2012 年 7 月 4 日宣布, 该中心的两个强子对撞实验项目——ATLAS 和 CMS 项目发现了同一种新粒子, 质量为 125~126 GeV, 它的许多特征与理论预言的希格斯玻色子一致. 随后该中心于 2013 年 3 月 14 日称, 更多数据分析表明 "它就是希格斯玻色子".

2012 年 7 月 4 日, 在欧洲核子研究中心的新闻发布会上, 83 岁的希格斯老泪纵横, 在近半个世纪的漫长等待后发言: "这是我生命中最不可思议的奇迹."

由于发现希格斯粒子的意义重大, 很快, 2013 年的诺贝尔物理学奖被授予比利时物理学家恩格勒特和英国物理学家希格斯, 以表彰他们为粒子物理学的标准模型提供了基础, 并成功预测希格斯玻色子的存在. 遗憾的是, 恩格勒特的合作者布鲁特于 2011 年去世, 无缘享此殊荣.

布鲁特 1928 年出生于美国纽约. 他 20 岁获得纽约大学学士学位, 25 岁获得哥伦比亚大学博士学位, 28 岁就成为康奈尔大学的副教授. 1959 年, 刚刚在比利时获得博士学位的恩格勒特加入布鲁特的课题组, 从事博士后研究. 后来布鲁特到比利时的布鲁塞尔自由大学做教授, 与恩格勒特继续合作, 两人在基本粒子物理学和宇宙学领域合作发表了二十余篇论文.

诺贝尔奖每项最多只授予三人, 而且已逝者不能获奖. 如果布鲁特健在, 2013 年的诺贝尔奖肯定有他一份. 我 20 多年前曾经邀请我国电子显微学的创始人郭可信 (1923—2006) 院士给学生做演讲, 当时郭先生讲了一个有趣的故事. 20 世纪 30 年代初, 四个德国人发明了透射电子显微镜. 按照以往的经验, 这个发现意义十分重大, 肯定要获得诺贝尔奖, 但由于诺贝尔奖只能授予三个人, 四个人不好办, 就一直拖了下来. 直到 1986 年, 四个人中只剩下鲁斯卡 (Ernst August Friedrich Ruska, 1906—1988) 还活着, 那一年鲁斯卡获得了诺贝尔物理学奖. 鲁斯卡获奖时已经 80 岁, 两年以后就去世了. 记得郭先生当时幽默地说, 要获得诺贝尔奖, 不但事情要做得好, 还要活得长. 这个故事同时也告诉我们, 不要把获奖看得太重要, 做有意义的事情才最重要. 虽然其他三个人没有获奖, 历史却永远不会忘记他们.

粒子物理领域近年来还有一项很重要的进展, 那就是发现了单顶夸克. 大家已经知道, 质子和中子是复合粒子, 是由夸克组成的, 见图 8-1. 一般不存在单个自由夸克, 这个事实称为 "夸克禁闭" (quark confinement). 为什么会这样还不知道. 霍金曾经说过, 夸克禁闭可能是 21 世纪理论物理的难题之一.

图 8-1 质子和中子各由 3 个夸克组成. (a) 质子: 上 (u)、上 (u)、下 (d) 夸克; (b) 中子: 下 (d)、下 (d)、上 (u) 夸克

2009 年 3 月, 美国费米国家加速器实验室的科学家宣布, 他们在粒子对撞实验中观察到了单个顶夸克的产生. 单顶夸克的发现证实了粒子物理学中包括夸克总数在内的一些重要参数的正确性. 此前, 顶夸克只是在强核力产生时才能观察到, 这种相互作用可导致产生一对顶夸克, 但单顶夸克从来没有看到过. 单顶夸克的发现距 1995 年首次发现顶夸克已经过了 14 年的时间.

希格斯玻色子的发现让标准模型理论达到了顶峰, 但是标准模型并不是一个完备的理论, 因为它没有包含引力. 另外, 即使在包含的 3 种相互作用中, 也还有很多问题有待解决, 例如有关中微子的一些问题. 单顶夸克的发现也给物理学提出了很多要解决的问题. 从这些进展看, 科学的发展是不会止步的.

这里给大家一个有关基本粒子大小的一点知识. 很多人以为像夸克这一类基本粒子质量都非常小, 其实不是这样的, 基本粒子也有质量很大的. 我们看两个例子. 希格斯粒子质量为 125~126 GeV, 而顶夸克质量为 (174.3 ± 5.1) GeV. 如果用原子量来表示顶夸克的质量, 它是 186.58. 作为对比, 铼 (Re) 的原子量是 186.21, 锇 (Os) 的原子量是 190.23, 顶夸克的原子量和它们接近. 希格斯粒子的质量在原子量 134 左右, 介于元素铯 (Cs) 和钡 (Ba) 之间. 另外几个例子: τ 子的质量是质子的 1.8 倍, W 粒子的质量是质子的 85.5 倍, Z 粒子的质量是质子的 97.2 倍.

虽然顶夸克和希格斯粒子的质量很大, 但是它们和元素却不属于同一个物质层次. 如果我们用粒子物理里面的一个量子数——重子数来衡量它们, 顶夸克具有的重子数是 1/3, 而铼的重子数是 186, 锇的重子数是 190. 在重子数上的差别就显现出它们分属于物质结构的不同层次.

为什么顶夸克会有这么样大的质量, 这是粒子物理中要研究的重要问题.

由于质量大的夸克都很不稳定, 极容易衰变成轻的夸克, 所以组成质子和中子的上夸克和下夸克都非常轻. 所有常见的物质都是由最轻的两种夸克 (上夸克和下夸克) 和电子组成.

(3) 粒子物理的研究手段——加速器.

我们都知道带电粒子在电磁场里的运动要受到洛伦兹力的影响. 加速器是用电磁场把带电粒子加速到更高能量的装置. 利用加速器可以产生各种能量 (质量) 的粒子. 前面说过, 加速器在粒子物理研究方面的目的之一是模拟宇宙之初的高能量, 探索那时候到底发生了什么, 用于这个目的的加速器需要极大的能量. 当前世界上的加速器大部分是 100 MeV 以下的低能加速器, 它们基本用于其他方面, 像化学、放射生物学、放射医学、固体物理等的基础研究.

利用加速器原理, 人们还制成了各种类型的离子注入机, 就是把特定的离子加速射入材料, 改善材料的性质. 半导体工业的杂质掺杂经常使用这种方法. 离子注入能使半导体器件的成品率和各项性能指标有很大提高.

自从 1932 年科克罗夫特和沃尔顿建造成世界上第一台直流加速器以来, 经过几十年的发展, 出现了许多类型的加速器, 其分类标准也很多. 按加速粒子的种类不同, 可分为电子加速器、质子和重离子加速器以及微粒子团加速器. 按加速粒子能量可分为低能加速器 (能量在 100 MeV 以下)、中能加速器 (能量在 100 MeV~ 1 GeV)、高能加速器 (能量 1~100 GeV), 以及能量在 100 GeV 以上的超高能加速器. 用于粒子物理研究的都是高能加速器和超高能加速器. 按粒子运动轨道的形状可分为直线加速器和环形 (回旋) 加速器. 按粒子碰撞的方式又可分为固定靶和对撞机. 见图 8-2.

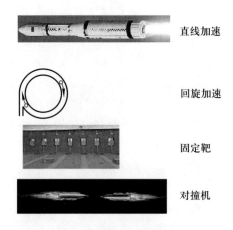

直线加速

回旋加速

固定靶

对撞机

图 8-2 加速器的类型和碰撞方式

世界上现有以下几个重要的加速器实验室:

Fermilab (费米国家加速器实验室, 美国),

SLAC (斯坦福直线加速器中心, 美国),

BNL (布鲁克海文国家实验室, 美国),

CESR (康奈尔正负电子储存环, 美国),

CERN (欧洲核子研究中心, 瑞士),

KEK (高能加速器研究机构, 日本),

DESY (电子回旋加速器, 德国),

IHEP (高能物理研究所, 中国),

SSRF (上海光源, 中国, 主要提供光源).

下面介绍加速器的一个重要应用——光源.

加速器用一定的电磁场引导和约束被加速的粒子束, 使它沿着一定的轨道, 如环形或者直线等加速. 带电粒子速度改变时, 伴随的电磁辐射会发出连续频率的光, 称为轫致辐射. 尽管带电粒子做圆周运动时的轫致辐射在理论上早就有了预言, 但是一直到 1947 年才在电子同步加速器的工作中被观察到, 并因而被称为同步辐射.

由于可以发出不同频率的光, 而且功率可以很大, 到 20 世纪 60 年代, 同步辐射作为光源开始受到重视. 同步辐射光源 (图 8-3) 具有许多其他光源没有的优异特性: (i) 单色性非常好. 其他光源都有不同程度的其他波长, 而同步辐射是纯净的频率. (ii) 频谱范围宽. 同步辐射的频率谱是连续分布的, 一般在波长从 1000 nm 到 0.1 nm 的范围, 所以用途很广泛. (iii) 功率大. 一般大功率旋转靶 X 光机的辐射功率为 10~100 W 的量级. 而同步辐射光源的功率却要大得多. 例如, 我国合肥同步辐射加速器的总功率达到 5 kW, 北京同步辐射装置的总功率达到 60 kW, 而上海同步辐射装置的总功率则达到 600 kW.

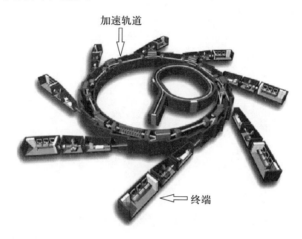

图 8-3　同步辐射光源. 中间是粒子被加速的轨道, 周围终端引出不同频率的光, 用来做不同的研究

　　上海光源近年来成了很活跃的研究中心, 使用光源的客户有世界各地的科学家.

　　(4) 粒子的质量和寿命.

　　所有粒子都有确定的质量, 按照狭义相对论, 粒子的质量和它的速度有关 (见第八章), 速度越快, 质量越大.

　　粒子物理中所说的质量都是粒子的静止质量. 已经发现的粒子, 它们的质量分布在一个很宽广的范围内. 除了光子、胶子等没有质量的粒子外, 中微子质量最轻, 上限为 1.1 eV(还不知道确切的质量, 伦敦大学学院的科学家 2010 年报道说, 他们测得的中微子最小质量为 0.28 eV), 还不到电子质量的五十万分之一. 电子的质量为 0.51 MeV, 质子的质量为 938.27 MeV. 最重的是顶夸克, 为 173 GeV. 已经发现的绝大多数粒子的质量在电子质量的 200 到 21600 倍的范围内.

　　很多粒子是不稳定的, 通过实验测量不稳定粒子的质量实际上得到的是在某一值附近的分布. 如图 8-4 所示, 质量其实分布在图中曲线顶峰附近的一个范围内. 所以不稳定粒子的质量有两个参数: 一个是质量, 就是曲线顶峰附近的平均值; 一个叫宽度, 就是图中那个峰的半高宽 (峰一半高度处的宽度). 对一个不稳定粒子, 越不稳定, 宽度越大.

　　在已经发现的几百种粒子中, 除了光子、电子、正电子、质子、反质子、3 种中微子和 3 种反中微子共 11 种是稳定的外, 其他的粒子都是不稳定的, 它们产生后

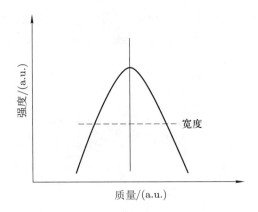

图 8-4　不稳定粒子的质量和宽度

过一段时间就会衰变成较轻的粒子.

　　粒子物理研究中用来记录粒子运动途径的最精细的探测设备是核乳胶, 它可以记录寿命为 10^{-13} s 以上的粒子的运动轨迹, 而寿命小于这个时间的粒子则无法记录. 在已经发现的粒子中, 绝大部分粒子的寿命都要短于 10^{-13} s, 那如何探测它们呢? 一种是我们前面讲过的利用相对论效应, 加速粒子, 使其寿命增加; 一种叫作不变质量分析法.

　　不变质量分析法 (图 8-5) 是一种间接测粒子的方法, 大量不稳定的粒子都是通过这种方法测量到的. 如果某种粒子 A 的确存在过, 并且很快衰变成其他几个种类的粒子, 那么把这几个粒子的能量加起来就是衰变前粒子的能量, 质量可由此得到. 这样得到的 "质量" 值称为这几个粒子的不变质量, 它的物理意义是如果这几个粒子是由一个不稳定粒子衰变而来的, 则这个不稳定粒子的质量就应该是这个

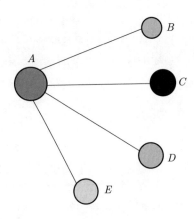

图 8-5　不变质量分析法: $A = B + C + D + E$

不变质量. 但是这里并没有说明这个不稳定粒子是否确实曾经存在过.

如果实验只得到一个事例, 当然不能确定某个粒子的存在, 但如果有大量相似的事例, 则可以认为某个粒子的确存在. 如果某个粒子并不实际存在, 则计算出的不变质量值是分散的, 不形成一个像图 8-4 那样有高峰的分布.

通过粒子物理处理粒子质量和寿命的方法, 可以看到科学对这个层次物质的认识还不够精确.

8.2　物质和反物质

到了 1930 年代, 人们已经发现了电子、质子、中子等粒子. 狄拉克在分析相对论性量子力学时, 提出了正电子的概念. 正电子是电子的反物质, 它们质量、大小都一样, 不同的是电子带一个单位的负电荷, 而正电子带一个单位的正电荷. 从此开始有了物质和反物质的概念. 正电子的发现表明, 对于电子来说, 正负电荷还是具有对称性的. 我们先看看狄拉克是如何提出这个概念的.

(1) 正电子.

1928 年, 英国物理学家狄拉克提出了一个电子运动的相对论性量子力学方程, 即狄拉克方程. 我们在前面说过, 当一个物体的运动速度可以和光速相比较时 (例如光速的 0.5 倍), 就要用到相对论. 电子的运动速度很高, 所以把相对论和量子力学结合是十分合理的.

从狄拉克方程可以自动导出电子的自旋量子数应为 1/2, 还能导出有关电子磁性的一些参数. 电子的很多性质都是过去从实验结果中分析总结出来的, 并没有理论上的来源和解释, 而狄拉克方程自动地导出了这些重要的基本性质, 是理论上的重大进展. 利用狄拉克方程还可以讨论高速运动电子的许多性质, 这些结果都与实验符合得很好. 这些成就促使人们相信, 狄拉克方程是一个正确地描写电子运动的相对论性量子力学方程.

既然实验已充分验证了狄拉克方程的正确, 人们自然期望利用狄拉克方程预言新的物理现象. 按照狄拉克方程给出的结果, 电子除了有能量取正值的状态外, 还有能量取负值的状态, 并且所有正能状态和负能状态的分布对能量为零的点是完全对称的. 狄拉克关于电子能量分布的方程如下:

$$E = \pm c\sqrt{m^2c^2 + p^2}, \tag{8-3}$$

这里的参数大家都比较熟悉, E 是能量, m 是质量, c 是光速, p 是电子的动量. $p = 0$ 给出正能的最低值和负能的最高值. 这两个能级之间的能量差是 $2mc^2$, 见图 8-6(a).

自由电子最低的正能态是一个静止电子的状态, 其能量值是一个电子的静止能量 mc^2, 其他的正能态的能量比它要高, 并且可以连续地增加到无穷. 与此同时, 自由电子最高负能态的能量值是一个电子静止能量的负值 $-mc^2$, 其他能量比这个能量要低, 一直到负无穷.

如果一个处于正能态的电子受到一个外来的扰动, 使它跳到负能态, 例如跳到最高的负能态, 这时候它至少释放出 $2mc^2$ 的能量, 见图 8-6(b). 由于负能态的分布一直到负无穷, 这个电子就可以一直往更低的能态走, 因而一直不断地释放能量, 成为永动机, 这显然是不对的.

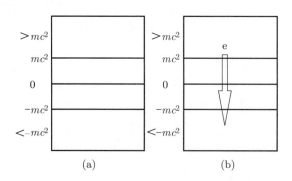

图 8-6 电子能量的分布. (a) 电子能态的分布; (b) 一个电子从正能态跃迁到负能态, 由于负能态是无穷的, 电子可以一直往下走

为了解决这个矛盾, 1930 年狄拉克提出一个理论, 称为空穴理论. 这个理论认为电子是费米子, 满足泡利不相容原理, 每一个状态最多只能容纳一个电子, 而物理上的真空状态实际上是所有负能态都已填满电子, 同时正能态中没有电子的状态. 因为这时任何一个电子都不可能找到能量更低的, 还没有填入电子的能量状态, 也就不可能跳到更低的能量状态而释放出能量, 也就是说不能输出任何信号, 这正是真空所具有的物理性质. 这样也就没有了电子成为永动机的矛盾.

按照这个理论, 如果把一个电子从某一个负能状态激发到一个正能状态上去, 需要从外界输入至少两倍于电子静止能量的能量. 这表现为可以看到一个正能状态的电子和一个负能状态的空穴 (图 8-7). 这个正能状态的电子带电荷 $-e$, 所具有的能量相当于或大于一个电子的静止能量.

按照电荷守恒定律和能量守恒定律的要求, 这个负能状态的空穴应该表现为一个电荷为 $+e$ 的粒子, 这个粒子所具有的能量应当相当于或大于一个电子的静止能量. 这个粒子的运动行为是一个带正电荷的 "电子", 即正电子. 狄拉克的理论预言了正电子的存在.

1932 年, 安德森在宇宙线实验中, 观察到高能光子穿过重原子核附近时, 可以转化为一个电子和一个质量与电子相同, 但带有单位正电荷的粒子, 从而发现了正电子, 狄拉克对正电子的预言得到了实验的证实. 其实安德森发现的正电子和狄拉

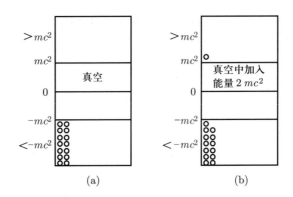

图 8-7　空穴理论. (a) 真空状态; (b) 一个电子从负能态跃迁到正能态, 在负能态形成一个空穴

克的正电子没有什么关系, 但是性质是一样的.

正电子在物理学研究中有重要的应用. 前面提到过, 有一门学问叫作 "正电子湮灭", 是利用正电子和电子相遇就会湮灭而产生光子来研究问题. 一束正电子射入固体中, 就与固体中的电子作用而湮灭, 测量湮灭时产生的光子就可以知道电子在固体中的一些性质. 正电子湮灭实验利用的是 ^{22}Na 衰变放出的正电子, 是第七章中讲过的 β^+ 衰变的一个例子.

(2) 反质子和反中子.

究竟反粒子的存在是电子所特有的性质, 还是所有的粒子都具有的普遍性质? 如果所有的粒子都有相应的反粒子, 首先的检验是应该存在质子和中子的反粒子.

这个问题在发现正电子 24 年之后解决了. 1956 年, 张伯伦和塞格雷等在加速器实验中发现了反质子, 即质量和质子相同, 自旋量子数也是 1/2, 但带一个单位负电荷的粒子. 接着他们又发现了反中子.

后来发现, 各种粒子都有相应的反粒子存在, 这个规律是普遍的. 有些粒子的反粒子就是它自己, 这种粒子称为纯中性粒子, 光子就是一种纯中性粒子.

在粒子物理学中, 已不再采用狄拉克的空穴理论来认识正反粒子之间的关系, 而是从正反粒子完全对称的场论观点来认识.

(3) 中微子和反中微子.

中子和 μ 子衰变时都要产生中微子或反中微子, 但是它们的发现却经过了很长的时间. 中微子是一种很奇特的粒子. 中微子和反中微子都不带电, 它们都不参与电磁相互作用, 它们也都与原子核之间没有强相互作用, 只参与弱相互作用. 它们运动时和所遇到的各种物质分子、原子、原子核、电子都只有极其微弱的相互作用, 各种物质对于它们都是近于透明的. 当中微子穿过整个地球时, 也只有一百亿分之一的中微子被吸收掉. 因此中微子和反中微子很难被观测到.

简单回顾一下中微子的发现历史. 1896 年, 贝克勒尔发现铀原子核具有放射性, 后来发现许多原子核有放射性. 原子核的 β 衰变发射一个电子, 同时这个原子核转变为原子序数增加 1 的新原子核, 如

$$\ce{^{239}_{92}U} \to \ce{^{239}_{93}Np} + e^-. \tag{8-4}$$

按这样的机理来分析, 原子核的 β 衰变是从一个粒子到两个粒子的衰变过程. 但是这个结果却不符合能量和动量守恒原则, 人们曾经认为在 β 衰变过程中, 能量和动量守恒遭到了破坏.

1931 年, 泡利为了解释原子核 β 衰变中的这个问题, 假设原子核的 β 衰变除了发射一个电子外, 还发射一个未知的, 并且很轻的中性粒子, 这样, 原子核的 β 衰变就是从 1 个粒子到 3 个粒子的过程. 1933 年, 费米进一步研究了这一假设, 并把这种中性粒子命名为中微子.

1956 年, 美国物理学家科恩和莱因斯发现了反中微子, 印证了泡利和费米的猜想. β 衰变的过程不是 (8-4) 式那样, 而是

$$\ce{^{239}_{92}U} \to \ce{^{239}_{93}Np} + e^- + \bar{\nu}_e. \tag{8-5}$$

正反物质相遇就会完全湮灭而产生能量. 我们在前面说过原子核裂变产生的能量仅为质量的千分之一, 原子核聚变产生的能量是质量的千分之六, 即使这样, 能量已经大到不可思议. 而正反物质却会百分之百变成能量, 而且是清洁能源, 没有任何污染. 如果反物质容易获得, 且能加以利用, 地球上大概就不缺能源了.

一切粒子都有与之相应的反粒子, 这个普遍结论被几十年的粒子物理学发展不断印证. "反粒子" 已成为粒子物理学中一个重要的基本概念, 并且其本身的含义也在不断地发展和充实. 正粒子–反粒子可能是宇宙中重要的对称性规则, 仍然需要大量的研究.

我们看看正反物质湮灭产生的能量有多么大. 如果有反物质人, 正常人和他遇见就湮灭, 产生的能量可如下估算:

如果将一个成年人的体重估算为 80 kg, 那么根据质能方程, 两个人所转化的能量是 $E = mc^2 = 80 \times 2 \times (3 \times 10^8)^2 = 1.44 \times 10^{19}$J.

一吨 TNT 爆炸时所释放的能量约是 4.2×10^9 J, 两个人释放的能量相当于 34 亿吨 TNT 爆炸的能量.

8.3　汤川的介子场理论

到了 20 世纪 30 年代, 科学家对原子核有了比较深入的认识. 原子核是由质子

和中子组成的, 那么, 核里面有哪些相互作用呢? 1935 年, 日本科学家汤川秀树提出了核力的介子场理论.

按照汤川理论, 正如带电粒子之间的电磁相互作用是通过交换静止质量为零的光子来实现的一样, 质子和中子之间、质子和质子之间, 以及中子和中子之间的核力相互作用, 都是通过交换一种有静止质量的媒介粒子来实现的. 媒介粒子有静止质量决定了这种相互作用是短程的, 也就是说, 当距离超过某一称为 "力程" 的长度时, 相互作用的强度就迅速减少到可以忽略的程度.

根据实验观察到的核力力程的数量级约为 1.3~1.9 fm, 估计出这种媒介粒子的静止质量应该约是电子的 200 到 300 倍, 介于电子和质子之间. 汤川把这种媒介粒子称为介子 (meson).

1936 年, 安德森 (就是发现正电子的那个安德森) 在宇宙线中发现了一种质量约为电子质量 206.76 倍的粒子, 它带有单位正电荷或者负电荷. 当时人们曾认为这个粒子就是汤川所说的介子, 因此称为 μ 介子. 但是后来实验发现, 这个 μ 介子与原子核的作用很弱, 并没有表现出如汤川预言的那样, 与原子核有很强的相互作用. 几年后, 日本物理学家坂田昌一 (Shoichi Sakata, 1911—1970) 指出, μ 介子的平均寿命与预言的介子平均寿命差了大约 100 倍, 不可能是汤川预言的介子, 所以改称 μ 子.

自由 μ 子的平均寿命为 2.197 ms, μ 子衰变时会生成一个电子、一个中微子和一个反中微子. μ 子带有单位正电荷或者负电荷, 它的自旋量子数是 1/2, 不参与强相互作用. 带负电荷的 μ 子的性质与电子相同, 但是质量却是电子的 207 倍. 还有, μ 子会衰变, 而电子不衰变. μ 子可以被看成是一种 "重电子". 为什么自然界会存在两种相互作用和性质完全相同, 但质量差 207 倍的粒子, 这是理论上的一个难题, 称为 μ-e 疑难.

1947 年, 英国物理学家鲍威尔在宇宙线实验中又发现了一种质量约为电子质量 273 倍的带正或负单位电荷的粒子, 它与原子核之间有很强的相互作用, 称为 π 介子. π 介子也是不稳定粒子, 平均寿命是 26.03 ns. π 介子衰变时, 绝大多数转化为一个 μ 子和一个中微子或一个反中微子, 有 1.23/10000 的 π 介子衰变时转化为一个电子和一个中微子或一个反中微子.

人们认为 π 介子才是汤川理论所预言的粒子, 汤川理论经过 12 年得到了实验的证实. 1949 年汤川秀树获诺贝尔物理学奖. 1950 年鲍威尔获诺贝尔物理学奖.

到 20 世纪 50 年代, 人们认识的粒子有光子、电子、正电子、质子、反质子、中子、反中子、μ 子 (μ^-、μ^+)、π 介子 (π^-、π^+、π^0)、中微子、反中微子, 这就是初期认识的一批基本粒子.

在这些粒子中, 光子、电子、正电子、质子、反质子、中微子、反中微子是稳定粒子, 它们占大部分, 中子、反中子、μ 子、π 介子则属于不稳定粒子.

8.4　场、粒子、真空和相互作用

在科学发展的进程中, 人们对于物质存在形式的认识在不断地深入. 最初人们认识到微粒 (或粒子) 是物质存在的基本形式, 微粒在空间占有一定的体积, 有不可入性, 有质量、能量、动量和角动量, 而场是作为描述微粒间相互作用的辅助概念引入的, 不能脱离微粒而独立存在.

后来电磁学的发展使人们认识了电磁场, 又认识到场不能只看作为了描述物理规律方便而引入的概念, 其本身也是物质存在的基本形式. 场很多基本性质和微粒一样, 也具有质量、能量、动量和角动量. 但与微粒不同的是, 场可以充满全空间, 没有不可入性, 可以互相重叠地一起存在.

场是某种随空间和时间变化的物理量, 经典物理学中处理电场、磁场等的性质用到一种学问, 叫场论, 而处理粒子的行为要用到量子场论 (quantum field theory, 简称 QFT). 量子场论是结合了经典场论、狭义相对论和量子力学的一种理论. 量子场论是一门对自然现象有很深刻认识的理论, 它将场视为物质存在的一种基本形式, 而粒子是场激发的产物, 或者说是场的激发态, 粒子之间的相互作用则以相应的场之间的相互作用来描述.

我们用量子场论来简单说明一下粒子衰变时相互作用的机制.

粒子是场处于激发状态的表现, 因此粒子间的相互作用来自场之间的相互作用. 场之间的相互作用是粒子转化的原因. 量子场论对粒子间的相互作用的机理给出了清楚的图像. 我们用中子的衰变过程来简单说明. 自由中子衰变成一个质子、一个电子和一个反中微子, 见 (8-2) 式.

自由中子为什么会衰变, 衰变和衰变产物质子、电子、反中微子的关系是什么? 自然的回答是, 衰变是中子和质子、电子以及反中微子相互作用的结果. 然而当中子存在的时候, 质子、电子以及反中微子都还不存在, 而当质子、电子以及反中微子存在时, 中子却已经不存在了. 中子和质子、电子以及反中微子没有一个时刻同时存在, 它们之间又怎么能相互作用呢? 没有相互作用, 怎么会衰变?

这个物理图像和物理概念上的矛盾, 在量子场论中自然地解决了.

下面我们根据场论给出的基本物理图像, 再来看中子的衰变过程. 图 8–8 是场的示意图, 用一条线代表一种场, 水平直线代表场处在基态, 水平线上隆起的竖线代表场的激发, 表现为一个粒子. 左边为真空 (图 (a)), 即所有场都处于基态的情形, 右边为有一个质子和一个电子的状态 (图 (b)). 图 8–9 是中子衰变的简单图示. 开始时, 中子场处于激发状态, 表现为存在一个中子, 而质子场、电子场和中微子场则处于基态, 表现为没有质子、电子和反中微子 (图 (a)). 经过中子场与质子场、电子场和中微子场之间的弱相互作用, 中子场可以跃迁到基态, 并把激发态的能量传过去而引起质子场、电子场和中微子场的激发, 表现为中子消失而产生了一个质子、一个电子和一个反中微子 (图 (b)). 这样就自洽地说明了自由中子衰变时几个粒子之间是如何相互作用的. 场的相互作用是衰变的根本原因.

图 8-8 用场来表示粒子处于基态 (a) 和产生粒子的激发态 (b)

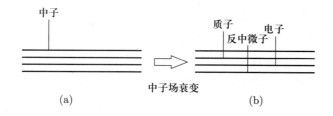

图 8-9 中子场衰变产生质子、电子、反中微子

8.5 四种相互作用和粒子的分类

(1) 四种相互作用.

我们都知道, 物质之间存在相互作用, 例如地球围绕太阳转动是因为地球和太阳之间有引力相互作用. 引力相互作用和电磁相互作用是我们最常见的两种相互作用. 还有不常见的两种相互作用: 强相互作用是原子核内部的相互作用, 弱相互作用是在原子核衰变时起作用的相互作用, 所以自然界一共有四种基本的相互作用. 物理学认为, 所有的相互作用都要通过交换媒介粒子来实现, 不同相互作用的区别在于媒介粒子不同以及物质放出和吸收媒介粒子的能力不同.

我们把相互作用的有效作用范围称为力程, 它表示物质间相互作用随距离的减弱行为. 利用量子力学可以得出 (简单地说, 媒介粒子的质量定义了一个天然的标度), 相互作用力程反比于媒介粒子的质量:

$$L = \frac{\hbar}{mc}, \tag{8-6}$$

其中 L 是力程, 就是作用力的范围, $\hbar$ 是约化普朗克常数, m 是媒介粒子的质量, c 是光速. 从式中可以看出, 如果媒介粒子的质量大, 力程就短, 如果媒介粒子没有质量, 力程就是长程的、无限的.

现在已经发现的四种相互作用中, 电磁相互作用的媒介粒子是光子, 引力相互作用的媒介粒子是 "引力子". 这两种媒介粒子的静止质量都是零, 这就决定了这两种相互作用都是长程作用, 即力程是无穷远的. 这两种相互作用随距离的增加减弱得不快, 在宏观世界中就可以观察和研究, 在 20 世纪对它们就已经研究得相当清楚了. 当然还不能说已经完全清楚了, 因为到目前为止, 并没有观察到引力子.

另一种相互作用是弱相互作用, 它的媒介粒子是带正或负电荷的 W 粒子 (W^+, W^-) 和不带电的 Z 粒子. 这三种粒子都有很重的静止质量, W 粒子的质量是质子质量的 85.5 倍, Z 粒子的质量是质子质量的 97.2 倍. 这就决定了弱相互作用是力程很短的短程力, 其力程约为 2.4×10^{-18} m, 即一百亿亿分之二米左右.

还有一种相互作用是强相互作用, 它的媒介粒子是介子和胶子. 最轻的介子是 π 介子, 它的质量是质子质量的 0.149 倍. 这就决定了强相互作用也是短程力, 其力程比弱相互作用的力程约大三个数量级, 约为 1.4×10^{-15} m, 即一千万亿分之一米左右, 基本是原子核的尺度.

图 8–10 是四种相互作用的媒介粒子和力程的总结简图. 那么, 是不是四种相互作用就囊括了自然界的一切相互作用呢? 也不见得, 只能说目前还没有观测到其他相互作用.

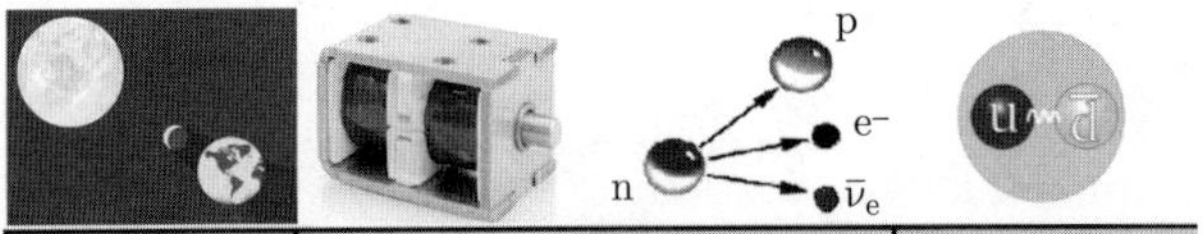

	引力	电磁	弱 (电弱)	强
媒介粒子	引力子 (尚未发现)	光子	W^+, W^-, Z^0	胶子
作用于	全部	夸克、带电轻子和 W^+, W^-	夸克和轻子	夸克和胶子

图 8–10　四种相互作用

(2) 粒子的分类.

20 世纪 60 年代以来, 粒子物理最成功的理论叫作标准模型. 有关标准模型我们后面再讲, 先说标准模型的粒子分类.

粒子根据其自旋分为费米子和玻色子两大类. 费米子 (如电子) 有半整数自旋 (如 1/2, 3/2, 5/2 等); 玻色子 (如光子) 有整数自旋 (如 0, 1, 2 等). 自旋的差异使费米子和玻色子有完全不同的特性. 费米子拥有半整数的自旋, 遵守泡利不相容原理, 它们的分布遵从费米–狄拉克分布; 玻色子则拥有整数自旋, 不遵守泡利不相容原理, 它们的分布遵从玻色–爱因斯坦分布.

标准模型把粒子按参与相互作用的性质分成 4 类: 规范玻色子、轻子、强子和希格斯玻色子. 图 8–11 是示意图.

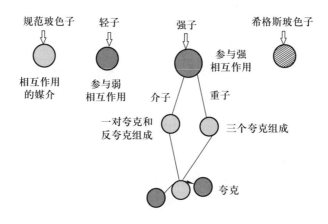

图 8–11 粒子分类示意图

(i) 规范玻色子是传递相互作用的媒介粒子, 已经发现可以自由存在的有 4 种. 1 种是传递电磁相互作用的媒介粒子光子, 另外 3 种是传递弱相互作用的粒子, 带电的 W^+, W^- 和不带电的 Z 粒子. 这 4 种粒子的自旋都是 1.

传递强相互作用的媒介粒子叫胶子. 胶子有 8 种, 自旋也是 1, 但是胶子不能单独存在, 至今没有发现自由存在的胶子.

传递引力相互作用的是引力子. 按照理论推测, 引力子的自旋应该为 2, 质量为零. 迄今为止还没有观察到引力子存在的证据, 这仍然是科学上的难题.

(ii) 轻子是不直接参与强相互作用的粒子. 已经发现带电的轻子有 3 种, 电子、μ 子和 τ 子. 还有 3 种不带电的中性轻子, 即 3 种中微子. 中微子有很微小的质量, 对中微子的性质还知之甚少. 这 6 种轻子加上它们的反粒子, 共有 12 种轻子, 它们自旋都是 1/2.

(iii) 强子是直接参与强相互作用的粒子, 所以叫强子. 强子又分为重子和介子. 已发现的强子有几百种, 其中介子的自旋量子数为整数, 重子的自旋量子数为半整数. 强子是由夸克构成的, 详见 8.7 节.

在这些强子中, 只有质子和反质子是稳定的. 第二稳定的要算中子, 自由中子的寿命为 885.7 s. 其他的强子都极易衰变. 自由中子虽然不稳定, 但是在原子核中却是稳定的, 可能是因为受到核力的束缚. 相反, 质子虽然是稳定的, 但在原子核中, 在特定条件下却是不稳定的. 例如在钠 22 衰变过程中, 一个质子衰变成一个中子、一个正电子和一个中微子.

(iv) 希格斯玻色子是基本粒子中最后发现的一个, 它是粒子的质量之源, 粒子与希格斯场作用以后才获得质量. 希格斯粒子发现的时间不长 (2012 年发现), 对它的性质还缺乏足够的认识.

8.6　宇称不守恒

我们在前面讲过对称, 那么, 什么是宇称? 宇称也是一种对称性, 同时也指一种描述粒子性质的量子数. 我们不说它复杂的定义, 简单地说, 宇称是指左右对称, 或者称镜像对称, 就像人的左右手一样, 一只看起来是另外一只在镜子里的样子.

运动规律在宏观范围内具有很好的左右对称性, 但是在微观范围内却未必如此, 宇称不守恒就是一例.

在微观范围内如果运动规律具有左右对称性, 则对应存在 P 宇称守恒定律, 这时系统的 P 宇称值 (一个量子数) 将在整个运动过程中恒为 +1 或 −1. 如果运动规律不存在这种对称性, 则宇称不守恒.

我们简单介绍一下宇称不守恒是怎么发现的.

1956 年前后, 在研究最轻的奇异粒子衰变过程中遇到了一个疑难问题, 即 "θ-τ 疑难". 这个疑难表现为: 实验中发现了两种质量、寿命和电荷都相同的粒子 θ 和 τ (θ 和 τ 即后来的 K 介子), 看起来应该是同一种粒子, 但衰变时, θ 衰变为两个 π 介子, τ 衰变为三个 π 介子, 见图 8-12. 对实验结果的分析表明, 三个 π 介子的总角动量为零, 宇称为负, 而如果角动量要守恒, 两个 π 介子的总角动量也要为零, 则宇称只能是正. 这样如果宇称守恒, θ 和 τ 就不会是同一种粒子. 科学家花了很多时间都没有搞清楚这个问题, 所以称之为 θ-τ 疑难.

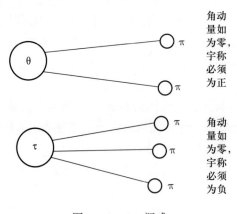

图 8-12　θ-τ 疑难

1956 年, 物理学家李政道和杨振宁全面分析了与 θ-τ 疑难有关的实验和理论工作之后指出: 这个疑难的关键在于认为在微观粒子的运动过程中宇称是守恒的. 他们发现, 在强相互作用和电磁相互作用过程中, 宇称守恒得到了实验的判定性检验, 但是在弱相互作用过程中宇称守恒并没有得到实验的判定性检验.

他们进一步建议可以通过钴 60(^{60}Co) 的衰变实验来对这一点进行判定性检验. 实验的原理是利用核磁共振技术使放射性元素钴 60 的原子核极化, 也就是使原子核的自旋方向沿着确定的方向排列, 然后观察钴 60 通过 β 衰变放出电子的方向分布, 见图 8-13.

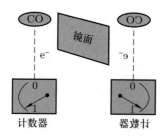

图 8-13　镜面对称钴 60 的 β 衰变实验示意图

李政道和杨振宁请当时在哥伦比亚大学任教的吴健雄 (1912—1997) 来做这个实验 (也有人说用钴 60 来实验是吴健雄提出来的). 李政道曾经这样描述这个实验: "健雄的实验原理其实是非常简单的: 假定有两个 ^{60}Co 的装置, 它们的初态是完全一样的, 没有极化. 我们对它们都加一个电流, 但是方向相反. 这样就造成它们互为镜像, 像中间放了一面镜子. 由于外加电流方向相反, 两个 ^{60}Co 的极化方向也就相反. 两个 ^{60}Co 都衰变出电子. 按照通常的想法, 它们衰变出的电子数应该是一样的, 与外加电流的左右无关. 但结果却完全不一样." (李政道. 物理, 2012, 3: 154)

1957 年, 吴健雄精确地进行了这个实验, 证实了李政道和杨振宁提出的分析判断.

由于守恒定律是自然界的基本定律之一, 人们对于守恒定律深信不疑, 而弱相互作用宇称不守恒的确立告诉人们, 各种守恒定律的适用范围是不同的, 有些物理量在一切相互作用过程中都是守恒的, 而有些物理量则只在某些相互作用过程中才是守恒的. 宇称就是人们认识的第一个只在某些相互作用过程中才守恒的物理量.

不守恒是自然界十分深刻的一种现象, 目前我们对其还知之甚少, 深入地理解这一现象有助于我们全面地认识宇宙.

8.7　夸克模型

20 世纪 30 年代, 人们知道了宇宙是由质子和中子组成的, 那么, 质子和中子还有结构吗, 它们是不是由其他粒子组成的? 到了 60 年代初期, 实验上发现了大量的新强子. 在对大量强子及其运动性质分析的基础上, 1964 年, 美国物理学家盖尔曼和茨威格 (George Zweig, 1937—　) 相互独立地提出了强子的结构模型, 认为所有的强子都是由更深层次的粒子所组成. 对于这种更深层次的粒子, 盖尔曼称之为夸克 (quark), 茨威格称之为艾斯 (ace). 现在一般都称其为夸克, 称这个强子的结构模型为夸克模型.

茨威格生于 1937 年, 1957 年毕业于密歇根大学, 随后到加州理工学院做了费曼的研究生. 1964 年他提出了 "夸克" 这一概念 (与盖尔曼同期, 但两者为独立研究). 他推测这些粒子共有四种, 跟扑克牌一样有四种花色, 所以给它们起名叫 "艾斯" (扑克牌中的 A). 夸克的引入是粒子物理学的一个重要里程碑. 茨威格后来转向神经生物学研究, 现在是美国洛斯阿拉莫斯国家实验室的研究员.

夸克与所有已知的亚原子粒子不同, 它们带有分数电荷, 例如 2/3 或 $-1/3$. 夸克都是群居的, 不能单独存在, 即所谓的 "夸克禁闭". 它们之间的结合是靠交换胶子, 这就是著名的夸克模型.

夸克是一种基本粒子, 也是构成物质的基本单元. 夸克互相结合, 形成复合强子. 强子中最稳定的是质子和中子, 它们是构成原子核的单元. 由于 "夸克禁闭", 夸克不能被直接被观测到, 或是被分离出来, 只能够在强子里面找到. 因为这个原因, 人类对夸克的认识都来自对强子的观测. 我们在前面说过, 2009 年美国科学家观察到了单顶夸克的存在, 这应该是粒子物理研究的难题.

夸克有 6 种, 称为 6 "味", 分别是上 (u)、下 (d)、粲 (c)、奇异 (s)、底 (b) 及顶 (t) 夸克. 上夸克和下夸克是质量最小的夸克, 较重的夸克会很快衰变成上夸克或下夸克. 粒子衰变是一个从高质量状态变成低质量状态的过程, 所以, 上夸克和下夸克都比较稳定, 它们在宇宙中很常见. 其他夸克只能由高能粒子的碰撞产生 (宇宙线及粒子加速器).

夸克不但带有电荷, 还带有 "色" 荷, 每一味夸克还有 3 种颜色, 用红、绿、蓝代表. 要说明的是, 夸克的所谓颜色并不是通常的颜色, 只是其内部自由度的标记, 可以简单地把夸克的 3 种颜色理解为夸克有 3 种不同的状态. 每一味夸克都有对应的反粒子, 叫反夸克, 它的一些特性跟夸克大小一样但正负不同.

1995 年, 美国的费米实验室测到了顶夸克, 至此 6 种夸克全部被发现.

有关夸克一词的来源有不同的说法. 一种说法是来源于乔伊斯的小说《芬尼根守灵夜》(*Finnegan's Wake*). 有评论说这整本书就好像文字迷宫一般, 乔伊斯在小说中大量创造新词, 达到视觉与听觉的效果, 例如用 mushymushy, stuffstuff 模拟声音. 这些文字常融合了法语、德语、意大利语、古希腊语、古罗马语等六十多国语言与方言, 有时一个单词中, 一半是法文, 一半是德文. 我曾经试图阅读这本小说, 结果无法读懂, 只好放弃. 书中有一句话: "向马克老大三呼夸克!" (Three quarks for Master Mark!), 据说夸克一词来源于此.

还有一种说法, 说盖尔曼是德国后裔, 父母在家都说德语, 盖尔曼自然对德语十分熟悉. 德文中的 "quark" 有 "扯淡" 的意思. 盖尔曼虽然提出来夸克的概念, 然而当时并没有任何实验支持, 他自己也不确定是否确有其事, 所以借用德文 "quark" 一词, 有些自嘲的意味.

前面说过, 夸克群居, 从不单独存在, 它们群居所形成的复合粒子叫 "强子". 夸克带有分数电荷, 但强子的电荷是整数, 即组成强子的夸克, 它们的电荷加起来为整数. 夸克带有 "颜色", 但强子没有 "颜色", 即组成强子的夸克, 它们的色荷加起来是 "白色" 或者称无色, 就像红、绿、蓝 3 色混合即为白色.

强子有两类: 重子和介子. 重子由 3 个夸克组成, 介子由一对夸克和反夸克组成. 图 8–14 是重子和介子的示意图. 组成它们的 "蛋" (夸克) 是不能拿出鸟巢的, 就是由于上面说的 "夸克禁闭" 的原因.

图 8–14 (a) 3 个夸克组成重子; (b) 2 个夸克组成介子

我们看到, 介子是由夸克和反夸克组成的, 夸克和反夸克是正反物质, 为什么它们不湮灭? 很多介子是不同种类的夸克与反夸克构成的, 因此在强相互作用下并不湮灭. 另一方面, 介子是一个夸克和一个反夸克构成的, 只是一种近似的说法. 介子并不是一个标准的两体系统, 介子内部还有任意多个胶子. 即使是由相同的夸克和反夸克组成, 其衰变也主要是通过强相互作用变成胶子, 胶子又可以演变成轻的介子, 所以也不湮灭.

霍金说过, 尽管不能观测到孤立的夸克, 夸克的概念仍是我们基础物理理论中一个至关重要的元素.

8.8 标准模型和相互作用的统一

(1) 标准模型.

到 20 世纪 60 年代, 人们关于粒子结构和其运动的基本规律的认识, 有了重大的突破, 形成了粒子物理的标准模型. 粒子物理的标准模型在电弱统一理论以及量子色动力学的基础上逐步建立和发展起来.

标准模型是描述强相互作用、弱相互作用和电磁相互作用这三种基本相互作用, 及组成所有物质的基本粒子的理论. 到目前为止, 几乎所有对以上三种相互作用的实验结果都与标准模型的预测相符, 但是标准模型没有包含引力.

标准模型认为, 微观物质的基本相互作用有三种, 即强相互作用 (由量子色动力学描述)、电弱相互作用 (电磁和弱相互作用的统一理论) 和引力相互作用.

量子色动力学具有很高的对称性, 它表现为夸克和胶子间的强相互作用.

粒子物理的标准模型理论把基本粒子分成 4 大类: 夸克、轻子、规范玻色子与希格斯粒子. 标准模型建立之初, 为了解释物质质量的起源, 利用了希格斯提出的希格斯场, 并进而预言了希格斯玻色子的存在. 假设出的希格斯玻色子是电子和夸克等形成质量的基础. 其他粒子在希格斯场中, 受其作用而产生惯性, 最终获得质量.

标准模型预言了 61 种基本粒子的存在, 在其中 60 种已被实验所证实以后, 希格斯玻色子却迟迟没有被发现, 科学家一度甚至怀疑希格斯玻色子的真实性. 2012 年, 欧洲核子研究中心宣布大型强子对撞机 (LHC) 发现了希格斯玻色子, 至此, 标准模型预言的 61 种基本粒子全部被发现.

希格斯玻色子是最后一种被发现的基本粒子. 下面给出标准模型预言的 61 种基本粒子:

6 种夸克 (u, d, c, s, b, t) 以及它们的反粒子共 12 种, 每种再分 3 种颜色, 共 36 种;

3 种带电轻子 (e, μ, τ) 及它们的反粒子, 共 6 种;

3 种中微子以及它们的反粒子, 共 6 种;

8 种传递强相互作用的胶子;

3 种传递弱相互作用的规范玻色子 (W^+, W^-, Z);

1 种传递电磁相互作用的光子;

1 种希格斯玻色子, 质量的来源.

如果也算上引力子, 则是 62 种. 这就是文献上有的说是 61 种基本粒子, 有的说是 62 种基本粒子的原因. 标准模型不包含引力, 所以不算引力子比较合理, 应该是有 61 种基本粒子. 现已观察到其全部存在的证据. 下一步粒子物理该做什么? 毫无疑问, 物理学还会不断有新的发现, 对希格斯玻色子的认识还很肤浅, 对单个夸克的认识, 对胶子的认识也都还非常不够. 总之, 想根本认识自然界, 人类要走的路还很长.

(2) 寻求大统一理论.

科学家孜孜以求的目的, 是建立一个能够说明整个宇宙的大统一理论. 事实上, 很早人们就开始了这方面的探索.

第一个寻求大统一的应该是牛顿, 万有引力定律把万物之间的联系用质量统一起来, 实在是非常了不起的贡献.

第二个应该是麦克斯韦, 他提出的麦克斯韦方程组, 把自然界最重要的现象之一 —— 电和磁统一起来, 并且为人类使用电力、电磁波打下基础.

爱因斯坦在建立广义相对论后, 花了很长时间致力于统一场论的研究, 希望能建立一个把电磁相互作用和引力统一起来的理论, 结果没有成功.

从微观粒子开始建立大统一理论很有道理. 宇宙爆炸以后, 开始只有能量, 然后有微小的粒子, 进而发展成现在的宇宙. 微观粒子之间存在着四种相互作用, 这四种相互作用之间存在什么联系, 它们是否可以从更深刻的角度统一起来, 一直是粒子物理学家关心的问题.

20 世纪 60 年代, 格拉肖、温伯格、萨拉姆三位科学家提出了电弱统一理论, 把电磁相互作用和弱相互作用统一起来, 这种统一理论可以解释电磁相互作用和弱相互作用的各种现象. 电磁和弱相互作用在宇宙之初是统一的, 随着宇宙温度的降低, 电磁相互作用和弱相互作用分离了, 所以我们现在看到的是两个不同的相互作用. 电弱统一理论的成功促进了大统一理论的探索研究.

20 世纪 70 年代, 科学家提出大统一 (grand unification) 理论, 除了引力, 试图把电磁、强、弱 3 种相互作用统一起来. 科学家各抒己见, 大统一理论有许多种, 各有不同的特点. 但是迄今为止, 还没有任何一个大统一理论得到了实验的判定性检验.

还有一种理论叫超弦理论 (superstring theory). 它的一个基本观点就是, 自然界的基本单元不是电子、光子、中微子和夸克之类的粒子. 这些看起来像粒子的东西实际上都是十分细小的弦的闭合圈 (称为闭合弦或闭弦), 闭弦的不同振动和运动就产生出各种不同的基本粒子, 进而有了今天的宇宙. 超弦理论没有任何的实验或者观察依据, 所以很多科学家认为超弦理论仅仅是一种数学游戏而已. 爱因斯坦凭自己的想象创造了广义相对论, 后来得到了证实, 所以也不能认为超弦理论就仅是数学, 也许以后会找到支持超弦理论的证据.

图 8–15 是科学寻求大统一理论的示意图, 可能不完全.

最后, 让我们用霍夫曼 (Banesh Hoffmann,《量子史话》的作者) 的话来结束这一章: "虽然正确的答案是不会有的, 可是科学注定要为这样的问题焦心, 它必定永远围绕着这些问题, 编造暂时的理论, 打算凭理论抓住某些真理的幼芽, 在上面放稳它复杂的上层结构."

图 8-15　寻求大统一

卷首语解说

　　任何科学发现都要经过辛苦的努力, 提出问题时也要经过深思熟虑, 所谓良好的开端是成功的一半, 说的就是研究一个问题时, 切入点一定要恰当.

　　如果你是一个年轻的科学家, 当你的研究一筹莫展时, 就要想想法拉第这句话. 伟大的科学家在研究中尚有很多的不如意, 更何况是一般的人. 如果要做出成绩, 那就理清头脑, 稍事休息, 重新开始.

第九章　凝聚态物理与材料科学

> 我要做的是让我的愿望符合事实, 而不是试图让事实与我的愿望调和. 你们要像一个小学生那样坐在事实面前, 准备放弃一切先入之见, 恭恭敬敬地照着大自然指的路走, 否则, 将一事无成.
>
> ——赫胥黎 (Thomas Henry Huxley, 1825—1895, 英国博物学家、教育家)

把凝聚态物理和材料科学放在一章, 是因为在很多研究方向上, 它们之间的界限已经很难区分了.

什么是凝聚态物理? 凝聚态物理是物理学一个重要的分支, 研究具有集体运动行为的系统的物理性质. 什么是具有集体运动行为呢? 简单地说, 就是在一个系统中, 如果其中的一个组分发生了变化, 整个系统都受到影响, 这样的系统就叫作有集体运动行为. 例如一杯水, 如果将其中的一个水分子拿走, 那么这个水分子原来的位置就要被其他水分子占有, 杯子里面的水分子都要受到影响, 这就是有集体运动行为. 又如一块金属, 如果其中的一个金属原子被拿走, 不但这个原子原来位置附近的结构会变化, 金属的物理性质, 例如导电性, 也会发生变化, 这也是集体运动行为.

如果我们从集体运动行为定义凝聚态物理, 那么不仅是固体、液体, 就是气体、等离子体也都属于凝聚态物理研究的范围. 不过, 人们已经习惯于将气体、等离子体分开研究.

等离子体被称为物质的第四态 (前三种是固、液、气态). 在高温或强电磁场下, 气体中的一部分原子会失去或者得到电子, 形成阴离子或阳离子, 这就形成了等离子体. 简单地说, 等离子体就是带电的气体. 由于等离子体含有许多阴离子和阳离子, 所以它能够导电, 对电磁场有很强的反应. 等离子体的形状和体积并不固定, 而是像气体一样会根据容器而改变, 但和气体不一样的是, 在电场或者磁场的作用下, 它会受到洛伦兹力的影响, 形成各种结构. 等离子体是宇宙中物质最常见的形态, 存在于星际空间和恒星之中.

凝聚态物理研究的比重在整个物理学范围内大概占 40%. 有人总结了诺贝尔物理学奖 100 年来的数据, 发现大概有 40% 的奖项被授予与凝聚态物理有关的研究.

虽说凝聚态物理涵盖的范围非常宽广, 但主要指的还是固体物理. 所谓固体就是有形状、摸得到、看得着的物质, 而固体物理就是研究这些物质的性质. 由于固体是和人类生活密切相关的, 所以固体物理的研究比重在物理学中很大.

那么, 什么是材料呢? 材料就是有用的固体. 从原则上说, 所有的固体都有用处, 即便是最常见的泥土, 也可以用来种农作物. 这里的用处是从工业角度来讲的, 例如利用固体的力、热、光、电、磁性能. 目前固体物理主要是研究材料. 虽然人类社会的财富越来越多, 但是人类的需求也越来越高, 在固体物理方面, 很少有人愿意出钱去研究一件和应用完全无关的事情. 对一些问题的微观机理研究, 例如超导电性, 似乎和应用无关, 但是深层次还是为了应用. 就说这个超导电性的微观机理, 搞清楚一个物质为什么会有超导电性, 有助于寻找新的超导电性材料.

到了 20 世纪后期, 材料科学和物理学的发展已经密不可分, 在很多情况下很难区分一个科学家是在研究材料科学还是物理学. 可以概括成一句话: 物理学与材料科学的结合, 使材料多姿多彩的性能呈现出来. 以下是几个典型事例.

1911 年, 荷兰物理学家昂内斯 (Heike Kamerlingh Onnes, 1853—1926, 1913 年诺贝尔物理学奖得主) 发现金属汞在 4.2 K 时变成超导体. 随后科学家发现很多金属和合金具有超导电性. 超导电性的发现, 可能是物理学和材料科学结合的第一个伟大成果.

爱因斯坦在 1917 年就发表了受激辐射理论. 到了 1960 年, 美国科学家才找到合适的材料 (红宝石) 实现受激辐射, 就是激光.

有关晶体管的理论在 1948 年左右就提出了. 几年后, 有了良好的材料 (单晶硅), 晶体管才得到商业化的应用.

9.1　简介和发展

如果我们不按照科学名词或者学科建立的先后, 而是按照研究的历史, 可以说, 材料的研究是固体物理学的前身. 我们有必要回顾一下人类使用材料的历史, 这样可以加深对固体物理学和材料科学的理解.

(1) 材料的分类.

我们都知道, 人类的历史可以按照使用材料的不同来划分, 可见材料是人类生存的重要基础. 根据使用的材料不同, 人类的历史可以分为石器时代 (石器时代分为旧石器时代和新石器时代, 新石器时代包含了人类使用陶土制作陶器的时代)、青铜器时代、铁器时代. 北京大学有个赛克勒考古与艺术博物馆, 在里面可以看到人类历史的这几个过程. 其实, 不仅是赛克勒博物馆, 在全世界的历史博物馆中, 我们都可以看到人类历史的这几个过程. 虽然远古时代世界各地的人们互不交流, 可是历史却是惊人地相似, 我们可以从中体会到人类的历史和科学发展的历史都有一定的规律, 这个规律不依赖于地区和人种. 铁器时代以后, 人类发展出的材料各式各样, 用一种材料来概括时代的特征已经不可能了, 所以也就不再用使用材料的不同来划分历史了.

先看一看石器时代. 那个时候人类只是简单地把石头敲打或打磨以后, 做成刀、斧等简单的用具, 人们主要利用这些工具的锋利、重量来加工和获取食物, 也就是说利用这些工具的力学性能. 后来制作的陶器也是一样, 力学性能是判断其优劣的主要标准.

青铜器和铁器时代人们仍然主要利用材料的力学性能. 与石器相比, 青铜器的韧度大大增加, 可以加工成不同形状、不同用途的东西, 如加工成刀剑用来作战, 加工成鼎、爵等用来饮食或者祭祀. 但是, 青铜还是比较软, 强度和韧度都不够, 因此人们在其中加入一些其他金属, 制成今天称为合金的材料来增强青铜的强度和韧度. 必须说的是, 青铜本身就是铜和锡的合金, 但是, 加入其他金属以后, 性能更好. 考古学家在战国时代吴国和越国的古墓中都曾经发现有些青铜剑, 打磨以后仍然完好如初, 非常锋利. 那个时代人们使用材料的时候已经无意识地使用了物理的知识. 铁的强度和韧度都比青铜好, 所以到了铁器时代以后, 人们将材料的使用范围大大地扩大了.

从以上人类利用石器、青铜器和铁器的历史可以知道, 那时候人类使用这些材料主要是利用它们的力学性能, 一直到 18 世纪末期和 19 世纪初, 人们发现电以后, 材料的其他性能才开始受到重视和利用. 这些性能包括材料的热、光、电、磁、化学等性能. 科学上又把材料按照它们性能的不同分为结构材料和功能材料. 结构材料主要利用材料的力学性能; 功能材料主要利用材料的热、光、电、磁和化学等性能.

还有其他的分类方式: 按照结晶状态可以分为晶态和非晶态材料; 按照化学分类可以分为有机和无机材料; 按照导电方式可以分为超导体、金属、半导体、绝缘体; 按照磁性可以分为顺磁体、抗磁体、铁磁体、亚铁磁体、反铁磁体、超顺磁体.

还有新出现的状态, 例如近 20 多年来迅猛发展的纳米材料 (第十一章专门讲纳米科技).

(2) 功能材料.

前面说过, 结构材料是利用材料的力学性能为人类服务, 而功能材料是利用材料的热、光、电、磁和化学性能为人类服务. 下面简单介绍一下都有哪些功能材料:

热功能材料: 隔热材料 (绝缘体)、导热材料 (导体);

光功能材料: 激光材料、各种波段的发光材料等;

电功能材料: 导电材料、超导材料、半导体材料、介电材料等;

磁功能材料: 铁磁材料、反铁磁材料、顺磁材料、抗磁材料等;

化学功能材料: 传感器等.

以上所说的功能材料有些是大家常见的, 有些是不常见的, 就不一一介绍了.

简单说一下利用化学功能做成的传感器. 现在的公众场所, 例如学校的教室、写字楼的办公室, 其天花板上都有气体报警器, 这就是化学传感器. 当有火灾发生时, 传感器马上把信号传给控制室, 让人们采取行动. 化学传感器都是利用一些禁带宽度比较大、导电性能差的半导体材料做成的. 它们本来不导电, 但遇见可燃性气体 (化学上叫还原性气体) 后, 材料因为吸收了气体中的电子, 禁带宽度就变窄或者消失, 半导体就变成金属, 马上联通电路, 给出报警信号. 关于禁带宽度和导电问题, 后面要讲到.

(3) 研究的范围.

固体物理和材料科学研究的范围从肉眼看得见的物体到高分辨电子显微镜看得到的范围, 再小就是原子分子物理研究的范围了. 下面我们用几张图 (图 9-1) 来

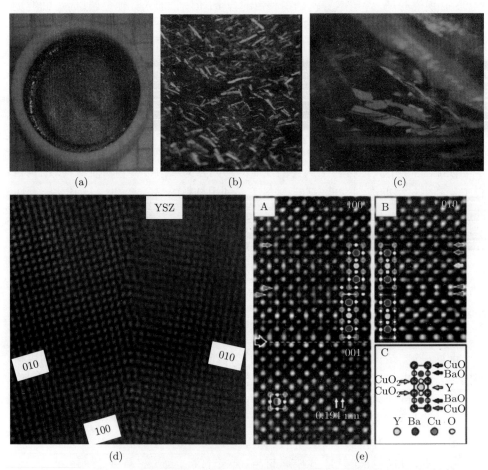

图 9-1　(a), (b), (c) 是一个放在小坩埚内的高温超导体的光学显微镜照片, 放大倍数由小到大; (d), (e) 为高分辨电子显微镜照片, 每一个点都是一个原子的图像. (引自 Jia C L, et al. Science, 2003, 299: 870)

说明. 肉眼看得见的就不说了, 从光学显微镜的分辨率开始. 我们都知道, 光学显微镜的分辨率是波长的一半, 可见光大约是 400~800 nm, 所以光学显微镜的分辨率是 200 nm, 小于 200 nm 光学显微镜就无能为力, 而要改用电子显微镜. 电子显微镜所用电子的波长在 0.1 nm 左右, 所以分辨率就比光学显微镜高出很多. 优秀的电子显微镜已经能够分辨单个原子.

图 9-1 (a)~(c) 是一个高温超导体的光学显微镜照片, 样品装在一个小坩埚内, 图 (c) 是光学显微镜能够达到的最大倍数, 可以看到一些晶体的表面情况, 图 (d) 和图 (e) 是高分辨的电子显微镜照片, 和前面的不是同一个样品. 电子显微镜照片中的每一个亮点是一个原子的图像. 要说明的是, 光学显微镜使用的是自然光源, 照片的颜色是样品的实际颜色. 电子显微镜是在高真空下工作, 是电子照射样品, 原则上照片没有颜色, 图 9-1 (e) 中的色彩是后续用电脑添加的.

固体物理研究的范围就到高分辨电镜能够看到的为止.

(4) 固体材料研究的重要性.

前面说过, 人类历史可以通过使用材料的不同来分期, 足以说明材料对人类的重要性.

另一方面, 新材料的发现往往导致科学研究新领域的出现, 例如超导材料、半导体材料、激光材料、纳米材料, 以及近年来的石墨烯材料等都开拓了新的研究领域, 给人们的生活带来进步和便利.

所以, 新材料的探索永远是固体物理和材料科学研究的主题之一.

(5) 固体物理发展简史.

这里简单地总结一下固体物理发展过程中的一些重要历史事件, 每一个事件都是对固体的研究或者认识的一个新的里程碑.

(i) 固体物理的研究开始于对固体性能的认识, 例如对石、陶、铜、铁、合金、陶瓷等基本性能, 主要是力学性能的认识.

(ii) 结晶学. 很早开始, 人们就发现晶体具有很好的外观对称性 (图 9-2), 而外观对称性往往和晶体的性能有关. 所以人们开始研究外观的几何对称性, 形成了一门学科叫作 "几何结晶学". 几何结晶学以几何的对称元素点、线、面为基础, 研究晶体的外观对称性. 后来人们发现, 外观的对称性往往和内部原子排列的对称性相对应, 逐步形成了以空间群为基础的研究方法.

(iii) X 射线衍射. 1895 年, 伦琴发现了 X 射线, 可以用来探测固体的内部.

1895 年, 伦琴从黑纸中包着的胶片被感光而意识到有一种光可以穿透黑纸, 由于当时不知道它的性质, 而称其为 X 射线.

X 射线一被发现, 就被应用于生产和研究, 如探测骨折、金属探伤等, 但那时人们并不了解 X 射线的本质. 有一本书中这样写道: "如果要应用一个东西, 不一定

(a)   (b)

图 9-2 黄铁矿 (a) 和紫水晶 (b) 晶体

非要对它的所有都了解清楚." 这句话不但说明了当时人们对 X 射线的应用先于了解它的本质, 而且也适用于我们现在的研究工作. 在固体物理和材料科学中, 有不少东西, 虽然我们不知道它的基本原理, 照样可以应用. 现在的高温超导体就是一例. 尽管我们不知道它为什么会超导, 但是已经做成了各种可以应用的东西, 例如超导电缆.

X 射线的波长和晶体内部原子层之间的距离相当. 德国科学家劳厄 (Max von Laue, 1879—1960, 1914 年诺贝尔物理学奖得主) 提议可以用晶体作为衍射 X 射线的光栅 (光衍射的基本条件是光栅的距离和光的波长相当). 他于 1912 年试验用 X 射线照射晶体, 获得了衍射花纹.

后来, 英国的布拉格父子在 X 射线研究晶体结构方面做出了巨大的贡献, 提出了著名的衍射方程: $2d\sin\theta = \lambda$.

从 1912 年劳厄获得晶体衍射图开始, 人们可以知道晶体的内部结构, 因此把这一年称为现代固体物理的开端.

(iv) 超导电性. 1911 年, 昂内斯发现了超导电性. 超导电性的发现是物理学和材料科学第一次有重大意义的结合. 人们开始知道, 很多物理性能需要合适的材料才能实现.

(v) 布洛赫定理. 1928 年, 瑞士物理学家布洛赫 (Felix Bloch, 1905—1983, 1952 年诺贝尔物理学奖得主) 研究金属导电性时提出一个定理, 认为电子在晶格中运动, 除了自身运动外, 还要受到晶体中周期排列的原子的势能影响. 后来人们在布洛赫定理的基础上, 发展了能带理论, 把固体按导电性分成金属、半导体和绝缘体. 能带理论成了固体物理学的基础.

(vi) 晶体管. 1948 年, 美国科学家肖克莱 (William Bradford Shockley, 1910—

1989, 1956 年诺贝尔物理学奖得主)、布拉顿 (Walter Houser Brattain, 1902—1987, 1956 年诺贝尔物理学奖得主) 和巴丁 (John Bardeen, 1908—1991, 1956 年和 1972 年诺贝尔物理学奖得主) 发现了晶体管效应, 后来制成了实用的晶体管, 再后来就有了集成电路和大规模集成电路, 是我们今天网络、手机、电脑等的基础.

(vii) 激光器. 20 世纪初, 爱因斯坦从理论上预言原子和分子在一定的情况下可以有受激辐射, 导致了后来激光的发明.

爱因斯坦的理论发表以后的多年间, 科学家在寻找产生受激辐射的方法, 先后有苏联的两位科学家巴索夫和普罗霍罗夫, 一位美国科学家汤斯在激光理论和激光器的研究方面做出了很大的贡献. 他们先后于 20 世纪 50 年代发明了气体激光器, 三个人一起获得了 1964 年诺贝尔物理学奖.

后来, 美国物理学家梅曼发现在掺铬的红宝石中可以产生激光, 固体激光器由此诞生了.

(viii) 固体发光. 固体发光就是用半导体二极管发光.

20 世纪 70 年代以来, 能源紧张成为人类的共识, 化石能源总有一天会被用尽, 人们开始寻找各种替代品. 半导体发光没有热量损耗, 而一般的白炽灯会发热, 把一部分能量变成无用的热量, 降低了能量的利用率.

到了 20 世纪 90 年代, 人们发明了各种各样的发光二极管, 其中日本科学家赤崎勇 (Isamu Akasaki, 1929—2021)、天野浩 (Hroshi Amano, 1960—　) 和中村修二 (Shuji Nakamura, 1954—　) 发明的蓝光二极管最为著名. 这三个科学家获得了 2014 年诺贝尔物理学奖. 如今, 发光二极管作为照明器件已经非常普遍, 大量节约了能源.

(ix) 富勒烯的发现和纳米材料. 1985 年, 美国科学家柯尔 (Robert Curl, 1933—　)、斯莫利 (Richard Errett Smalley, 1943—2005) 和英国科学家克罗托 (Harold Kroto, 1939—2016) 等人制备出了 C_{60}, 就是碳元素组成的一个和足球一样的结构, 又称富勒烯. 1996 年, 柯尔等 3 人获得诺贝尔化学奖. 从此, 纳米材料的研究进入高潮, 至今不衰.

9.2　固体物理的两大支柱

支撑固体物理的有两个重要支柱, 一个是晶体结构, 一个是能带理论. 晶体结构涉及固体内部原子、离子的排列方式; 能带理论涉及晶体内部能量的分布方式.

(1) 晶体结构.

人们最早对晶体的认识是发现很多固体有规则的外形, 就像图 9-2 那样. 最早被认识的晶体估计是水晶. 晶体的英文名 "crystal", 既指晶体又是水晶. "crystal"

一词来源于希腊文, 是冰的意思, 英文用这个词表示晶体, 估计是因为水晶看起来像冰.

后来科学家发现, 晶体的规则外形来源于内部原子的整齐排列. 原子或者离子在晶体内部整齐排列, 有两种主要的排列方式, 一种是两层重复一次, 见图 9-3 (a), (c), 这种排列的方式叫六方密堆积. 一种是 3 层重复一次, 见图 9-3 (b), (d), 这种排列方式叫立方密堆积. 在排列中, 原子或离子尽可能靠近, 正负离子交替排列, 使得晶体的能量最低. 我们已经知道, 能量最低的状态是最稳定的状态.

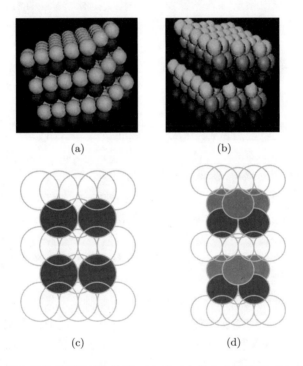

图 9-3   原子或离子在晶体内部的整齐排列. (a) 和 (c) 是六方密堆积, (b) 和 (d) 是立方密堆积

仅知道原子或者离子的整齐排列对了解晶体的性质是远远不够的, X 射线的发现给了科学家深入了解晶体结构的机会. 1895 年, 伦琴发现 X 射线以后, 1912 年左右, X 射线便被用于测量晶体的结构. 科学家知道, 晶体内部原子或离子每层之间的距离 (约为 1 Å, 现在用来做结构分析的 X 射线波长一般为 0.5~2.5 Å) 和 X 射线的波长差不多. 劳厄就提出, 用晶体作为光栅衍射 X 射线, 就可以知道晶体内部的很多详细情况. 在劳厄和布拉格父子的努力下, X 射线作为研究晶体结构的工具获得了广泛的应用. 直到今天 X 射线衍射仍然是研究晶体结构的有力工具. 小

布拉格提出了一个简单的衍射方程:

$$2d\sin\theta = \lambda, \tag{9-1}$$

其中 d 是晶体内部原子层之间的距离 (图 9-4), λ 是 X 射线的波长, θ 是出现衍射线时的入射角. 知道了 X 射线的波长和入射角就知道了原子 (离子) 层之间的距离, 便可计算出晶体内部的结构. 晶体结构包括晶胞的大小、原子的坐标、各原子之间的夹角、原子之间的距离、原子周围的情况等详细的信息. 所谓的晶胞 (或称元胞) 就是在晶体中选一个最小单位, 重复它就可以得到整个晶体. 也就是说它是整个晶体的缩影, 知道了晶胞, 就知道晶体结构. 图 9-5 是一个晶胞的示意图.

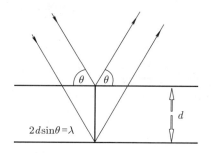

图 9-4 原子层和入射 X 射线

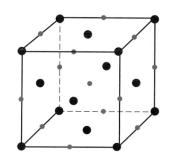

图 9-5 氯化钠 (食盐) 的晶胞

小布拉格是个十分了不起的科学家. 1915 年他和其父老布拉格一起获得了诺贝尔物理学奖. 1917 年第一次世界大战爆发, 他没有因为自己获得过诺贝尔奖而有特殊感, 加入英国皇家骑兵为国效力. 1937 年, 48 岁的小布拉格接替卢瑟福担任卡文迪什实验室主任. 核物理在卡文迪什实验室诞生, 也是实验室的研究长项. 但是核物理花钱很多, 二战及战后一段时期, 英国十分贫穷. 在国家困难的情况下, 他没有强调卡文迪什实验室的特殊性, 而是鼓励了两个花钱很少的研究方向: 用 X 射线研究蛋白质的晶体结构; 用射电望远镜研究天体. 这两项研究分别在 1962 年和 1974 年获得 3 项诺贝尔奖. 我曾经在《物理》(2005, 34 (1): 60) 撰文对此有较详细的叙述, 并以此为例, 认为科学家应该有强烈的社会责任感, 而不是只强调自己的研究重要.

为什么要知道晶体的详细结构呢? 人们研究晶体就是要利用它们的性质为人类服务, 晶体的结构决定了晶体的性质, 知道它的结构以后, 就可以有目的地加以改造, 或者合成出新的晶体, 以更好地利用. 例如红宝石和蓝宝石, 它们不仅是昂贵的首饰材料, 而且是良好的工业材料. 红宝石是优良的固体激光材料, 蓝宝石是很多薄膜材料的衬底, 固体发光材料氮化镓就是以蓝宝石作为衬底材料. 自然界的红宝石和蓝宝石很少, 知道了它们的结构, 科学家就可以在实验室人工合成, 然后推广到工业界.

目前我们所用的材料, 绝大部分是人工合成的. 人工合成的第一步就是要知道材料的晶体结构, 然后才能合成. 有哪些方法可以知道一个材料的晶体结构呢?

目前, 测量晶体结构的主要手段有 3 种: X 射线衍射、中子衍射和电子衍射. 它们的基本原理都是相同的, 向被测量的材料射出一束能量, 然后测量出射的能量, 进而计算要得到的参数. X 射线衍射射出的是 X 光子, 中子衍射射出的是中子, 电子衍射射出的是电子. 衍射的原理都遵从布拉格方程 ((9–1) 式). 通过分析衍射得到的数据, 便可以知道晶体的详细结构. 图 9–6 是三种衍射图 (不是同一样品).

简单说一下三种衍射方法的优缺点. X 射线衍射是最常用的一种, 所用的 X 射线是用电子轰击金属 (铜、铬等) 产生的, 设备相对简单, 在普通的实验室里就可以使用. 中子衍射设备复杂, 需要有核反应堆才能提供中子源, 北京好像只有中国原子能科学研究院有中子衍射的设备. 而 X 射线衍射仪研究固体材料的单位都有, 有些单位还不止一台.

中子衍射的特点是比 X 射线的灵敏度高, 因为中子有体积 (X 光子没有体积), 与原子作用时散射面积大, 得到的数据多. 而且中子有磁性, 还可以研究材料的磁性. 电子衍射要用到电子显微镜, 设备也比 X 射线衍射复杂一些, 好处是电子衍射可以把电子束聚焦在很小的范围, 探测小区域的结构, 而 X 射线衍射的面积是宏观的, 最大的可到 1 cm^2, 得到的数据是统计性的. 电子衍射虽然可以知道很小范围的结构, 但是可能只是一个局域结构, 而不是整个晶体的结构, 如果想知道整个晶体的结构, 还是 X 射线衍射更好一些.

可见, 每种仪器都有自己的优点和缺点, 有时候优点恰恰是缺点, 要看用在什么情况下.

(2) 能带和导电性划分.

当很多原子或者离子在一起形成晶体后, 其导电性就和原来的原子或者离子不

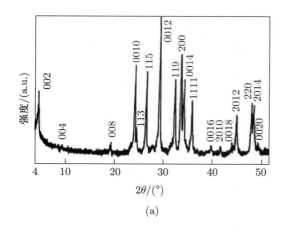

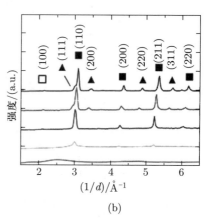

(a)

(b)

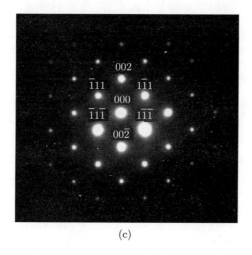

(c)

图 9-6 三种衍射方法得到的图像. (a) X 射线衍射, 其中 θ 是入射角; (b) 中子衍射, 其中横坐标中的 d 为晶面间距; (c) 电子衍射. (c) 中一个点对应 (a) 和 (b) 中的一个峰

一样了, 主要是电子运动要受到更多的限制. 图 9-7 是三维周期晶格示意图.

在一个理想完整的晶体中, 所有的原子处在其平衡位置上, 形成周期性排列, 每一个电子除了受其他电子的影响外, 还要受原子核的影响. 由于晶体中原子的周期排列, 这种影响称为周期势场.

在第四章量子论中已经讲过, 对于像电子这样的微观粒子的运动, 要用薛定谔方程描述. 在周期势场中, 描述电子运动的薛定谔方程为

$$\left[-\frac{\hbar^2}{2m}\nabla^2 + U(\boldsymbol{r})\right]\psi(\boldsymbol{r}) = E\psi(\boldsymbol{r}). \tag{9-2}$$

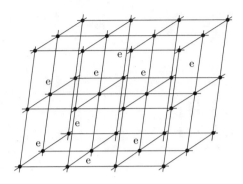

图 9-7　晶体中原子处在自己的位置上, 形成周期性排列

这个方程和第四章中的薛定谔方程相比, 多了一项 $U(\boldsymbol{r})$. 这个 $U(\boldsymbol{r})$ 就是周期势场. 布洛赫对这个方程进行了仔细分析和求解, 得到的解如下:

$$\psi_{\boldsymbol{k}}(\boldsymbol{r}) = \mathrm{e}^{\mathrm{i}\boldsymbol{k}\cdot\boldsymbol{r}}u_{\boldsymbol{k}}(\boldsymbol{r}). \tag{9-3}$$

这个结果称为布洛赫定理或者布洛赫函数. 简单地说, 就是在晶体中电子的波函数, 除了自身的运动性质 $\mathrm{e}^{\mathrm{i}\boldsymbol{k}\cdot\boldsymbol{r}}$ (这是平面波的形式) 外, 还要乘一个周期性的函数 $u_{\boldsymbol{k}}(\boldsymbol{r})$. 布洛赫考虑了周期势场的影响, 比较准确地描述了电子在晶体中的运动规律.

电子在固体中运动不再是单个的行为, 而是要受到周期势场的作用, 那么, 固体中的能量是如何分布的呢? 接下来人们在布洛赫定理的基础上发展了固体中的能带论.

能带论是描述固体性质最重要的理论, 为固体物理学的发展奠定了基础.

能带论认为固体中的电子不再是完全被束缚在某个原子周围, 而是可以在整个固体中运动的, 成为共有化电子. 电子在运动过程中也并不能像自由电子那样, 完全不受任何其他作用, 而是要受到晶格的周期势场的作用.

能带论巧妙地从理论上对固体的导电行为进行了解释, 见图 9-8. 能带论把固体中电子能量的分布分为导带和价带. 处在导带的电子是自由活动的电子, 担负导电的责任; 处在价带的电子是不能自由运动的, 除非有能量将它们激发到导带.

从图 9-8 中可以看到, 对于导体来说, 导带和价带是重叠的, 导带中有电子, 所以导体是导电的. 对于半导体来说, 导带和价带之间有个空隙, 称为 "禁带" "带隙" 或者 "能隙", 就是能量的间隙. 一般来说, 半导体的能隙小于 5 eV(这是个大概的数字), 给半导体施加能量, 例如光照, 电子就很容易从价带跳跃到导带而导电. 对于绝缘体来说, 价带和导带之间的能隙大于 5 eV, 一般施加能量不足以引起电子从价带跳跃到导带, 所以绝缘体不导电.

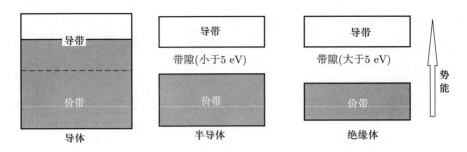

图 9-8　能带论对固体导电行为的解释

图 9-9 是导体和半导体电阻随温度变化的示意图. 导体和半导体的电阻随温度变化的趋势截然相反, 温度越低, 导体的电阻越小, 而半导体的电阻却越大. 我们用能带理论简单说明一下. 导体的电阻主要来自电子和晶格的相互作用, 晶格振动越大, 与电子的相互作用就越大, 电阻就越大. 随着温度的降低, 晶格的振动减小, 与电子的相互作用也就减小, 所以电阻就下降. 半导体却不同, 半导体导电是靠温度把电子激发到导带. 温度降低, 激发到导带的电子就减少, 所以电阻就要上升. 温度上升时有更多的电子被激发到导带, 所以半导体的电阻减小.

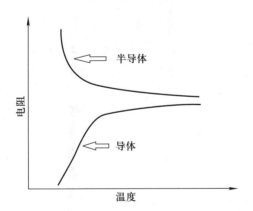

图 9-9　导体和半导体的电阻随温度的变化

这就是能带理论对于导体、半导体、绝缘体的简单解释.

9.3　固体物理和材料科学研究的主线

固体材料的结构决定了它的性能. 可以说, 材料的各种性能均可在其不同层次的结构上找到答案. 有的性能取决于晶体结构, 有的取决于缺陷结构, 有的则取决于电子结构. 研究物性与结构之间的关系, 或者说找出结构怎样支配材料的物性,是固体物理和材料科学研究中贯穿始终的主线.

人们最想实现的理想就是材料设计, 即通过对晶体结构的设计, 得到我们想要的性质. 估计实现这个理想还需要很长的时间.

这里举一个老生常谈的例子, 就是碳, 见图 9–10. 碳原子在固体中不同的排列方式使其性质有极大不同. 在石墨中, 碳原子排列成一个网状结构 (图 9–10 (a)), 一层一层. 这样的结构层与层之间的结合不紧密, 所以能用来做铅笔芯, 写字时石墨层就会剥落并附着在纸上.

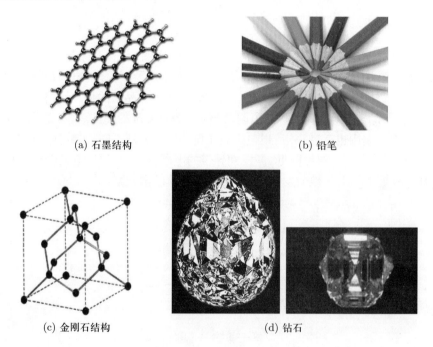

(a) 石墨结构   (b) 铅笔

(c) 金刚石结构   (d) 钻石

图 9–10 石墨和金刚石

金刚石也是碳, 其碳原子的排列如图 9–10(c) 所示. 这种排列方式使得金刚石的硬度极大. 在地球上的天然物质中, 金刚石是最硬的 (莫氏硬度 10). 金刚石是十分优良的切割材料, 可用来制作如割玻璃用的金刚石刀. 同时金刚石 (做首饰时称为钻石) 又是最昂贵的装饰物之一. 图 9–10(d) 中右边那颗钻石重 24.78 克拉 (1 克拉 =0.2 g), 价值约 4600 万美元. 钻石如此昂贵, 实际上却与我们平时用的铅笔芯是同一种原子构成的, 可见晶体结构对性能的影响是多么巨大.

9.4 固体的导电性和磁性

固体的导电性在能带一节已经做了简单讲解, 按照能带理论把固体分为导体、半导体和绝缘体, 这里不再赘述. 要说明的一点是, 还有一种固体叫超导体, 它完全没有电阻, 能带的情况和导体相似, 将在第十章专门讲述.

下面介绍固体的磁性. 固体的磁性是从哪里来的? 带电粒子做圆周运动就会产生磁矩, 可以简单地把磁矩理解为固体中产生的有方向的磁力.

如图 9–11 所示, 闭合回路的磁矩 m 为回路中的电流 I 和回路面积 S 的乘积.

$$m = IS. \tag{9-4}$$

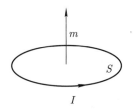

图 9–11 闭合回路的磁矩

电子自旋也会产生磁矩. 单个自由电子的自旋磁矩定义为一个玻尔磁子:

$$\mu_{\mathrm{B}} = \frac{e\hbar}{2m_e c}, \tag{9-5}$$

其中 e 是电子电荷, $\hbar$ 是约化普朗克常数, m_e 是电子质量, c 是光速. 代入各个量的值, 可得

$$\mu_{\mathrm{B}} = 9.27400949(80) \times 10^{24} \ \mathrm{J \cdot T^{-1}}. \tag{9-6}$$

一个原子的总磁矩是按照量子力学规律将原子中各个电子的轨道磁矩和自旋磁矩相加起来的合磁矩. 固体中的原子有两类:

一类原子中的电子数为偶数, 即电子成对地存在于原子中. 这些成对电子的自旋磁矩和轨道磁矩方向相反而互相抵消, 使原子中的电子总磁矩为零, 整个原子就好像没有磁矩一样, 习惯上称它们为非磁性原子.

另一类原子中的电子数为奇数, 或者虽为偶数但其磁矩由于一些特殊原因而没有完全抵消, 使原子中电子的总磁矩 (或称剩余磁矩) 不为零. 带有电子剩余磁矩的原子称作磁性原子.

固体的磁性是由组成它们的原子的磁性决定的, 在一个固体外面加一个磁场, 不同磁性的固体有不同的反应. 按照固体在外磁场中磁矩的排列方式, 可以把固体的磁性分为 6 种: 抗磁性、顺磁性、铁磁性、亚铁磁性、反铁磁性和超顺磁性. 图 9–12 是 5 种磁性磁矩排列的方式 (超顺磁性用图难以表达, 所以未画出).

(1) 抗磁性. 物质在外加磁场中产生的磁化强度与外加磁场方向相反, 抵消了外加磁场. 有些金属具有抗磁性, 例如铜、银、金等.

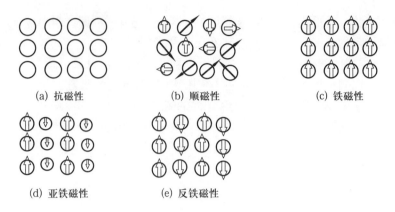

图 9-12　5 种磁性中磁矩排列的方式, 箭头为磁矩的方向

(2) 顺磁性. 物质内部的磁矩分布是混乱的, 不表现出磁性, 在外磁场作用下会产生微弱的磁性, 本身的磁化强度的方向与磁场强度的相同. 常见的顺磁体有过渡金属 (如钛、钒等) 及它们的盐类、稀土金属的盐类及氧化物.

(3) 铁磁性. 物质中相邻原子或离子的磁矩沿同一方向排列, 物质本身就有磁性, 当所施加的磁场强度增大时, 这些区域的合磁矩定向排列程度会增加到某一极大值, 铁、钴、镍及某些稀土元素是铁磁材料. 当温度升高, 到达一个叫居里温度的临界温度时, 由于无规则热运动的增强, 磁性会消失, 铁磁性变成顺磁性.

(4) 亚铁磁性. 亚铁磁性物质中, 相邻磁矩相反方向排列, 但是有一个方向弱一些, 物质整体显示磁性, 但是没有铁磁性那么强. Fe_3O_4, $\gamma\text{-}Fe_2O_3$ 都是亚铁磁材料.

(5) 反铁磁性. 反铁磁物质中临近的磁矩排列是完全相反的, 反铁磁物质不受外磁场的作用, 总磁矩为零. 但是, 当温度升至尼尔温度 (反铁磁体变成顺磁体的温度) 以上时, 热量的影响较大, 此温度时反铁磁体就变成顺磁体. 许多过渡元素的化合物都具有反铁磁性, 例如 $\alpha\text{-}Fe_2O_3$.

(6) 超顺磁性. 在正常顺磁体中, 每个原子或离子的磁矩只有几个玻尔磁子, 但是材料是直径 5 nm 的球形颗粒的集合体时, 每个颗粒可能包含了 5000 个以上的原子, 颗粒的总磁矩有可能大于 10000 个玻尔磁子. 所以把纳米颗粒集合体的这种磁性称为超顺磁性, 这是纳米材料的一种特性.

9.5　几个与能源有关的研究方向

科学研究除了满足人类的好奇心外, 主要目的应该是为人类的生活服务. 理论物理和宇宙学有不少工作是为了满足人类的好奇心, 凝聚态物理和材料物理的主要研究工作是为人类的生活服务.

从 17 世纪至今, 全球人口从 5 亿增长到 77.5 亿 (2019 年), 增长了约 15 倍. 人类的能源消耗也从每年 1 亿吨标准煤当量增长到 198 亿吨标准煤当量 (2018 年), 增长了近 200 倍.

目前全球能耗的 75% 来自化石能源(煤炭、石油和天然气), 其他来自水力、核能和可再生能源, 其中可再生能源大约占 5%.

世界能源委员会 (WEC) 2010 年预测, 按照资源探明储量和这样的发展速度, 石油将在 43 年后枯竭, 天然气将在 66 年后用尽, 资源量最大的煤炭也只够开采 169 年. 尽管有一些人对于这些数字持异议, 因为新的储量仍在不断被发现, 但是化石能源会慢慢枯竭是肯定的. 如何保证人类的能源供应可持续发展已经提到了议事日程.

中国是一个煤多油少的国家. 据统计, 2019 年中国自己的原油产量达到了 1.91 亿吨, 但同时还从国际上进口了约 5 亿吨石油 (进口量全球最高). 2019 年中国的石油对外依赖度已经高达 72%.

在人类发展的历史长河中, 化石能源时代到现在仅有四五百年, 是短暂的一个时期. 随着全球人口的增长、能耗的增加、环境问题的严峻和化石能源枯竭的形势, 节能和再生能源的开发利用变得十分重要, 这就要求科学家做出努力.

(1) 半导体照明.

节能、环保将是未来社会工业发展的主流, 发展半导体照明不仅有利于解决能源危机和环保问题, 而且将会大大改善人们的生活质量. 目前我国能源危机日益严峻, 而半导体照明可以很好地达到节电的目的. 到 2019 年, 我国已有近 50% 的传统光源被半导体发光二极管 (LED) 产品所取代, 每年累计实现节电约 2800 亿度, 相当于约 3 个三峡水利工程的发电量 (三峡大坝每年发电约 1000 亿度).

什么是二极管? 二极管是由一个 pn 结加上相应的电极引线及管壳封装而成的. 采用不同的掺杂工艺制成 p 型和 n 型半导体, 将 p 型半导体与 n 型半导体制作在同一块基片上, 在它们的交界面就形成空间电荷区, 称为 pn 结.

由 p 区引出的电极称为阳极, n 区引出的电极称为阴极. 因为 pn 结的单向导电性, 二极管导通时电流方向是由阳极通过内部流向阴极. 图 9–13 是一个发光二极管的示意图, 其他二极管和它的结构基本相似.

半导体是由硅、锗等物质组成的导电性介于导体和绝缘体之间的一类物质, 向半导体中掺入杂质或改变光照、温度等就能改变其导电能力. 不含杂质的半导体称为本征半导体. 半导体硅和锗的最外层有四个价电子, 为四价元素. 在纯净的半导体硅中掺入少量的五价磷, 就会多出 1 个电子, 形成电子型半导体 (n 型半导体), 掺入三价硼, 就会少一个电子而形成空穴型半导体 (p 型半导体).

科学家发现, 用某些禁带宽度比较大的半导体做成二极管, 在二极管两端加一定的电压时, p 型半导体中的空穴和 n 型半导体中的电子复合时会放出一定波长的光, 这样的二极管就是发光二极管. 二极管发什么颜色的光, 依赖其材料组成, 可以改变半导体材料的组成而改变其发光的颜色或者波长.

白炽灯和日光灯工作时要发热, 很多能量没有用来发光, 而是变成了无用的热量, 这样, 不但能量的利用率不高, 还要考虑热量带来的害处. 二极管发光与白炽灯和日光灯有很大的不同, 热量产生得很少, 能量的利用率非常高, 所以用半导体材料做成的发光二极管, 消耗的功率比起传统照明方式要少得多, 而且很安全.

有不少半导体材料可以做成发光二极管, 但在氮化物器件出现之前, 半导体发光器件一般工作在红外到绿色的波长范围, 从蓝绿到紫外波段的器件远远不能满足人们的实际需要. 以氮化镓 (GaN) 为基本材料的 III 族氮化物是最重要的宽禁带半导体材料体系之一. 它们特有的带隙范围, 优良的光学、电学性质和优异的机械性质使其在光学器件、电子器件以及特殊条件下的半导体器件等领域有着广泛的应用前景.

氮化镓是禁带宽度为 3.4 eV 的半导体, 在自然界中并不存在. 它合成的条件非常苛刻和复杂, 多年来固体物理学家、材料科学家还有相关学科的专家都在孜孜不倦地探索它的合成和性能. 自从日本日亚公司研究员中村修二 1996 年开发出了商用的氮化镓蓝光和绿光发光二极管以来, 氮化镓及相关化合物迅速成为物理和电子工程的一个重要研究领域.

2014 年诺贝尔物理学奖授予日本科学家赤崎勇、天野浩和美籍日裔科学家中村修二, 以表彰他们发明了蓝色发光二极管, 并由此带来了新型节能光源.

由 III 族氮化物氮化镓、氮化铟 (InN) 和氮化铝 (AlN) 可以形成一个连续的三元合金体系, 其直接禁带宽度覆盖了从氮化铟 (InN) 的 1.9 eV 到氮化镓的 3.4 eV, 直到氮化铝 (AlN) 的 6.2 eV, 也就是从红色到近紫外这一广泛的波长范围. 氮化物可以将半导体发光器件的波长扩展到很宽的范围, 这将对图形、图像和全色显示等应用领域产生巨大的影响, 有着巨大的经济价值 (图 9-13).

由 III 族氮化物发光二极管制备的大型全彩色显示屏可应用于机场、车站、大型商场、大广告牌等方面. III 族氮化物制备的红、绿、蓝及白光发光器件可用于照明和交通信号灯, 和目前使用的灯相比, 有亮度高、寿命长、能耗低、更接近自然光等明显优点. 另外, 在光存储方面, 红外激光器光盘的存容量为 0.78 GB, 而如果利用蓝光波段的激光器, 则容量可以增加到 23 GB, 见图 9-14. 紫外波段的 III-V 族氮化物二极管还可用于高质量的激光打印, 以及深海光通信、高功率高温电子器件等诸多方面.

半导体照明的例子足以说明, 固体物理和材料科学研究可以对社会和人类生活有很大的贡献, 也告诉我们, 当科学家选择研究课题的时候, 应该充分考虑社会和生活的需要.

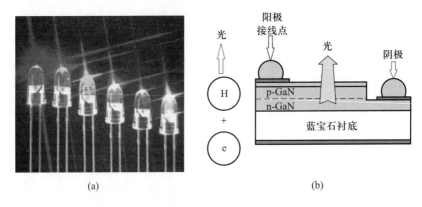

图 9-13 不同颜色的氮化镓发光二极管 (a) 和它的基本结构 (b)

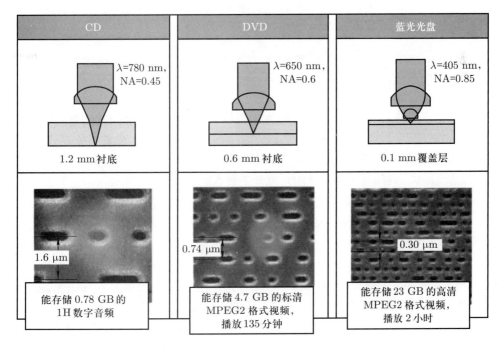

图 9-14 3 种不同光存储模式的比较. 光的波长越短, 光盘存储容量越大. 最右边的是蓝光光盘. (Bergh A, et al. Phys. Stat. Sol. (a), 2004, 201: 2740)

(2) 太阳能利用.

太阳能由于其突出的优势而被定位为最具前景的未来能源. 地球表面所接受的太阳能约为 1.074×10^4 GW/年, 是全球能量需求的 35000 倍, 具有无尽的潜力.

当前太阳能的利用主要形式是太阳能电池. 太阳能电池就是通过太阳光线照

射太阳能材料而形成电流, 从而利用太阳能的器件. 图 9–15 是太阳能电池的示意图, 其结构和发光二极管差不多, 用 p 型半导体和 n 型半导体材料组成一个 pn 结, 当日光照射到电池材料时, 太阳能会激发材料中的载流子 (电子和空穴) 到导带. 所以, 当联通 pn 结两端时, 就构成一个电路.

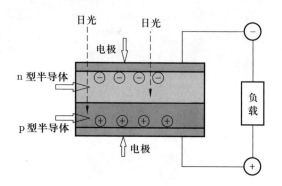

图 9–15　太阳能电池

　　太阳能电池最早是 1954 年由美国贝尔实验室发明出来的, 当时研发的动机是提供偏远地区供电系统的能源. 那时太阳能电池的效率只有 6% (是指对太阳能利用的效率). 航天十分依赖太阳能. 从 1957 年苏联发射第一颗人造卫星开始, 一直到 1969 年美国航天员登陆月球, 太阳能电池可说得到了充分应用. 虽然当时太阳能电池的造价昂贵, 但其对人类科技的贡献却是巨大的.

　　近年来全球通信市场蓬勃发展, 各大通信计划不断提出. 中国的北斗计划已发射了 55 颗卫星, 美国的 SpaceX 公司计划发射 4 万颗卫星组成太空互联网覆盖全球. 这都将促使太阳能电池被广泛地使用在太空中.

　　图 9–16 是太阳能电池板和卫星上的太阳能电池板. 在太空中, 没有大气的干扰, 只要调整太阳能板的角度, 得到阳光照射的时间远比在地球上多, 强度也大. 太阳能的利用开始是在太空, 后来, 地面上利用太阳能电池发电也变得很普遍.

　　2016 年, "阳光动力" 太阳能飞机环球飞行 35000 km. 该飞机翼展达到 72 m, 比波音 747 还宽, 重量仅 2.3 吨, 相当于一辆家用汽车. 其速度在 50~100 km/h 之间, 仅依靠阳光就能实现昼夜飞行, 所需能量完全由太阳能电池提供.

　　2018 年, 美国加州政府规定, 新盖的房子屋顶一定要有太阳能电池. 政府还把家庭的太阳能发电联网, 如果一个家庭发电多就可以得到报酬.

　　太阳能电池材料又称光伏材料, 它是能将太阳能直接转换成电能的材料. 只有半导体材料具有这种功能. 可用作太阳能电池材料的材料有单晶硅、多晶硅、非晶硅、砷化镓等半导体材料, 其中单晶硅、多晶硅、非晶硅是普遍使用的材料, 而其他材料还处于开发研究阶段.

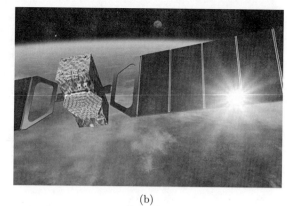

(a)　　　　　　　　　　　　　　(b)

图 9-16　太阳能电池板 (a) 和卫星太阳能电池板 (b)

2014 年, 日本的松下公司在单晶硅上实现了太阳能利用率 25.6%. 2017 年, 日本的钟渊化学公司研制了最高效率达 26.6% 的单晶硅太阳能电池. 目前产业上优良的单晶硅电池效率约 21.5%, 一般情况下不超过 20%, 多晶硅一般不超过19%.

由于硅是地球上丰度最多的元素之一 (沙子的主要成分是二氧化硅), 所以用硅作为太阳能材料最具商业价值.

晶体管的用途巨大, 发光二极管和太阳能二极管只是其中的一小部分. 这里简单介绍一下晶体管的发展历史.

1948 年前后, 科学家设计出了晶体管. 1950 年, 晶体管真正诞生. 从此, 人类的生活从 20 世纪后半叶开始有了翻天覆地的变化.

大家对晶体管都非常熟悉, 它是我们现在信息时代的基础, 集成电路的最小单元. 不要说尖端技术和国防工业, 就是我们日常生活中用的电视机、计算机、手机、音响等等, 也离不开晶体管和集成电路.

由于对半导体的认识不断深化, 当时科学家预计半导体以后在工业上大有可为. 1945 年, 美国的贝尔实验室就确定了一项以研究半导体材料为主要内容的固体物理研究计划, 并于 1946 年正式成立了固体物理研究组, 目的就是对半导体的性质进行深入研究, 以指导半导体器件的研制. 这里我们必须对贝尔实验室介绍几句. 贝尔实验室 1925 年成立, 隶属于美国电话电报公司, 目前是世界上最大的由企业创办的科学实验室. 贝尔实验室的特点是基础研究和实际应用紧密结合, 与新技术的开发密切联系. 贝尔实验室的科学家有许多伟大的发现和发明, 例如, 有声电影、晶体管、激光器等等, 并且有多位科学家获得诺贝尔奖. 应该说, 贝尔实验室的研究宗旨和方法是值得我们学习的.

在贝尔实验室最初成立的固体物理研究组里面有七位科学家, 他们都是很有成就的科学家, 有物理学家、冶金学家、电子线路专家和材料科学家, 其中有三位科学家因为发现半导体的晶体管效应而获得 1956 年诺贝尔物理学奖. 由于他们的通力合作而在 1950 年诞生了世界上第一个实用型晶体管. 三位获得 1956 年诺贝尔物理学奖的科学家是肖克莱、布拉顿和巴丁. 他们三人一直在研究半导体的物理问题, 各有所长. 三个人对晶体管的理论、结构、具体的制作工艺都做出了很大的贡献. 尽管他们已经完全设计并且在实验室试制了晶体管, 但是却没有合适的材料, 即半导体单晶供他们制作晶体管. 直到 1950 年, 有材料科学家成功地生长了大的锗单晶以后, 他们才制成了第一支真正的晶体管. 大概 10 年以后, 基尔比开始在单晶硅上面制作集成电路.

凝聚态物理和材料科学是与人们生活息息相关的学科, 无论是能源问题, 还是其他与人们生活相关的物质问题, 都和这两个学科有关. 人们称原子能、半导体、计算机和激光为 20 世纪的四大发明. 这四大发明都与凝聚态物理和材料科学密切关联, 其中半导体和激光与它们关系最大, 其次是计算机和原子能.

卷首语解说

赫胥黎是达尔文的忠实信徒, 曾经说自己是达尔文的看门狗, 谁反对达尔文他就咬谁. 赫胥黎说的看起来是一件很简单的事情, 就是忠于事实. 但是由于科学研究有一定的主观性, 加上近年来功利主义在科技界泛滥, 尊重事实成了研究工作首先要守住的底线. 达尔文曾经说过, 我不怕错误的理论, 但是怕错误的结果. 只要实验结果是客观的, 理论错了也很容易修改, 但要是实验结果错了, 永远不会有正确的理论. 自然界有自己的规律, 只有尊重它, 才能了解它.

第十章 百年超导研究

没有大胆的猜测就做不出伟大的发现.

——牛顿

缺少大胆放肆的猜测, 是做不出好的发现的.

——休厄尔 (William Whewell, 1794—1866, 英国科学史家)

我已经知道了结果, 但还不知道怎样去得到它.

——高斯 (Johann Carl Friedrich Gauss, 1777—1855, 德国数学家、物理学家)

在本书的其他章节中, 都是横向讲述一个学科, 也就是讲述一个学科的全貌, 而不是按历史的发展讲述. 本章要循历史发展的轨迹讲述一个学科, 这就是百年来超导电性的发展.

在凝聚态物理领域, 没有一门学科像超导电性一样, 历尽百年坎坷, 却依然生机勃勃, 吸引着科学家及大众的探索热情. 本章简要叙述超导电性的基本性质、应用, 以及一百多年来的重要历史事件, 从昂内斯发现汞具有超导电性开始, 到铌锗合金, 从高温超导电性的发现到二硼化镁、铁砷超导体, 从 BCS 微观理论到目前理论的混乱状态.

通过对超导电性这一门学科一百多年来的发展, 我们看到科学研究的艰辛、有趣, 也看到科学如何一步步地前进, 科学家如何坚持不懈、历久弥新. 超导电性的历史就是一幅跌宕起伏和蕴含哲理的科学发展画卷. 这些都可能给青年科学家以榜样和启示.

2011 年, 在超导电性发现 100 周年的时候, 世界各国的物理学家和物理学有关的刊物, 都庆祝了这一时刻. 英国的《物理世界》杂志刊登了一篇封面文章, 其中有这样一段话:

"在 20 世纪凝聚态物理学的所有发现中, 有人可能会把超导电性称为 '皇冠上的宝石'. 其他人可能会说, 考虑到半导体和 DNA 结构的阐明给人类带来的好处, 荣誉更应该属于它们."

超导电性被称为凝聚态物理 "皇冠上的宝石" 是有些疑问, 但是, 超导电性是 20 世纪凝聚态物理最重要的研究方向之一却是毫无疑问的.

10.1　超导电性的发现和基本性质

(1) 发现.

20 世纪初, 科学对电磁现象的了解已经比较深刻, 尤其是 1895 年麦克斯韦建立了电磁方程组, 即麦克斯韦方程组以后, 科学对电磁现象的了解已经达到比较完美的程度. 但是, 对金属材料的导电行为还有许多不清楚的地方, 研究各种金属材料的导电性能是当时物理学的一个重要方向. 科学家当时已经知道, 金属的电阻随着温度的降低而降低, 那么, 是不是当温度非常低的时候金属就会失去电阻?

我们现在已经知道, 金属的电阻在温度比较低的时候主要来源于金属中电子与晶格之间的相互作用, 由于金属的晶格有许多缺陷, 永远不会完美, 所以, 电阻在温度很低的时候也应该不会消失. 低温下金属到底是怎么样的, 要做实验才能知道, 当时不少科学家研究金属在低温时的导电行为.

科学的发展都是相互关联的, 要研究金属在低温下的导电行为, 就要有很低的温度, 否则就没有办法冷却金属. 20 世纪初物理学还有一个重要的研究方向, 那就是液化气体. 当时除了氦气之外, 所有的气体都已经被液化. 由于氦的核外有两个电子, 刚好是量子力学所给出的稳定状态, 氦原子之间的作用力非常弱, 要液化它十分不容易, 以至当时科学界称氦气为 "永久气体".

我们都知道, 20 世纪初的时候, 科学研究的中心在欧洲, 而不在美国, 两次世界大战使欧洲遭受严重破坏, 科学中心开始转向美国. 尤其是第二次世界大战以后, 由于美国的社会稳定, 经济力量强大, 很多科学家从欧洲移居美国, 美国才成为科学研究的中心.

那时候, 在荷兰有一个叫莱顿的小城市, 其中有一个以城市命名的大学, 即莱顿大学 (西欧大部分城市都有以自己城市命名的大学). 莱顿大学当时的实验物理研究很有名, 应该指出的是, 莱顿大学今天仍然是欧洲的著名大学之一. 1882 年, 一个叫昂内斯的年轻人被任命为该大学实验物理学教授, 那一年昂内斯 29 岁. 昂内斯在莱顿大学开始的研究工作就是液化氦气. 他领导的实验室孜孜不倦地研究, 决心要将氦气降服, 使之液化. 昂内斯设计了很多巧妙的实验装置和方法, 最后在 1908 年的 7 月 10 日, 成功将氦气液化, 液化温度为 4.2 K, 得到了 60 cm^3 的液态氦.

这是物理学上的重大成就. 然而, 昂内斯并没有因为取得了如此成功而却步不前, 转而想如何利用液氦的极低温度来做其他的研究.

前面说过, 那时候研究金属在极低温度下的电阻, 是物理学的一个重要方面, 昂内斯就想, 有了很低的温度, 为什么不用来研究金属的电阻? 这样, 昂内斯就开始着手这方面的工作.

昂内斯先用金属铂做实验, 发现铂的电阻随温度下降而下降, 但是到了液氦温度, 温度再降电阻便不再变化. 昂内斯认为这个现象是铂中的杂质所致. 金属由于杂质的存在, 温度降到一定的时候电阻便不再变化, 这个电阻叫 "剩余电阻".

图 10-1 是测量电阻的方法和剩余电阻的示意图. 测量电阻的标准方法叫作 "四引线法", 原理如图 10-1(a) 所示, 在样品两端施加一个稳恒电流, 然后测量样品电压, 最后用欧姆定律计算出电阻. 图 10-1(b) 是金属电阻随温度变化的示意图. 温度降低到一定值时, 金属的电阻便不再变化, 这个电阻就是剩余电阻, 是由金属中的杂质造成的.

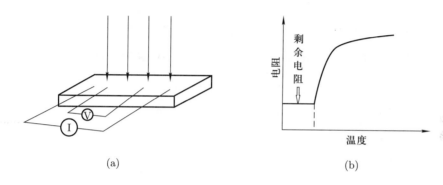

(a)   (b)

图 10-1 四引线法测量电阻 (a) 和金属的剩余电阻 (b)

由于铂有剩余电阻, 昂内斯便改用汞. 汞是唯一的液态金属, 可以通过反复蒸馏使其纯度很高, 避免杂质对电阻的影响. 经过反复实验, 在 1911 年的 4 月, 昂内斯的研究生在测量汞的电阻时发现, 在液氦温度下, 汞的电阻突然消失. 当时没有超导电性的概念, 人们也不知道有的金属会在低温下失去电阻, 昂内斯开始想肯定是实验线路短路了, 所以没有了电阻. 经过反复实验, 昂内斯自己也动手测量, 没有发现有短路. 因此他就想, 这肯定是一个全新的现象. 昂内斯命名这个现象为 "superconductivity", 就是超导电性, 即在很低的温度下, 有些金属会突然失去电阻, 表现为没有电阻的状态. 金属失去电阻的温度称为临界温度 (记为 T_c).

接着科学家发现, 元素周期表中大部分的金属和很多合金都具有超导电性, 见图 10-2. 两年以后, 昂内斯因为发现超导电性而获得 1913 年的诺贝尔物理学奖. 昂内斯的发现, 使这些金属材料的性能马上就变得多彩, 并有了新的应用, 这可能是物理学介入材料科学的第一个伟大成果.

有故事说昂内斯发现超导电性以后, 被英国皇家学会邀请去伦敦做演讲. 当时没有汽车, 昂内斯和助手赶着马车, 乘船渡过英吉利海峡到了伦敦. 他们把自己的装置放在演讲台上, 演示了汞在 4.2 K 时失去电阻的奇特现象, 获得全场科学家热烈的掌声. 要知道科学家对于研究都是十分苛求的, 很少有人主动为科学演讲鼓掌.

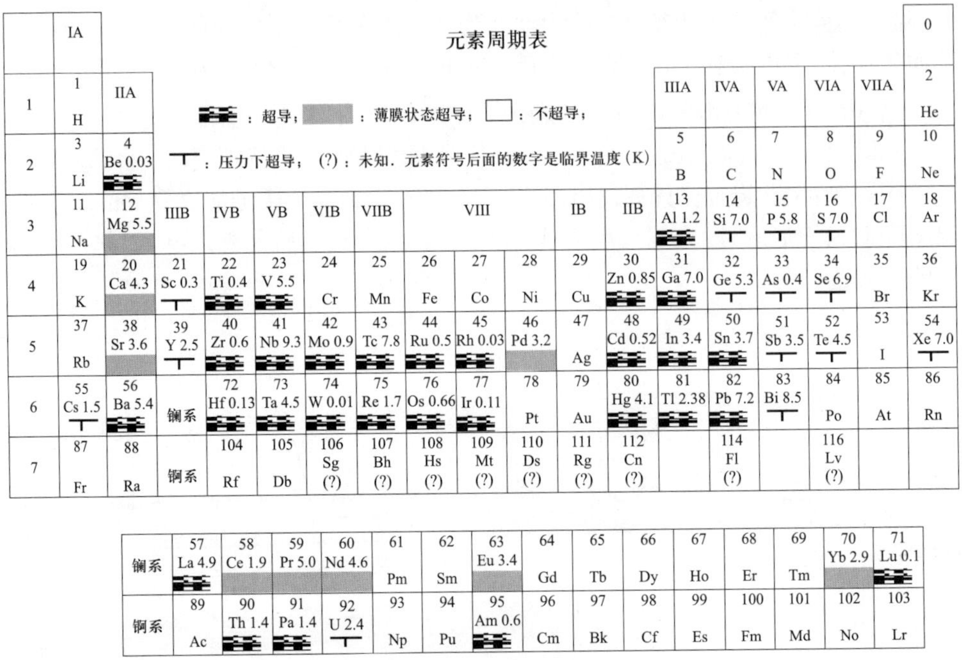

元素周期表

图例: 超导; 薄膜状态超导; 不超导; 压力下超导; (?): 未知. 元素符号后面的数字是临界温度(K)

IA	IIA	IIIB	IVB	VB	VIB	VIIB		VIII		IB	IIB	IIIA	IVA	VA	VIA	VIIA	0
1 H																	2 He
3 Li	4 Be 0.03											5 B	6 C	7 N	8 O	9 F	10 Ne
11 Na	12 Mg 5.5											13 Al 1.2	14 Si 7.0	15 P 5.8	16 S 7.0	17 Cl	18 Ar
19 K	20 Ca 4.3	21 Sc 0.3	22 Ti 0.4	23 V 5.5	24 Cr	25 Mn	26 Fe	27 Co	28 Ni	29 Cu	30 Zn 0.85	31 Ga 7.0	32 Ge 5.3	33 As 0.4	34 Se 6.9	35 Br	36 Kr
37 Rb	38 Sr 3.6	39 Y 2.5	40 Zr 0.6	41 Nb 9.3	42 Mo 0.9	43 Tc 7.8	44 Ru 0.5	45 Rh 0.03	46 Pd 3.2	47 Ag	48 Cd 0.52	49 In 3.4	50 Sn 3.7	51 Sb 3.5	52 Te 4.5	53 I	54 Xe 7.0
55 Cs 1.5	56 Ba 5.4	镧系	72 Hf 0.13	73 Ta 4.5	74 W 0.01	75 Re 1.7	76 Os 0.66	77 Ir 0.11	78 Pt	79 Au	80 Hg 4.1	81 Tl 2.38	82 Pb 7.2	83 Bi 8.5	84 Po	85 At	86 Rn
87 Fr	88 Ra	锕系	104 Rf	105 Db	106 Sg (?)	107 Bh (?)	108 Hs (?)	109 Mt (?)	110 Ds (?)	111 Rg (?)	112 Cn (?)		114 Fl (?)		116 Lv (?)		

镧系	57 La 4.9	58 Ce 1.9	59 Pr 5.0	60 Nd 4.6	61 Pm	62 Sm	63 Eu 3.4	64 Gd	65 Tb	66 Dy	67 Ho	68 Er	69 Tm	70 Yb 2.9	71 Lu 0.1
锕系	89 Ac	90 Th 1.4	91 Pa 1.4	92 U 2.4	93 Np	94 Pu	95 Am 0.6	96 Cm	97 Bk	98 Cf	99 Es	100 Fm	101 Md	102 No	103 Lr

图 10-2　元素周期表中的超导元素

(2) 基本性质.

一个物质被确定为超导体需要两个基本的条件, 一个是电阻为零, 一个是完全抗磁性.

零电阻我们已经知道, 就是固体在某一温度下突然失去电阻, 图 10-3 (a) 就是昂内斯发现汞突然失去电阻的温度-电阻曲线, 从中可以看到, 在 4.2 K 时, 汞的电阻急剧下降而消失. 所有超导体的温度-电阻关系基本都是这样的, 这是物质称为超导体的必要条件.

零电阻是超导体的必要条件, 但还不充分, 就是说, 只有零电阻还不能保证一个固体就是超导体, 但是没有零电阻肯定不是超导体. 根据固体理论, 完美金属在温度极低的情况下也可能电阻为零. 要判断一个固体是超导体还有一个重要条件, 就是完全抗磁性.

1933 年, 德国科学家迈斯纳 (Walter Meissner, 1882—1974) 和奥森菲尔德 (Robert Ochsenfeld, 1901—1993) 发现超导体内部的磁感应强度为零, 即具有完全抗磁性, 后来称为迈斯纳效应 (Meissner effect). 超导体电阻为零, 即超导体内电场强度 $\boldsymbol{E} = \boldsymbol{0}$, 从 Maxwell 方程组中的磁场高斯定理可知

$$\partial \boldsymbol{B}/\partial t = \nabla \times \boldsymbol{E}. \tag{10-1}$$

上式左边是磁感应强度对时间的微分, 就是磁感应强度随时间的变化率. 如果 $E =$ 0 (就是没有电阻的状态), 则磁感应强度的变化率为零, 但并不意味着磁感应强度为零, 这说明从电阻为零不能推出磁感应强度为零. 零电阻和完全抗磁性是独立的性质.

在物理上, 如果一个性能可以从另外一个性能推出, 那么这个性能就不是独立的. 我们在前面讲述电磁学的章节里面说过, 电和磁是统一的, 但是完全抗磁性是不能从零电阻推出的, 所以零电阻和完全抗磁性是独立的性质.

完全抗磁性意味着超导体对磁场完全排斥, 超导磁悬浮就是这一性质的表现. 图 10-3(b) 是超导磁悬浮的实验, 图中下面是一个块状的高温超导体放在液氮中, 悬浮在上面的是一个圆形的铁块. 由于超导体完全排斥磁场, 铁块被悬浮起来. 超导磁悬浮列车利用的就是这个原理. 但是现在商用的磁悬浮列车产生磁性排斥力用的不是超导体, 而是线圈 (上海浦东机场到市区的磁悬浮列车是世界上第一个商用的磁悬浮车). 目前, 有不少国家在研制超导磁悬浮列车, 我国也是其中之一. 磁悬浮列车由于没有轨道与车轮之间的摩擦力, 理论上速度可以非常快.

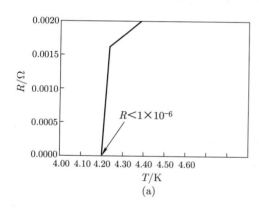

(a)　　　　　　　　　　　　　　　(b)

图 10-3　(a) 汞的温度-电阻曲线, 4.2 K 时失去电阻; (b) 在高温超导体上面悬浮的铁块

超导体的磁性质是十分重要的, 它关系到超导体的应用, 我们简单叙述一下. 图 10-4 是理想导体 (理论上假想的) 在磁场中的行为, 分成三种情况: 在外磁场中的正常导体; 在磁场中使导体进入零电阻状态; 在导体处于零电阻态时撤去外磁场后, 空间的磁场分布. 从图中可以清楚地看到, 对于普通理想导体来说, 无论怎么变化磁场, 导体中永远都有磁力线穿过.

再看超导体在磁场中的行为. 图 10-5(a) 与图 10-4(a) 是一样的, 都是理想导体在外磁场中的行为, 磁力线穿过导体. 图 10-5(b) 是在磁场中冷却超导体, 使之达到临界温度而进入超导态, 此时磁力线被完全排除出超导体外. 图 10-5(c) 是在超导态时, 撤去外磁场. 可以看到, 超导态中没有任何残余的磁力线, 与图 10-4(c)

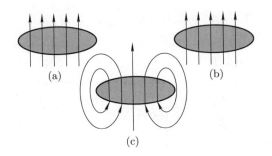

图 10-4　理想导体在磁场中的行为. (a) 在外磁场中的正常导体; (b) 在磁场中使导体进入零电阻态; (c) 在导体处于零电阻态时, 撤去外磁场后空间的磁场分布

中普通理想导体的状态完全不一样, 这就是迈斯纳效应, 即完全抗磁性的表现.

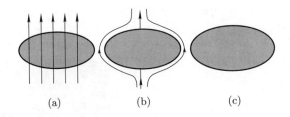

图 10-5　超导体在磁场中的行为. (a) 在外磁场中的正常导体; (b) 在磁场中使导体进入超导态; (c) 在导体处于超导态时, 撤去外磁场以后空间的磁场分布

　　超导体按磁性特征可以分为两类: 第一类超导体和第二类超导体. 在一定温度下, 当磁场 (或称磁通量) 慢慢增加到一个临界磁场 (H_c) 时, 有些超导体内的屏蔽电流会崩溃而使磁场进入, 超导态也会消失而成为正常金属态. 普通超导金属元素就是这样, 且只有很低的 H_c 值, 我们称之为第一类超导体. 第一类超导体由于容易被磁场破坏, 用处不大.

　　在超导合金或化合物中, 当磁场加到一个下临界磁场 (H_{c1}) 时, 磁通也会开始进入, 但磁通是以量子化的方式慢慢进入的, 因此会分成许多超导区和正常区, 而形成所谓的混合态或称为涡旋态. 当磁场继续加大到上临界磁场 (H_{c2}) 时, 超导电流才会完全消失, 这就是所谓的第二类超导体. 第二类超导体的上临界磁场可能很高, 如铌钛合金的 H_{c2} (0 K) 值在 12 T 左右. 第二类超导体才有使用价值, 目前市场上的超导线基本都是铌钛合金线. 所以超导体的应用研究就是研究第二类超导体.

　　磁通量是描述磁场分布情况的物理量, 简称磁通, 用符号 "Φ" 表示. 超导体中磁通 Φ 总是等于一个磁通量子 Φ_0 的整倍数, 即 $\Phi = n\Phi_0$, 其中 n 为正整数,

$\Phi_0 = hc/2e$, h 为普朗克常数, c 为光速, $2e$ 为 2 个电子的电荷 (超导态时, 电子成对, 所以是 2 个电子), 这就是磁通量子化效应.

10.2 传统超导体

如果我们把超导电性发现一百年的历史分成两段, 毫无疑问, 1911—1986 年的 75 年可以算作第一阶段, 即传统超导体阶段; 1986 到现在算作第二阶段, 即高温超导体阶段. 这个阶段何时会结束我们还不得而知. 如果还有第三阶段, 那就应该是室温超导体阶段了. 第三阶段是我们梦寐以求的, 尽管现在还看不到它出现的迹象.

我们先说第一阶段的 75 年在实验方面的进展. 昂内斯发现汞具有超导电性以后, 人们纷纷跟随研究, 结果发现很多金属和合金都具有超导电性, 但是临界温度都很低. 1973 年, 人们发现了铌三锗 (Nb$_3$Ge), 将临界温度提高至 23.2 K, 此后虽然陆续发现许多新的超导体, 但是临界温度却无法再提高, 使 Nb$_3$Ge 的最高临界温度纪录保持了 13 年之久, 直到 1986 年才被打破. 由于超导体的临界温度都比较低, 发现临界温度比较高的超导体和使超导体临界温度提高的方法, 成了这个领域研究的热点之一. 直到 1986 年以前, 除了加压力会使超导体的临界温度有些提高之外, 没有什么办法可以使其提高.

科学的发现虽然有满足好奇心的部分, 但是, 大部分发现和研究还是和应用有关, 不然, 谁会支持你做研究?

超导电性发现以后, 人们马上就想到它的应用. 超导电性的应用有两个大的方面: 一个是强电应用, 就是利用超导体来输电、做磁铁 (线圈); 另外一个是利用约瑟夫森效应来测量和研究微弱的磁性.

(1) 强电应用.

先说强电应用. 强电应用首先就是要求超导电线可以传输很大的电流. 由于超导体没有电阻, 传输的电流当然应该远大于传统的导体, 例如铜. 超导体传输电流也有限制. 实验发现在一个超导体中传输电流时, 超导体保持零电阻有一个电流上限, 称为临界电流 I_c. 当超导体通以直流电流增加到临界值 I_c 时, 样品就转入正常态, 就是开始有电阻, 超导态被破坏.

临界电流的这个特性可以用来做变电站的限流器. 变电站往往都要输送很大的电流, 如果电流太大就会破坏设备, 甚至发生事故. 如果用超导体做成限流器, 它在电流超过临界电流时就变成普通导体, 从而限制过大电流的通过, 而当电流降低到临界电流以下时, 它又回到超导状态.

如果可以用超导体做导线, 电力输送过程就没有损失, 经济利益将十分巨大. 但是由于临界温度很低, 制冷花费很大, 如果用来输电几乎是得不偿失. 目前只有在某些特殊的应用中使用超导电线. 例如电解法制铝需要强大的电流, 就可以用超导电线输电.

　　第二个应用就是做磁体. 用超导体做磁体有什么好处呢? 磁体都是要做成线圈, 如果是普通导体, 线圈中的导线会发热, 得到强磁场十分困难. 如果用超导体, 则由于超导体没有电阻, 不发热, 而且磁场强度和电流强度是成正比的, 超导体中的电流强度远远大于普通导体, 所以磁场强度就可以很高. 目前我们熟知的在医院中使用的核磁共振仪中的磁场, 就是用超导线圈产生的.

　　虽然铌三锗的临界温度比较高, 但是不易加工, 目前普遍使用的超导线是铌钛合金 (图 10-6), 它的超导态转变温度约是 9.4 K (−263.8°C). 丁肇中教授领导的反物质与暗物质太空探测计划 (AMS) 是人类探索宇宙的一次重要试探. 该研究项目的主要装置叫 "阿尔法磁谱仪", 第一台于 1998 年进入轨道, 被安置在国际空间站, 对太空中的粒子进行研究. 这个磁谱仪中的超导磁铁部分是中国科学家制作的, 用的就是铌钛合金线.

图 10-6　铌钛合金线. 它的超导态转变温度约是 9.4 K (−263.8°C)

　　(2) 约瑟夫森效应——超导体的弱电应用.

　　弱电应用, 顾名思义, 就是利用超导体在某种情况下可以传输很微弱的电流而达到应用的目的.

　　1962 年, 在剑桥大学读研究生的约瑟夫森 (Brian David Josephson, 1940—　, 英国物理学家, 1973 年诺贝尔物理学奖得主) 提出了一个理论, 认为在超导体中也存在隧道效应. 在量子力学中, 由于电子具有波粒二象性, 当两块金属被一层厚度为几十至几百埃的绝缘层隔离时, 电子可穿越这个绝缘层 (或称势垒) 而运动 (图 10-7(a)), 加电压后可形成隧道电流. 这种现象称为隧道效应.

　　但是, 在超导体中, 电子是成对运动的, 是否也可以隧穿绝缘层呢? 约瑟夫森证明这是可以的. 但是, 约瑟夫森的理论受到了 BCS 理论 (超导电性的微观理论) 的创立人之一巴丁的反对, 两人产生了激烈的争论. 大家要知道, 这个巴丁是个伟大的人物, 他是唯一两次获得诺贝尔物理学奖的科学家.

面对这样一个大人物, 年仅 22 岁的约瑟夫森坚持自己的观点, 结果证明约瑟夫森是对的. 如果用两块超导体, 当两块间介质层厚度减少到 30 Å 左右时, 超导电子对也会产生隧道效应, 后来称为约瑟夫森效应. 1963 年, 直流约瑟夫森效应在实验中被观察到, 约瑟夫森的理论得到证实.

那么约瑟夫森效应如何用到弱电应用呢? 如果我们将超导体做成一个环状, 中间一段用绝缘层隔开, 这个装置就叫约瑟夫森结, 见图 10-7(b). 约瑟夫森结中可以通过电流. 由于隧穿效应的电流非常弱, 所以在环中磁场的细微变化都可以影响约瑟夫森环中的电流, 从而可以检查磁场的微弱变化. 在约瑟夫森环中的磁场, 有一根磁力线的变化都可以测量得到, 这种精度是一般仪器无法达到的.

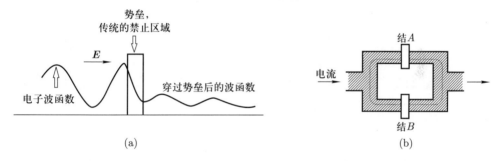

(a)   (b)

图 10-7 (a) 约瑟夫森效应. 电流穿过势垒以后衰减很快. 1 个电子和超导体中成对的电子穿过势垒的情况很类似. (b) 约瑟夫森结. 把一个环形超导体的中间截断一些, 空隙小于 30 Å, 形成结 A 和 B

目前利用约瑟夫森效应测量磁性的仪器在物理学研究中有常见的超导量子干涉仪 (SQUID). 用约瑟夫森环制成高灵敏度磁强计, 灵敏度可达几高斯, 可测量人体心脏跳动和人脑内部的磁场变化, 做出 "心磁图" 和 "脑磁图", 在地质探矿等方面也有应用.

约瑟夫森的故事对我们中国青年科学家很有意义. 科学只认真理, 不认科学家的地位. 2001 年, 在纪念超导电性发现 90 周年时, 美国的《今日物理》杂志刊登了一个漫画, 说的就是约瑟夫森和巴丁的争论, 十分有趣, 在此也呈献给大家, 见图 10-8.

(3) 理论研究.

物理学是一门寻根究底的学科. 自从超导电性发现以后, 科学家们就想搞清楚为什么有些金属会在一定的温度失去电阻, 它产生的原因到底是什么? (有关超导机理的内容, 物理基础不够的同学可以越过不读)

图 10-8　诺贝尔奖获得者和研究生的争论

一开始, 科学家提出很多理论来解释超导电性的宏观现象, 主要有以下的理论, 我们统称之为唯象理论, 因为它们只解释了超导电性的一些现象, 而没有触及超导电性的微观本质.

1934 年, 戈特 (Cornelis Gorter, 1907—1980) 和卡西米尔 (Hendrik Brugt Casimir, 1909—2000) 在热力学理论基础上提出了二流体模型. 这个模型假设: 在超导相中有一些高度有序的超导电子, 超导电子不受晶格散射, 对熵的贡献是零. 二流体模型成功地解释了许多实验现象.

1935 年, 伦敦兄弟 (Fritz London, 1900—1954; Heinz London, 1907—1970) 提出了两个描述超导电流和电磁场关系的方程, 它们与麦克斯韦方程组一起构成了超导电动力学的基础, 这即是伦敦理论. 它成功地解释了迈斯纳效应和零电阻现象, 并预言了穿透深度的存在. 1950 年, 皮帕德 (Brian Pippard, 1920—2008, 英国物理学家) 提出了非局域理论, 对伦敦理论做了重要修正, 引入了相干长度, 即超导电子关联的距离.

1950 年, 金兹堡 (Vitaly Lazarevich Ginzburg, 1916—2009, 俄罗斯科学家, 2003 年诺贝尔物理学奖得主) 和朗道 (Lev Davidovich Landau, 1908—1968, 苏联科学家, 1962 年诺贝尔物理学奖得主) 在朗道二级相变的基础上, 建立了超导唯象理论, 即所谓 GL 理论, 其重要之处在于引入了一个有效波函数: $\Psi(r) = [n_\mathrm{s}(r)]^{1/2} \exp[\Phi(r)]$ 作为序参量, 其中 $n_\mathrm{s}(r)$ 是超导电子密度. GL 理论在弱场条件下, 引进 GL 参量 $\kappa = \lambda(T)/\xi(T)$ 来区分超导体的类型.

1957 年, 阿布里科索夫 (Aleksey Alekseyevich Abrikosov, 1928—2017, 俄罗斯–美国科学家, 2003 年诺贝尔物理学奖得主) 进一步求解 GL 方程, 预见了第 II 类超导体混合态的周期性磁通结构. 1959 年, 戈里科夫 (Lev Gor'kov, 1929—2016) 证明 GL 方程可用格林函数方法由微观理论导出, 并指出 GL 理论的有效条件是: 磁矢量和序参量随空间位置的变化比较缓慢.

在超导微观理论方面, 经过科学家长达 46 年的研究, 1957 年, 美国的巴丁、库珀 (Leon Cooper, 1930—) 和施里弗 (John Robert Schrieffer, 1931—2019) (图 10-9) 提出了后来以他们三人姓的第一个字母命名的理论——BCS 理论, 证明了超导电性来源于费米面附近电子配对形成库珀对. 这种电子对具有在实际位置空间中的电子的相关性. 这个相干长度 (描述相关性) 在传统超导体中约有 10^{-4} cm, 与电子之间的平均距离大概 2 Å 相比, 实在是非常长. 正是由于两个电子在如此长的空间关联, 才使电子不受晶格的散射, 这种束缚电子对的集合态导致了超导电性. BCS 理论对传统的低温超导体给出了很好的描述.

图 10-9 巴丁、库珀和施里弗 (从左至右) 因为创立超导电性的微观理论, 即 BCS 理论获得了 1972 年诺贝尔物理学奖. 巴丁还在 1956 年因为发现半导体的晶体管效应与肖克莱和布拉顿一起获得了诺贝尔物理学奖

BCS 理论是一个很巧妙的理论, 其核心是库珀提出的电子在一定条件下配对的理论, 一般人很难往这个方向想, 电子不是同性相斥么, 两个电子又怎么会相互吸引呢? 这个事实就使我们联想到什么是创造性思维. 1972 年, 创立 BCS 理论的三位科学家实至名归地获得了诺贝尔物理学奖.

有趣的是, 1957 年提出 BCS 理论, 解释了超导电性微观机理的三个美国科学家于 1972 年获得诺贝尔物理学奖, 而金兹堡在提出 GL 理论 50 多年后, 于 2003 年, 87 岁时才获得诺贝尔物理学奖. 难怪有人感叹, 要获得诺贝尔奖还得活得长久, 因为该奖不授予已经去世的人. 2019 年诺贝尔化学奖授予美国固体物理学家, 97 岁的古迪纳夫 (John Goodenough, 1922—) 和其他两位科学家. 古迪纳夫被称为 "锂电池之父", 是诺贝尔奖历史上获奖年纪最大的科学家.

　　图 10–10 是库珀对形成的示意图. 电子通过晶格的时候, 由于库仑作用, 晶格会略微变形, 这种变形产生的能量会作用于另外一个电子, 使两个电子形成库珀对. 图中两个电子相距比较近, 实际上传统超导体中库珀对的距离最远可达 10^{-4} cm. 由于两个电子成对是通过晶格的相互作用而形成的, 这个晶格的能量 (称为声子) 就像胶水一样把两个电子 "粘" 在一起, 所以这种通过中间介质作用产生电子对的模型也称 "有胶模型".

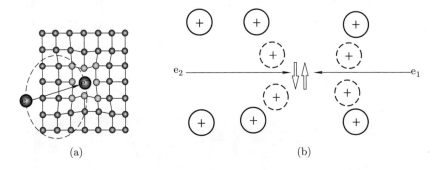

图 10–10　库珀对的形成

　　BCS 理论中电子通过声子的作用形成电子对, 称为电声子相互作用. 这个理论认为晶格振动对电子成对是关键的, 那么, 如何证明呢? 实验上验证 BCS 理论有个判定性实验, 那就是 "同位素效应". 既然晶格振动对超导电性作用很大, 如果把某一个元素换成它的同位素, 是不是会影响超导电性? 同位素的电子结构完全一样, 只是质量不一样, 而质量会影响晶格振动. 实验结果证明了同位素效应和 BCS 理论的预言完全相符, 这就从实验上证明了 BCS 理论的正确. 目前, 对高温超导电性提出了各种理论, 其实也需要像同位素效应这样的判定性实验的证实.

　　其实最早提出两个电子可以通过晶格的作用而形成电子对的, 是一个叫作弗洛里希 (Herbert Fröhlich, 1905—1991) 的英国物理学家. 他提出这个理论以后很长时间并没有什么用处, 后来库珀把它应用到解释超导电性, 获得了巨大成功.

10.3　高温超导体

(1) 超导电性发展的几个里程碑.

　　传统超导体的研究成就, 以昂内斯的发现、伦敦方程、GL 唯象理论、BCS 微观理论、约瑟夫森效应的发现为代表, 给凝聚态物理领域的研究带来了繁荣和发展, 而临界温度在 1973 年达到 23.2 K 以后的 13 年间都没有提高. 到了 1986 年, 微观理论已经完备, 临界温度不能再提高, 超导电性还值得研究吗? 显然, 可研究的东西不多了, 也看不到前面的光明, 很多研究超导电性的科学家准备改行.

就在超导电性研究陷入困境, 一筹莫展之时, 1986 年的冬天, IBM 瑞士苏黎世实验室的两个科学家, 穆勒 (Kart Alexander Müller, 1927— , 瑞士科学家, 1987 年诺贝尔物理学奖得主) 和贝德诺尔兹 (Johannes Georg Bednorz, 1950— , 德国科学家, 1987 年诺贝尔物理学奖得主) 在德国的《物理学报》上发表了一篇文章, 报道了一个可能在 35 K 呈现超导电性的化合物: La-Ba-Cu-O, 见图 10–11.

Z. Phys. B-Condensed Matter 64, 189-193(1986)

Condensed Matter
Zeitschrift für Physik B
© Springer-Verlag 1986

Possible High T_c Superconductivity in the Ba – La – Cu – O System

J.G. Bednorz and K.A. Müller
IBM Zürich Research Laboratory, Rüschlikon, Switzerland

Received April 17, 1986

Metallic, oxygen-deficient compounds in the Ba – La – Cu – O system, with the composition $Ba_xLa_{5-x}Cu_5O_{5(3-y)}$ have been prepared in polycrystalline form. Samples with $x=1$ and 0.75, $y>0$, annealed below 900 °C under reducing conditions, consist of three phases, one of them a perovskite-like mixed-valent copper compound. Upon cooling, the samples show a linear decrease in resistivity, then an approximately logarithmic increase, interpreted as a beginning of localization. Finally an abrupt decrease by up to three orders of magnitude occurs, reminiscent of the onset of percolative superconductivity. The highest onset temperature is observed in the 30 K range. It is markedly reduced by high current densities. Thus, it results partially from the percolative nature, bute possibly also from 2D superconducting fluctuations of double perovskite layers of one of the phases present.

图 10–11 1986 年在德国《物理学报》上发表的有关高温超导体的文章

穆勒和贝德诺尔兹的文章一发表, 便在全世界引起轰动, 在中国也兴起了研究高温超导体的热潮. 可能由于超导领域沉寂的时间太长, 也可能因为多年来物理学没有什么激动人心的发现, 众多的科学家都投入了这个领域.

在 1987 年初, 超导的临界温度便一再被刷新. 先是日本的田中昭二 (Shoji Tanaka, 1927—2011) 用 Sr 替代 La-Ba-Cu-O 中的 Ba, 制成 La-Sr-Cu-O 超导体, 其临界温度达 42 K. 紧接着, 中国的赵忠贤 (1941— , 2016 年度国家最高科学技术奖得主) 和美国的朱经武 (1941—) 用 Y 替代 La-Ba-Cu-O 中的 La, 得到 Y-Ba-Cu-O 超导体, 其临界温度高达 91 K (为了区别于传统超导体, 称这些超导体为高温超导体).

镧系元素有 16 个, 性质都十分接近, 所以把它们分离开就是一件很了不起的事情, 化学领域有专门的学科研究它们的分离. 由于它们性质如此接近, 很多科学家都用其他镧系元素替代 La, 结果发现, 镧系元素中大多数元素都可以替代 La 而得到高温超导体. 在发现高温超导体初期, 镧系元素的替代研究是一个重要的方向.

临界温度达到 91 K 是一个巨大的进步. 无论是 35 K 还是 42 K, 都要在液氦温度下测量和研究, 而液氦价格不菲, 且热容量很小, 耗费很快, 这种情况下研究成本极高. 而液氮却很容易得到, 也很便宜, 一升液氮的价格 (约 3 ~ 5 元) 比一升啤酒的价格还要低. 这也就是 Y-Ba-Cu-O 超导体被发现以后在全球引起热潮的重要原因之一, 反正这种超导体制作简单, 液氮又便宜, 谁都付得起.

由于高温超导体如此快速地发展, 穆勒和贝德诺尔兹在文章发表后不到一年的时间, 便在 1987 年获得诺贝尔物理学奖. 这是诺贝尔奖授奖以来, 发表成果到获奖最快的一次. 我们在前面提到, 金兹堡的成果发表 50 年以后才获奖.

贝德诺尔兹在大学时候学的是化学, 后来又学习矿物学和结晶学, 一直从事钙钛矿材料的研究, 可以说是一个地道的材料科学家. 而穆勒则早年曾经跟随泡利 (就是泡利不相容原理的那个泡利) 学习物理, 后来又从事顺磁共振和核磁共振的研究, 是真正的物理学家.

他们一起在 IBM 苏黎世的实验室工作. 鉴于超导材料多年来临界温度没有进展, 他们就想, 过去的超导材料都是金属或者合金, 导电的氧化物中很可能找到临界温度比较高的超导材料.

在 BCS 理论中有个基本的道理, 说超导电性产生的电子对, 或者称库珀对, 是由电子和晶格振动产生的能量 (也称声子) 相互作用而产生的. 这种相互作用称为电声子相互作用, 电声子相互作用越强, 超导体的临界温度越高. 在氧化物超导体中, 这种作用似乎比较强, 于是穆勒和贝德诺尔兹就选择了铜氧化物作为探索对象.

虽然现在还不能证明在高温超导体中电声子相互作用仍然起主导作用, 但是很幸运, 他们成功了. 从此以后, 科学家便把从贝德诺尔兹和穆勒以后所发现的临界温度比较高的氧化物超导材料称为高温超导材料或高温超导体, 把以前的金属和合金超导材料称为传统超导体.

在穆勒和贝德诺尔兹的发现以后的几年中, 新的高温超导体不断地被发现, 临界温度的纪录一再被刷新: $YBa_2Cu_3O_7$ 的 T_c = 91 K; Bi 系 (Bi-Sr-Ca-Cu-O) 超导体的 T_c > 100 K; Tl 系 (Tl-Ba-Ca-Cu-O) 超导体的 T_c > 125 K. T_c 最高纪录为 $HgBa_2Ca_2Cu_3O_8$ 所创造, 在常压下可达到 133 K, 在 31 GPa (1 GPa ≈ 10^4 大气压) 压力下 T_c 可达到 164 K. 这些高温超导体的特征都是在 Cu-O 面之间填入不同的金属氧化物层, 调节它们之间的相互作用而得到高温超导电性. 从此以后, 临界温度的纪录就保持在 164 K, 直到 2015 年发现 H_2S 在 1.5 MPa 高压下, 203 K 成为超导体为止. 2019 年又发现 LaH_{10} 在 188 GPa 高压下 T_c 高达 250 K. 后面还有更高临界温度的报道, 但还有待科学界确认.

我们简单总结一下超导电性 100 年来的重要发展进程 (图 10–12):

1911: 昂内斯发现超导电性;

1933: 发现迈斯纳效应;

1957: 提出 BCS 理论;

1986: 发现 La-Ba-Cu-O 高温超导体;

1993: 发现 Hg-Ba-Ca-Cu-O 超导体, 高压下临界温度 T_c 高达 164 K;

2001: 发现 MgB_2 超导体;

2008: 发现 La-Fe-As-O 体系超导体;

2015: 发现 H_2S 在 1.5 MPa 高压下临界温度 T_c 高达 203 K;

2019: 发现 LaH_{10} 在 188 GPa 高压下 T_c 高达 250 K.

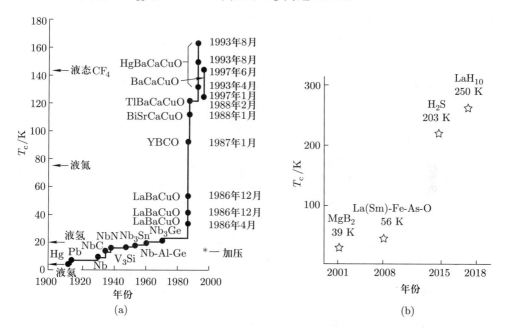

图 10-12　一百多年来超导电性研究的重要事件

高温超导电性的发现很有戏剧性. 1986 年, 穆勒和贝德诺尔兹在 La-Ba-Cu-O 中观察到样品在 35 K 左右失去电阻, 可能是新的超导体. 他们十分高兴, 因为从 1973 年发现 23.3 K 的铌三锗以来, 超导的临界温度已经有 13 年没有提高了. 他们把写好的文章寄到美国的《物理评论快报》(*Phys. Rev. Lett.*, 物理学界最有影响力的期刊), 遗憾的是, 文章被拒绝了. 原因非常简单, 判断一个物质是不是超导体有两个标准, 就是我们前面讲过的零电阻和完全抗磁性. 但是穆勒和贝德诺尔兹的实验室没有测量磁化率 (判断完全抗磁性) 的设备, 他们两个人是这个领域的陌生人, 也就是过去没有做过这方面的工作, 实验室设备很简陋, 也不完全. 所以他们把文章的题目叫作 "La-Ba-Cu-O 体系中可能的高临界温度超导电性".

文章被拒绝后, 他们把文章转投德国的《物理学报》. 主编看了文章, 认为虽然不完善, 但是如果是真的, 那价值就大了, 很快文章被接受了. 可能由于这个领域沉寂得太久, 文章很快引起轩然大波, 在世界范围内掀起了研究高温超导电性的热潮,两个人也在文章发表仅一年后就获得了诺贝尔奖.

这个故事告诉我们, 研究工作主要是有价值, 在什么杂志发表倒是其次. 当然, 也不能用一种科学界很少用的文字发表, 或者在读者非常少的杂志发表, 那样别人读不懂或者读不到, 也就不会产生影响.

(2) 高温超导体的结构特征.

我们把有铜元素的高温超导体称为 "铜基超导体", 意味着以铜元素为基础. 高温超导体的结构看起来很复杂, 的确, 分子式里元素多、晶胞大, 但是, 它们却有一些共同的特点, 也许这些共同的特点就是揭示它们微观机理的钥匙.

所有的铜基高温超导体都是层状结构, 所谓的层状结构就是每一层只有一种金属元素, 其他的是氧或者其他非金属元素. 有研究认为, 层与层之间的相互作用是高温超导电性产生的基础. 所有的铜基超导体都是以铜氧层为基础, 在其间加入不同的金属–氧层, 见图 10–13(a). 它们的作用就是调节层与层之间的相互作用, 物理上常称之为 "耦合", 以达到最佳的条件而产生高温超导电性.

还有一种看法有些不同, 如图 10–13(b) 所示, 现有的铜基超导体其结构都可以分成两个结构块, 一个是钙钛矿块, 一个是岩盐块. 如果一个铜基超导体缺少了这两个块的其中一个, 要么不是高温超导体 (变成常规超导体, 临界温度低), 要么就连超导体都不是. 很可能这两个块之间的相互作用决定了高温超导电性.

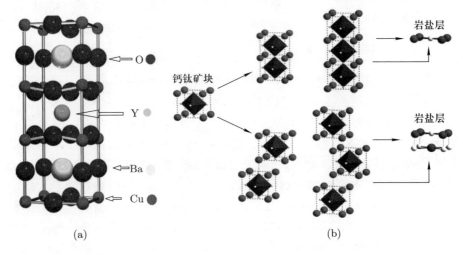

图 10–13　高温超导体的结构. (a) 层状结构; (b) 块状结构

目前高温超导电性的微观机理还没有定论, 也许这些结构上的特点会是理论的基石, 具体还不得而知.

(3) 理论状况.

高温超导体发现 30 多年来, 研究者提出了各种各样的理论来解释高温超导电性, 遗憾的是, 到现在还没有公认能够解释所有特征的理论. 也就是说, 现有的这些理论, 有的可能只是局部真理, 也有的可能是错误的. 对一个复杂的现象来说, 要了解它根本不是一件容易的事情. 但是有一点大家是公认的, 那就是在高温超导体中, 电子还是会结成库珀对, 或者说是电子对, 这一点在很多判定性实验中都得到证明了.

现有的理论基本可以如图 10–14 那样分成两个大类: 有胶模型和无胶模型.

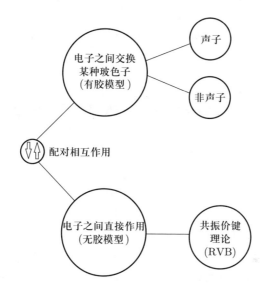

图 10–14　高温超导电性微观机理的几个主要理论

我们前面已经说过 BCS 理论是有胶模型. BCS 理论在高温超导电性中仍然是举足轻重的, 很多科学家认为在高温超导电性中, BCS 理论, 或者说电声子理论仍然是主要角色.

当然, "胶水" 也可以不是声子, 比如可以是磁性作用, 也可以是固体中的某种元激发, 例如激子 (固体如果是完美的, 又处于极低温度, 这个时候称为基态. 但是, 固体不会完美, 会形成很多能量激发态, 例如一个电子–空穴对, 它们的能量就比较高, 称为激子. 元激发还有许多, 如准电子、准空穴、极化子等).

还有一类理论称为无胶模型, 就是电子结成电子对不需要胶水, 或者介质. 典型的就是安德森 (Philip Warren Anderson, 美国物理学家, 1923—2020, 1977 年诺贝尔物理学奖得主) 提出的共振价键理论 (RVB). 这个理论大意是说, 在铜氧化物晶格中, 邻近铜原子相互作用形成价键, 通过掺杂改变电子浓度, 电子浓度到了合适的程度, 就能形成库珀对而具有超导电性. 但是到目前为止, 这个理论也没有得到广泛的认可.

作者作为高温超导体研究的参与者和见证人, 对高温超导体研究初期的热潮或者说狂热有两点深刻的体会. 一是高温超导体的发现, 媒体发挥了很大的作用, 给全世界人民上了科普课. 在此之前, 科学研究的成果基本都是通过科学刊物发表. 美国有个作者在一本书里面说, 新闻媒体成了科学成果的传播者. 有人考证, 第一次正确给出 Y-Ba-Cu-O 分子式的是中国的《人民日报》. 在作者的书架里, 至今还有 1987 年报纸杂志有关高温超导电性研究的报道材料, 是一本至少 500 多页的文件. 可以说, 媒体对科学研究的报道, 1987 年前后是一个分水岭. 第二点是面对一项科学新发现时, 一哄而上的做法是有害和浪费的. 当时在国内, 甚至医学院都有人研究高温超导体. 目前科技界跟风潮的做法仍然盛行.

10.4　二硼化镁和铁砷体系超导体的发现

自 1993 年以来, 虽然临界温度的纪录没有被打破, 但是人们还是在孜孜不倦地探索新的超导体. 二硼化镁的发现十分具有戏剧性. 2001 年元月上旬, 在日本仙台举行的一个国际会议上, 日本青山学院大学的秋光纯 (Jun Akimitsu, 1939—   ) 教授宣布他们发现了二硼化镁 (MgB_2) 超导体.

秋光纯领导的小组当时在研究 CaB_6, 以 MgB_2 作为出发点, 用 Ca 取代 Mg 得到 CaB_6. 他们从试剂商店买来 MgB_2, 这个化合物在 20 世纪 50 年代曾被广泛应用, 但是却没有人研究它的导电性质. 秋光纯买了这个试剂以后, 决定测测它的导电行为, 结果发现其临界温度竟然高达 39 K, 比 1973 年发现的铌三锗高出 16 K. 自然界有时候真会开玩笑, 1973 年以后的 13 年中, 人们因为超导体的临界温度不能提高而绞尽脑汁, 哪怕提高 1 K 都不可得, 而 39 K 的超导体却在此 20 多年前就被人们广泛使用. 在这里作者就想到中国的一句老话: 踏破铁鞋无觅处, 得来全不费工夫.

秋光纯公布了 MgB_2 超导体以后, 全世界又掀起了 MgB_2 的研究热潮. 当时在日本, 不但 MgB_2 被买光, 就连 Mg 和 B 的化合物也不容易买到了. 作者有个朋友当时在日本就曾经托作者在中国购买此类化合物.

按理说, 这个 MgB_2 的临界温度又不高, 为什么大家还如此热衷? 原来, 人们起初对以 Y-Ba-Cu-O 为代表的高温超导体在应用方面抱有很大希望, 后来却发现难度很大. 由于那类高温超导体是氧化物, 很脆, 不易加工, 用其制作导线的方法是将高温超导体的粉末装入银套管里, 然后轧制成带. 这样的制作方法当然成本高昂, 不便于使用.

任何材料, 如果要使用, 成本当然是第一位的, 比原来的材料贵, 谁还要用它? MgB_2 却不一样, 它不是氧化物, 镁是金属, 硼是半金属, 加工起来当然会容易得多. 可是经过近 20 年的研究, MgB_2 的应用前景似乎也不乐观.

可见, 对超导体的研究是无止境的. 也许有一天, 有人会发明制作高温超导线的简单而实用的方法也未可知. 作者就曾经在德国一个公司看到软如橡胶的氧化铝板, 而本来氧化铝的坚硬和易碎程度远远高于高温超导体.

图 10–15(a) 是 MgB_2 的结构图, 虽然和氧化物高温超导体不一样, 但也是层状化合物, 一层 B 元素夹在两层 Mg 元素之间.

2008 年, 日本东京工业大学的细野秀雄 (Hideo Hosono, 1953—) 研究组发现了铁砷超导体 (La-Fe-As-O, 其中部分氧被氟取代), 其临界温度为 26 K. 由于铁砷超导体中含有 La, 与穆勒和贝德诺尔兹发现的 La-Ba-Cu-O 一样, 都含有镧系元素, 而镧系有 16 个性质非常接近的元素, 于是, 大家自然想到重演 1987 年的故事, 用不同的镧系元素来替代 La 而获得新的超导体. 很幸运, 一些中国的研究小组在用 Sm 替代 La 以后, 临界温度最高可达 56 K. 其临界温度虽然还赶不上 1987 年发现的 Y-Ba-Cu-O, 但是却是一个不同系列的超导体.

由于其中含有铁 (因而称为铁基超导体), 所以该系列超导体在磁性表达方面有独特的性质. 超导体是完全抗磁性的, 体内不允许磁感应强度存在, 而铁具有很强的磁性, 是破坏超导电性的, 为什么含铁化合物可以成为超导体? La-Fe-As-O 也是层状化合物, 见图 10–15(b), 对其超导机理的研究也许会有助于对 Y-Ba-Cu-O 系列高温超导体微观机理的认识.

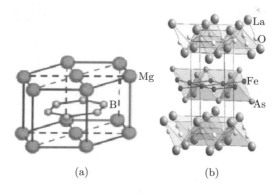

(a) (b)

图 10–15 MgB_2 (a) 和 La-Fe-As-O(b) 的结构图

10.5 新超导体的不断发现

近年来的确不断有新的超导体发现, 而且最高的临界温度已经达到 280 K, 好

像已经达到室温了 (但是在极端高压下).

新超导体的不断发现告诉我们, 这种探索也许要持续几十年甚至几百年, 直到发现真正的室温超导体.

下面简单介绍几种新的超导体: 界面超导体、硫化氢 (H_2S)、氢化镧 (LaH_{10})、石墨烯、有机超导体.

(1) 界面超导体.

两种物质都不是超导体, 然而把它们组合在一起, 在它们的界面上观察到了超导电性, 这就是界面超导体.

先说如何能把两种不同的物质组合到一起. 并不是简单地混合在一起就行了, 而是要按照它们自己晶体中原子排列的方式, 先排放一个晶体, 然后再排放一个晶体. 这种方法得益于近年来薄膜制作技术的提高, 可以把原子一层一层地排放整齐.

图 10-16(a) 是三个不同晶体的组合, 可以组成 $La_2CuO_4/La_{1.55}Sr_{0.45}CuO_4$ 和 $La_{1.55}Sr_{0.45}CuO_4/LaSrAlO_4$ 两个不同的界面, 它们界面处最高的临界温度可以达到约 50 K. 图 10-16 (b) 是 $LaAlO_3/SrTiO_3$ 界面, 临界温度比较低, 大概 0.3 K.

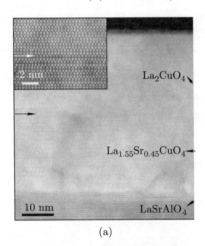
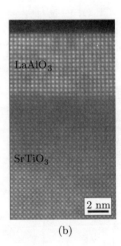

图 10-16　界面超导体 ((a) 引自 Gozar A, et al. Nature, 2008, 455: 782; (b) 引自 Reyren N, et al. Science, 2007, 317: 1196)

界面超导体能在哪方面应用现在还不得而知, 但是, 它是一类结构独特的超导体, 相当于人工制造的结构. 而且, 很可能两个不同晶体结构之间相互作用是其超导电性的起源, 这和 Y-Ba-Cu-O 族的超导体结构很相似. 上面曾经说过高温超导体的结构特征之一就是由两个不同结构块组成 (图 10-13(b)), 所以对界面超导体的研究也有助于揭示高温超导电性本质之谜.

(2) 硫化氢和氢化镧超导体.

硫化氢 (H$_2$S) 和氢化镧 (LaH$_{10}$) 是气体. 硫化氢臭名昭著, 就是我们日常生活中闻到的臭鸡蛋气味的来源. 它们也是超导体? 是的, 在一定的条件下.

大家都知道, 超导体都是固体, 气体怎么可能成为超导体? 气体在低温和高压下都会变成固体. 图 10–17 给出了硫化氢加压和测量的示意图. 硫化氢气体被引入一个压力室, 在这里被高压和低温变成固体, 测量的设备就在装置里面, 是所谓的原位测量, 因为压力撤掉, 硫化氢又会回到气体状态.

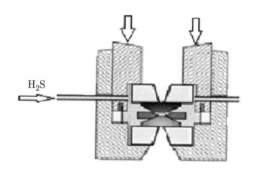

图 10–17 硫化氢加压测量

2015 年,《自然》杂志发表了德国马克斯·普朗克化学研究所艾瑞麦茨 (Mikhail Eremets) 小组的研究结果, 在 1.5 MPa 的压力下, 203 K 时硫化氢变成了超导体. 这个临界温度 T_c 比 Hg-Ba-Ca-Cu-O 的 133 K 高出了 70 K. 图 10–18(a) 是硫化氢的磁化率–温度曲线, 明显看到硫化氢在 203 K 变成超导体.

硫化氢超导体现在还看不到什么实用价值, 但是, 它的超导机理符合传统超导体的 BCS 理论, 有可能给研究氧化物高温超导电性一些启发, 帮助科学家解决高温超导电性的微观机理问题.

研究硫化氢超导体不是一件简单的事情, 原因是很高的压力很不容易获得, 需要高精尖的设备, 这就是国际上研究硫化氢超导体的人不多的原因, 目前还是以德国实验室为主, 其他国家也有少数实验室从事这方面的研究. 不像氧化物高温超导体, 几乎所有的实验室都可以研究.

艾瑞麦茨的实验室得到硫化氢超导体以后, 继续前进. 他们根据硫化氢的一些特征, 估算出氢化镧在高压下可能也是超导体. 经过努力, 2018 年 12 月, 他们发现在 188 GPa、250 K(–23°C) 时, 氢化镧 (LaH$_{10}$) 变成超导体. 图 10–18(b) 是实验的电阻–温度曲线, 可以看到在 250 K 时, 氢化镧的电阻变为零. 这项成果的意义是人们已经接近了室温超导体.

2019 年,《自然》杂志正式发表了艾瑞麦茨等人的文章, 标志着这个结果被科学界承认.

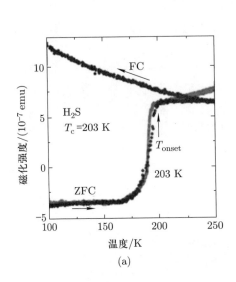
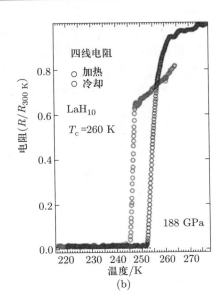

图 10-18　硫化氢的磁化率曲线 (引自 Drozdov A P, et al. Nature, 2015, 525: 73) (a) 和氢化镧的电阻–温度曲线 (引自 Somayazulu M, et al. Phys. Rev. Lett., 2019, 122: 027001) (b)

几乎在同一时间, 美国华盛顿大学的研究人员声称他们发现氢化镧能在 202 GPa, 280 K(7°C) 时呈现超导性. 这个实验的压力比艾瑞麦茨的 188 GPa 要高出 14 GPa. 如果这个结果得到确认, 那就得到了室温超导体, 虽然还看不出有什么实用价值, 但这是科学家梦寐以求的, 可能在理论上会有新的认识.

2020 年, 美国罗切斯特大学的蒂亚斯 (Ranga Dias) 教授研究小组首次在超高压条件下发现一种材料在 15°C 出现超导电性, 是名副其实的室温超导体.

他们的做法是将硫化氢和甲烷混合在一起, 然后在超高压下让其反应. 在 175 万个大气压下, 样品冷却至 −93°C 就会发生超导转变. 如果继续增加压力, 超导转变的临界温度会不断提高. 当达到约 264 万个大气压 (约 267 GPa) 时, 样品在 15°C 时电阻消失. 除了电阻为零外, 另外一个标志样品超导电性的关键指标——完全抗磁性也得到了证明. 目前该材料具体的晶体结构还不知道.

这是研究超导电性的科学家梦寐以求的发现, 但是目前的发现仅具有理论研究的意义, 还看不到有实际应用的前景. 一是该材料数量极少, 而且很容易分解; 二是制作困难太大, 不适合应用. 我们简单看一下制作的条件, 需要 264 万个大气压. 这个条件意味着在 1 cm² 材料上施加约 2670 万牛顿的压力, 才能使其成为室温超导体. 一架波音 747 飞机的重量大概是 160 吨, 制作室温超导体的条件是要在 1 cm² 的面积上施加差不多 17 架波音 747 的重量才行. 这显然不是制作应用材料该有的条件, 更不要说该材料很不稳定, 极易分解.

但是室温超导体在理论研究方面意义重大. 这种超导体被认为是常规超导体, 过去认为常规超导体不可能达到如此高的临界温度, 这就需要对常规超导体理论进行审视和发展. 多年来对高温超导体的微观机理达不到共识, 室温超导体也许会为认识高温超导体的微观机理提供一些启发.

(3) 石墨烯超导体.

石墨烯就是单层石墨. 人们对石墨的认识非常早. 石墨是很常见的物质, 可以做很多东西, 最常用的就是做铅笔. 2004 年, 英国曼彻斯特大学的海姆 (Andre Geim, 1958—　, 荷兰物理学家) 和诺沃肖洛夫 (Konstantin Novoselov, 1974—　, 英国-俄罗斯物理学家), 用胶带反复粘石墨, 最后成功从石墨中分离出石墨烯, 因此共同获得了 2010 年诺贝尔物理学奖.

海姆和诺沃肖洛夫获得诺贝尔奖以后, 全球掀起了研究石墨烯的热潮. 目前石墨烯似乎成了万能的材料, 很多领域都声称使用石墨烯, 不过其中夸张的成分居多.

2018 年, 美国麻省理工学院 (MIT) 的赫雷罗 (Jarillo Herrero) 团队发现, 将两层石墨烯旋转一个很小的夹角 1.05° 时, 石墨烯呈现出 1.7 K 的超导电性. 后来人们将这个角度称为 "魔角". 角度大或者小都不能成为超导体, 就在这个角度附近才可以. 这个结果引起了对石墨烯研究的又一波热潮, 接着很多层状化合物也被做了类似研究, 期望发现更多的 "魔角" 特性. 图 10–19 是石墨烯超导体的结构. 两层石墨烯被旋转了 1.05°.

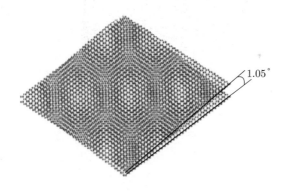

1.05°

图 10–19　石墨烯超导体的结构, 两层石墨烯被旋转了 1.05°

美国俄亥俄州立大学的一位物理学家曾表示: "也就是说, 将两个非超导原子层以特殊方式堆叠, 就能让它们变成超导体? 我想这是所有人都没想到的." 这显然不是事实, 前面叙述过的界面超导体就是这样的, 两个不超导的结构堆叠在一起就变成超导体. 这说明, 两种结构界面之间的相互作用会导致超导电性. 两层石墨烯是同一个物质, 如果不旋转一个很小的角度, 那么两个石墨层之间的相互作用就非常小, 旋转以后, 就改变了原来的相互作用, 在合适的相互作用下导致超导电性产生.

(4) 有机超导体.

1964 年, 受到 BCS 理论的启发, 美国科学家利特尔 (William Little) 提出在有机材料中有可能合成全新的超导材料. 他提出了适用于有机材料的激子模型理论, 并且预言在有机超导体中可以实现远高于室温的超导转变温度.

在利特尔的理论预测之后的第二年, 有人就在钾元素掺杂石墨组分 KC_8 中实现了临界温度 $T_c = 0.14$ K 的超导电性, 这是首次在碳化物中寻找到超导材料. 随后陆续有其他碱金属元素掺杂碳化物出现, 包括 RbC_8, CsC_8, 这些掺杂组分的 T_c 都小于 1 K. 通过加压合成又衍生出了更多的超导组分, 包括 KC_3, NaC_2, $CsBi_{0.55}C_4$ 等.

另一类有机超导材料是富勒烯衍生物. 1991 年, 人们首次在 K_3C_{60} 中实现了临界温度 $T_c = 18$ K 的常压超导电性, 并且在加压 (1.5 GPa) 的情况下可以在 Cs_3C_{60} 中实现 $T_c = 40$ K 的超导电性. 遗憾的是, 这两类有机超导体的超导转变温度都没有超过 40 K, 与铜氧化物高温超导材料有着巨大的差距.

随后人们又在四甲基四硒富瓦烯–六氟磷化物 $[(TMTSF)_2PF_6]$ 中找到了超导电性 (图 10–20(a)). 这种材料表现出了很强的准一维特性. 之后人们又陆续发现了其他类似的有机超导体, 双 (亚乙基二硫) 四硫富瓦烯 (BEDT-TTF) 体系在加压的情况下临界温度达 14.2 K.

2010 年, 日本冈山大学的久保园芳博 (Yoshihiro Kubozono) 教授研究组发现了一类新型的有机超导材料, 将碱金属钾掺入分子晶体苉 (picene, 化学式为 $C_{22}H_{14}$, 分子中含有 5 个苯环) 中, 实现了 7 K 和 18 K 两个超导电性, 这是首个由碳原子和氢原子构成的 π 电子超导体, 掀起了新一轮芳香烃化合物超导材料的研究热潮, 随后有更多的芳香烃化合物超导材料被人们发现.

2011 年, 有人在碱金属钾掺杂的菲 (phenanthrene, 化学式为 $C_{14}H_{10}$, 分子中含有 3 个苯环) 中实现了 5 K 的超导电性, 在金属钾掺杂的 1, 2 : 8, 9-dibenzpentacene (化学式为 $C_{30}H_{18}$, 分子中含有 7 个苯环) 中实现了 33 K 的超导电性 (图 10–20(b)), 而后又在金属钾掺杂的晕苯 (coronene, 化学式为 $C_{24}H_{12}$, 分子中含有 6 个苯环, 呈环形排列) 中观察到了 15 K 的超导电性.

研究发现, 临界温度和苯环的多少有关, 图 10–21 给出了一个结果, 苯环数目越多, 临界温度越高.

人们又陆续在并苯、联苯中发现了新的超导材料, 其中包括在钡掺杂的并苯 $(Ba_xC_{14}H_{10})$ 中观测到了 35 K 的超导电性, 在钾掺杂的联苯 $(K_xC_{30}H_{22})$ 中观测到了 7.3 K 的超导电性. 这类有机超导材料的超导电性, 严格依赖于有机分子中的苯环个数和排列方式, 通过改变有机分子的结构可以得到一系列具有不同超导相的超导材料, 是继铁基超导材料之后又一重要的超导材料体系.

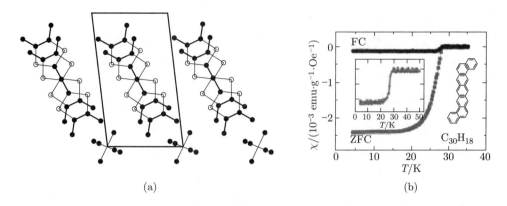

(a) (b)

图 10–20 (a) (TMTSF)$_2$PF$_6$ 的晶体结构 (引自 Jerome D, et al. J. Phys. Lett., 1980, 41: 95); (b) C$_{30}$H$_{18}$ 的磁化曲线, 临界温度为 33 K (引自 Kubozono Y, et al. Phys. Chem. & Chem. Phys., 2011, 13: 16476)

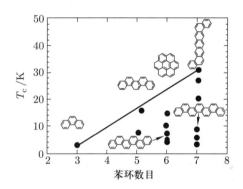

图 10–21 临界温度与苯环数目的关系 (引自 Kubozono Y, et al. Physica C, 2015, 514: 199)

10.6 无尽的探索

超导电性发现一百多年了, 目前有哪些探索的热点, 以后又会怎么样? 作者不敢有过多的断言, 仅提出自己的几点浅见.

(1) 高温超导电性的应用距离需要还差得很远, 仍然有许多艰苦的工作要做. 至于能不能最后达到理想的要求, 不得而知.

(2) 高温超导电性的微观机理仍然是个谜, 虽然已经有了不少理论可以解释一些实验现象, 但是还没有大家公认的理论, 仍然需要努力. 传统超导体从发现到微观机理的建立经历了 46 年, 高温超导体的发现距今虽然只有 30 多年, 但是这 30 多年投入的人力物力, 以及科技进步而产生的用于研究的仪器设备, 都是那 46 年无法比拟的. 由于高温超导体结构的复杂性, 微观机理的建立也许还要花一些时间,但也许明天就有人窥破其中的奥秘, 具体也不得而知.

(3) 新型超导体的探索会一直继续. 由于超导电性的经济价值和世界能源的紧张, 探索新的超导体, 尤其是室温超导体将永远是科学家的梦想. 也许有一天我们会实现这个梦想.

一句话, 对于超导电性研究来说, 由于要求高, 难度大, 研究仍然将是起起落落, 探索将是无穷无尽, 仍会为有志于此的科学家提供展示才能的舞台.

卷首语解说

在本书内容过了约四分之三的时候, 要用三位先贤的话再一次强调: 在科学上要有重大的发现, 海阔天空的想象、无拘无束的思维才是最重要的, 没有这些, 就不会对科学有重大贡献.

第十一章　纳米科学*

要真正做到多思, 我们必须甘心忍受, 并延续那种疑惑的状态, 这是对彻底探究的动力, 这样就不至于在未获充足理由之前, 接受某一设想或肯定某一信念.

——杜威 (John Dewey, 1859—1952, 美国著名哲学家、教育家和心理学家)

1996 年的诺贝尔化学奖授予柯尔、克罗托和斯莫利三人, 表彰他们发现了富勒烯, 也就是 60 个碳原子形成的一个足球一样形状的分子, 俗称碳 60 (C_{60}). 我们可以把这一年看作纳米材料研究热潮的元年, 这个热潮经久不息, 至今仍在继续.

这三个科学家 1985 年在美国的莱斯大学发现了碳 60, 当时并没有引起很大的关注. 直到 1991 年, 人们发现在碳 60 里面加入碱金属就成了超导体, 才引起了全球的注意, 这可能和当时高温超导体正处于研究热潮有关. 1996 年, 柯尔等人获得诺贝尔奖时, 已经是发现碳 60 的 11 年以后了, 而高温超导体是在文章发表后第二年就获奖了 (见第十章).

近 30 年来的研究热潮虽然发现了各种不同的纳米材料, 但却都和发现碳的不同形态有关. 先是碳 60 的发现引起研究热潮. 接下来是 1991 年发现碳纳米管. 碳纳米管研究的热潮应该说是碳 60 研究带动起来的. 再后来是 2004 年发现石墨烯, 2018 年发现 "魔角" 石墨烯超导体 (见第十章石墨烯超导体部分), 这又使纳米材料的研究热潮持续不断.

11.1　什么是纳米材料?

有一把刻度是纳米的尺子, 如果哪个材料可以用它来度量, 它就是纳米材料. 空间 3 个维度, 材料的任意一个维度可以用纳米这把尺子度量, 就算是纳米材料. 如零维的纳米颗粒、一维的纳米线、二维的纳米薄膜. 零维材料实际上应该算作三维纳米材料, 它的三个维度都可以用纳米的尺子度量, 大家习惯称之为零维. 图 11-1 是几种纳米材料. 通常把尺度在 1~100 nm 的材料称为纳米材料.

物理学上有个小尺度物理或称介观物理的领域, 它和纳米材料研究的尺度几乎是一样的. 小尺度物理研究的是尺度近似于电子的德布罗意波长或平均自由程 (就

* 本章中有一些素材是北京大学信息科学技术学院傅云义教授提供的, 在此表示由衷的感谢.

图 11-1　(a) 直径约 10 nm 的零维 Au 纳米颗粒;(b) 直径约 20 nm 的一维 α-Fe₂O₃ 纳米线;
(c) 厚度约 20 nm 的 MoO₃ 二维纳米片

是在固体中, 电子不受碰撞走过的平均路程. 在固体中, 德布罗意波长和平均自由程近似) 的系统.

固体中自由电子的德布罗意波长为

$$\lambda = 2\pi \left(\frac{h^2}{2m^*E} \right)^{\frac{1}{2}}, \tag{11-1}$$

这里 λ 是电子的德布罗意波长, E 为电子的能量, 小于 100 mV, m^* 为电子有效质量, 小于 0.1 m_0 (m_0 为自由电子质量), h 是普朗克常数. 这时, 电子的 λ 为 10 ~ 100 nm. 可以看到, 小尺度物理与纳米材料研究的对象几乎是一致的, 所以现在大家都称其为纳米科学, 要通俗一些, 很少说小尺度物理了.

传统的固体物理以布洛赫定理为基础, 认为对于电子的波长来说, 晶体是无限大的, 电子与界面的相互作用可以忽略. 小尺度物理的尺度则和德布罗意波长相当, 这时候电子与界面相互作用的机会就大大增加, 不能忽略了. 所以在纳米材料中, 电子与界面的作用变得至关重要. 纳米材料的特异性能, 基本都来自于此.

纳米科学主要研究的方面是: 发展小于 100 nm 结构的合成和分析技术; 研究这些小尺度结构的物理化学性质; 应用这些物理化学性质去发展新的功能材料和

器件.

11.2 纳米科学的发展

21 世纪初, 科学家希望物理学可以像 20 世纪初一样, 有巨大的飞跃或者进展, 可是, 其他方面看不到有飞跃的迹象, 只有纳米材料的研究有些许曙光.

2001 年,《自然》杂志评论: "尽管真正意义的微型计算机还需几年时间才能制成, 但纳米技术在计算机领域的应用意味着, 今后人们的日常生活将发生巨大的变化, 装有纳米计算机芯片的电灯, 可以完全实现智能化, 根据居室的自然照明情况自动调节亮度 ……"

《科学》杂志评选了 2001 年世界十大科技突破, 也将纳米技术作为重大的突破. 杂志评论说: "继在 2000 年开发出一批纳米级装置后, 科学家今年再进一步将这些纳米装置连接成可以工作的电路, 这包括纳米导线、以碳纳米管和纳米导线为基础的逻辑电路, 以及只使用一个分子晶体管的可计算电路. 分子水平计算技术的飞跃, 有可能为未来诞生极微小但极快速的分子计算机铺平道路."

可以看到, 在 21 世纪初, 人们对以碳纳米结构为基础的纳电子器件抱有极大的期望. 纳米材料发展之初, 人们的主要期望就是发展纳电子器件, 取代微电子器件. 在 20 世纪末, 人们发现微电子器件的发展已经到了极限, 很难再继续突破, 所以科学家都在寻找新的方向, 碳纳米结构似乎是唯一的候选者.

21 世纪已经过去了五分之一, 当初《自然》和《科学》的那些预测实现了吗? 很遗憾, 没有看到实质性的突破, 碳纳米结构的纳电子器件似乎徘徊不前, 而以硅为代表的传统微电子器件却获得了突破, 在传统的硅基半导体上, 已经实现了几个纳米的线宽.

从应用和商业角度看, 如果硅基片可以做到几个纳米, 碳纳米结构就没有必要了. 硅基片十分稳定, 加工技术也很成熟, 而碳纳米结构要做成器件, 困难还很多.

(1) 纳米结构初现.

美国加州理工学院的费曼教授在 20 世纪 60 年代曾经预言: 如果我们对物体微小规模上的排列加以某种控制的话, 我们就能使物体得到大量的异乎寻常的特性, 就会看到材料的性能产生丰富的变化. 就像图 11-2 一样, 用原子或者分子作为基建的基本单元, 像盖房子一样, 想盖成什么样都行. 就是说, 以原子、分子为基本单元, 可以得到各种我们想要的结构和性能.

其实费曼的想法只能说有一部分是对的, 原子、分子不同于砖块, 它们之间有库仑相互作用, 有些 "砖" 可以垒在一起, 有些则不能. 由于库仑力的作用, 有些 "砖" 垒在一起, 系统的能量不是减少, 而是增加, 这样就不能砌成墙. 我们在热力学里面已经知道, 原子、分子组成新的物质时, 系统的能量只能降低, 不能增加, 否则就不能形成新的物质.

图 11-2　以原子、分子为基本单元, 修建各种不同的房屋

1984 年, 德国萨尔兰大学的格莱特 (Herbert Gleiter, 1938—　) 以及美国阿贡实验室的西格尔 (Richard Siegel, 1936—　) 相继成功地制得了纯物质的纳米细粉. 格莱特在高真空的条件下将粒径为 6 nm 的铁粒子粉末加压成形, 烧结得到纳米微晶块体, 发现纳米微晶铁块具有很多特殊的性能, 与寻常的铁区别很大, 从而使纳米材料进入了一个新的阶段.

有一年格莱特教授在澳大利亚度假, 开车穿过沙漠, 车后扬尘飞起. 粉尘启发了格莱特, 他想, 如果把材料碾成非常细的粉末, 例如纳米尺度的, 结果会怎么样呢? 度假结束以后, 格莱特回到实验室把自己的想法付诸实施. 他选择铁粉来做实验, 用球磨的方法 (就是在一个罐子里, 放入金属球和材料, 转动罐子, 金属球和材料摩擦, 使材料变细, 这是制作粉末材料的常用方法) 把铁粉再研磨, 使之成为纳米量级的粉末, 然后再把这些铁粉压制成型, 在高真空下煅烧成纳米晶块 (细小的铁粉在空气中很容易燃烧, 所以要在高真空下隔绝氧气才行).

(2) 碳 60 的发现.

碳 60 曾经是一个人们想象的产品. 1966 年, 科普周刊《新科学家》提出制造空心石墨气球, 就是碳 60, 并且猜测这个石墨球有很多奇特的性能. 但是那时候只是想象, 没有人去做.

在发现碳 60 的过程中, 应该说英国科学家克罗托贡献很大. 1975 年, 英国苏塞克斯大学的年轻教师克罗托在研究星际光谱, 就是宇宙射向地球的光线的谱图时, 发现光谱中有碳–碳长链和碳–氮化合物. 但是, 碳的长链到底有多长, 是什么样的几何构造却不得而知.

克罗托就想在实验室做实验, 了解碳–碳长链的详情, 但是缺少设备. 1984 年克罗托在美国德州认识了莱斯大学的柯尔教授, 又经柯尔介绍, 认识了斯莫利教授, 开始合作研究. 当时斯莫利在研究半导体的团簇结构, 就是用激光照射半导体, 利用激光的强大能量使固体气化, 然后通过质谱看形成什么样的团簇结构. 克罗托想利用这些设备, 把激光射到石墨样品上, 使样品挥发, 然后进入质谱仪, 分析石墨团簇的大小 (图 11-3).

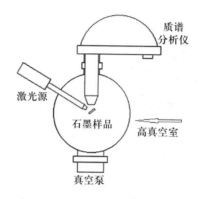

图 11-3 激光蒸发和质谱联用系统

　　团簇是由几个到上千个原子、分子或离子组成的相对稳定的微观或亚微观聚集体, 其物理和化学性质随所含的原子数目而变化. 团簇结构是介于宏观和微观之间的一种结构, 可以称之为介观结构. 团簇的研究在纳米材料的热潮之前, 后来也把它归结到纳米科学一类.

　　克罗托和斯莫利研究的对象不一样, 但想利用斯莫利的设备. 柯尔当时是莱斯大学物理系的主任, 给他们之间搭了桥. 开始斯莫利不是很愿意, 因为研究的对象不一样, 如果在真空室里面蒸发石墨, 再蒸发半导体就要清理真空室, 要彻底清理干净是非常麻烦的事情. 所以开始的时候, 斯莫利并不积极. 后来斯莫利慢慢发现克罗托的研究很有意思, 便开始积极参与. 1985 年夏天, 有一天晚上他们在质谱谱图里发现蒸发的石墨团簇里有碳 60 和碳 70 的新谱线.

　　斯莫利想搞清楚碳 60 的几何结构, 琢磨到半夜, 还是不得其解. 突然他想起数学系有个教授, 可能会给些参考意见, 于是就打电话给那个教授. 教授半夜被电话吵醒了, 他听完斯莫利的问题后, 迷迷糊糊地说, 那就是个足球, 你拿个足球一看就明白了. 斯莫利家里没有足球, 马上开车到加油站的小卖铺里买了一个足球回来. 斯莫利很快就明白了碳 60 的结构, 它是一个 32 面体, 其中有 20 个六边形和 12 个五边形, 见图 11-4(a).

　　斯莫利连夜用硬纸板剪了一个足球形状的碳 60, 第二天和克罗托、柯尔等几个同事讨论, 大家都同意碳 60 就是这个结构. 由于碳 60 的结构和足球一样, 碳和碳之间是双键, 符合化学上烯的结构, 所以又称富勒烯或者足球烯.

　　碳 60 被称为富勒烯是出自美国工程师和建筑师富勒 (Richard Buckminster Fuller, 1895—1983) 之名. 二战以后, 美国在欧洲屯兵, 大量武器装备, 例如坦克、装甲车、战斗机等都需要较大的空间保存. 富勒设计了一种建筑, 轻巧、空间大, 有些像足球 (图 11-4(b)). 碳 60 的结构和这种建筑很相似, 所以就被人称为富勒烯.

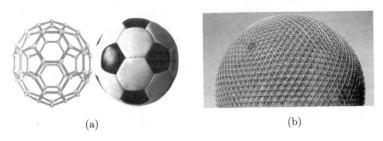

(a)　　　　　　　　　　　　　　　　(b)

图 11-4　(a) 碳 60 的几何结构, 和足球完全相同, 有 60 个顶点, 由 20 个六边形、12 个五边形组成; (b) 富勒设计的建筑, 现存意大利米兰

　　很快, 他们在《自然》上发表了结果. 纯碳 60 固体是绝缘体, 用碱金属掺杂之后就成为具有金属性的导体, 适当的掺杂成分可以使碳 60 固体成为超导体. 1991 年 4 月, 美国贝尔实验室发现碳 60 和钾的化合物在 18 K 下呈现超导状态. 同年 6 月, 日本电气公司将碳 60 和铯、铷合金化合获得了临界温度为 33 K 的超导体. 从此, 对碳 60 的研究热潮应运而来. 1996 年, 柯尔、克罗托和斯莫利三人获得了诺贝尔化学奖.

　　碳团簇也有幻数, 就是稳定存在的数值. 当碳原子的数量 N 小于 30 时, 幻数为奇数 3, 11, 15, 19, 23; 当 N 大于 30 时, 幻数为偶数 60, 70, 78, 80, $\cdots$. 有关碳团簇的幻数规律仍然值得研究.

　　(3) 碳纳米管.

　　1991 年, 日本科学家饭岛澄男 (Sumio Iijima, 1939—　　) 在高分辨透射电子显微镜下检验电弧放电制备的球状碳分子时, 意外发现了由管状的同轴纳米管组成的碳分子, 这就是现在所说的碳纳米管. 碳纳米管分为单层和多层, 直径为纳米量级, 一般为 2~20 nm, 长度为微米量级. 图 11-5 是单层和多层 (也称单壁和多壁) 碳纳米管的示意图.

　　碳纳米管有金属性和半导体性两种. 研究表明, 碳纳米管可以看作由石墨卷成的管子, 卷的方式不同, 即卷成管子时接口的角度不同, 碳纳米管的导电性能就不同.

　　碳纳米管是单层到数十层的同轴圆管, 层与层之间保持固定的距离, 约为 0.34 nm. 由于结构独特, 碳纳米管的研究具有重要的理论意义和潜在的应用价值. 例如, 它是理想的一维材料, 有望用作坚韧的碳纤维, 其强度是钢的 100 倍, 而重量却只有钢的六分之一. 人们曾经设想, 在月球和地球之间架一条索道, 做成电梯, 这样就可以方便地访问月球. 但是, 传统的钢索要做成这么长重量太大, 不能实用. 而

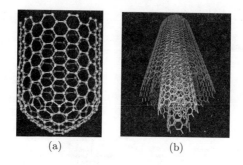

(a)   (b)

图 11-5 单壁 (a) 和多壁 (b) 碳纳米管

如果用碳纳米管纤维制作, 就有可能实用. 图 11-6 是示意图.

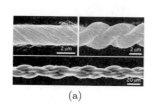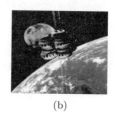

(a)   (b)

图 11-6 (a) 碳纳米管做成的绳索 (Zhang M, et al. Science, 2004, 306: 1358); (b) 假想的月球到地球的电梯

碳纳米管还有可能作为分子导线、纳米半导体材料、催化剂载体、分子吸收剂和近场发射材料等. 科学家们还预测碳纳米管将成为 21 世纪最有前途的纳米材料, 以碳纳米管为材料的显示器将是很薄的, 可以像招贴画那样挂在墙上, 也可以卷起来随身携带. 不过, 这可能是乐观的估计.

(4) 石墨烯.

石墨是碳最常见的一种形式. 单层石墨 (石墨烯) 很早就引起过科学家的注意, 早在 20 世纪 40 年代就有人对石墨烯的结构进行过理论研究. 当时的研究表明, 单层石墨是不能稳定存在的. 实验上制取单层石墨烯的努力一直没有成功, 很多人认为单层石墨稳定存在是不可能的, 以后大家也就不再进行这方面的研究了.

21 世纪初, 英国曼彻斯特大学的海姆和诺沃肖洛夫用普通胶带制成了单层石墨, 就是石墨烯. 他们用胶带从石墨上粘下薄片, 这样的薄片仍然包含许多层石墨烯. 但反复粘上几十次之后, 薄片就变得越来越薄, 最终产生一些单层石墨烯. 图 11-7 是用胶带剥离制作石墨烯的过程 (a)、附着在胶带上的石墨烯 (b) 和石墨烯的结构 (c).

海姆和诺沃肖洛夫用如此简单的办法制成石墨烯以后, 引起了全球对石墨烯研

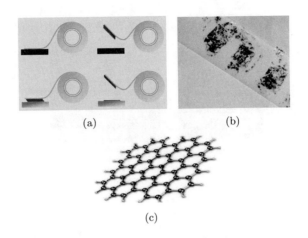

(a)   (b)

(c)

图 11-7   石墨烯的制作过程和石墨烯的结构 (引自 Novoselov K S, et al. Rev. Mod. Phys., 2011, 83: 837)

究的热潮. 人们发现, 石墨烯可以用作锂电池电极材料、太阳能电池电极材料、薄膜晶体管制备、传感器、半导体器件、复合材料制备、透明显示触摸屏、透明电极等.

对石墨烯材料的狂热也引发了人们对其他二维材料, 如六方氮化硼、硅烯、过渡金属氧化物、过渡金属二硫化物等等的兴趣.

海姆讲了一个发现石墨烯的故事: 新来了一个博士生, 我给他买了一大块高定向的热解石墨, 还给了他一个非常好的抛光机 (用来磨薄石墨), 让他把石墨磨得尽可能薄. 三周后他来找我, 他说他成功了. 他给我看了一个有盖的培养皿, 它的底部有一小块石墨. 我在显微镜下看到它大约有 10 μm 厚, 可能有 1000 层石墨. 我问他: "你能再打磨一下吗?" 他说他还需要一块石墨, 而一块石墨大约需要 300 美元. 我必须说, 当我向他解释你不必磨光一整块砖才能得到一粒砖时, 我是不太礼貌的. 他同样不太礼貌地回答说: "如果你这么聪明, 就自己试着做吧." 于是我就试着用胶带完成了这个任务.

必须要说的是, 各种用石墨烯制作的器件, 都不是真正的石墨烯, 而是多层石墨. 单层石墨虽然可以沾在胶带上, 但实际上并不稳定, 而制作器件, 稳定则是第一位的. 器件的稳定性与人和公司的信誉度一样, 是最重要的, 很难想象一个不稳定的器件会被人使用. 关于石墨烯的应用价值, 炒作的成分居多, 这也是纳米领域的普遍现象. 如果石墨烯真的能够制作这么多有用的器件, 只能说人们过去对石墨还认识不够.

石墨烯在电子领域有巨大的应用潜力, 很多人将石墨烯看作硅的替代品, 认为可能用来制造超级计算机. 在室温下, 硅基处理器的运行速度达到 4～5 GHz 后就很难提高了, 使用石墨烯作为基质的处理器速度能够达到 1 THz, 就是 1000 GHz.

2010 年诺贝尔奖委员会颁发当年的诺贝尔物理学奖时说, 石墨烯晶体管将比今天的硅晶体管要快得多, 会让计算机更快更有效. 但是也有科学家认为这不可能, 石墨烯虽然可以做成半导体性质的, 但是制作晶体管还是硅稳定. 至今过了 10 多年, 所谓的石墨烯电子线路还只是蓝图而已.

上一章说过石墨烯制作的 "魔角" 超导体, 由此又引起了石墨烯研究的热潮. 最近对石墨烯的研究近乎疯狂或者泛滥, 以至学术圈内的很多人有微词. 2020 年, 美国化学会的《纳米期刊》(*ACS NANO*) 刊登了一篇把鸟屎抹在石墨烯上, 发现石墨烯的催化作用有提高的文章, 题目是 "我们放入石墨烯中的任何废物都会增加其电催化作用吗?" 作者在文章中说: "总之, 我们证明了用鸟屎处理过的石墨烯比没有掺杂的石墨烯更具有电催化性." 图 11–8 是这篇文章的截图. 这篇有讽刺意味的文章其实是想告诉大家, 研究工作还是应该选取有意义的问题, 要么有实用价值, 要么有理论价值.

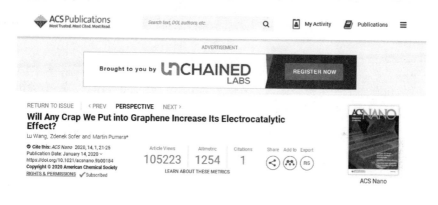

图 11–8　鸟屎可以增强石墨烯催化功能的文章截图

11.3　天然纳米材料和人工纳米材料

在自然界有很多天然的纳米结构, 或者纳米材料. 过去, 由于实验方法和仪器的限制, 对这些天然纳米结构认识不够. 研究纳米结构, 高分辨电子显微镜、扫描隧道显微镜和原子力显微镜是不可缺少的工具. 过去高分辨显微镜十分昂贵, 而扫描隧道显微镜是 1981 年发明的, 原子力显微镜是 1985 年发明的.

(1) 自然界的纳米结构.

自然界有些叶子不沾水, 例如荷叶, 过去经常被用来包裹食物. 此类疏水的叶子表层其实都有一层纳米结构, 图 11-9 是荷叶和它表面的高分辨电子显微镜照片. 照片清楚地显示了排列整齐的纳米量级的结构. 正是这些纳米结构使得荷叶有了不沾水的功能.

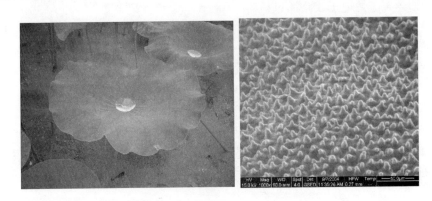

图 11-9　荷叶和它表面的高分辨电子显微镜照片

还有一种常见的自然纳米结构出现在昆虫的脚上. 大家看到壁虎会飞檐走壁, 苍蝇可以落在墙面上而不掉下来, 水蜘蛛 (学名水黾) 是真正的水上漂, 不会沉下去 (图 11-10(a)). 这些都是因为它们的脚上有微结构的原因. 图 11-10(b) 分别是甲壳虫、苍蝇、蜘蛛和壁虎脚掌的电子显微镜照片. 可以看到, 它们的脚掌都有明显的微观结构, 壁虎的脚掌是明显的纳米结构. 壁虎在这几种昆虫中, 爬墙是最快、最稳的, 支撑壁虎的正是这些纳米结构.

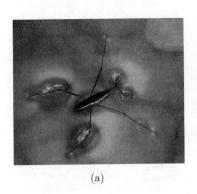

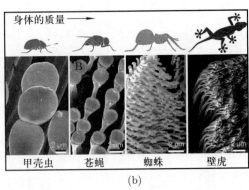

(a)　　　　　　　　　　(b)

图 11-10　(a) 水蜘蛛在水上漂; (b) 几种昆虫脚掌的显微镜照片. (引自 Gao X F, et al. Nature, 2004, 432: 36)

很多病毒和细菌也具有纳米结构. 图 11-11(a) 是 A-H1N1 冠状病毒的照片, 2003 年的 SARS 病毒, 以及当前正在世界各地流行的新型冠状病毒, 都有类似的结构. 图 11-12 (b) 是趋磁性细菌照片. 这种细菌非常有意思, 喜欢磁性的物质, 一般都聚集在磁性物质附近. 研究表明, 这种细菌中心有像脊椎骨一样的部分, 每节都是 25 nm 左右的四氧化三铁 (Fe_3O_4) 颗粒. 四氧化三铁是一种弱磁性物质, 所以这种细菌喜欢磁性物质.

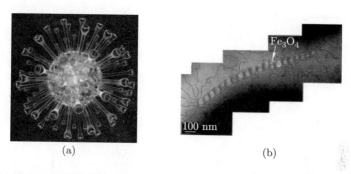

图 11-11 (a) A-H1N1 冠状病毒; (b) 趋磁性细菌. (引自 Dunin R E, et al. Science, 1998, 282: 1868)

我们经常提到的 DNA(脱氧核糖核酸) 也是纳米结构. 图 11-12 是 DNA 的结构模型, 一般 DNA 的直径在 2 nm 左右. 由于 DNA 的尺度是纳米尺度, 它就比较容易与纳米材料结合, 可能就有不好的一面. 2017 年 10 月 27 日, 世界卫生组织国际癌症研究机构公布的致癌物清单中, 碳纳米管列在 2B 类致癌物中. 这也是研究中应该注意的问题.

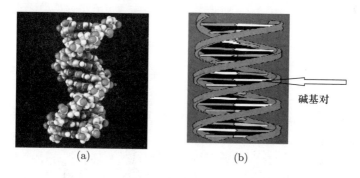

图 11-12 DNA 的结构模型 (a) 和示意图 (b)

还有一种存在于自然界的纳米结构, 例如铁锈中有不少的 α-Fe_2O_3 纳米线, 但是并无价值. 铁锈是金属铁在自然界被腐蚀的产物. 作者本人的实验室曾经模拟自然界的腐蚀过程, 制备了氧化铁和氧化钴纳米片. 由于这些纳米线具有磁性, 很可能有应用前景. 本章开始处的图 11-1(b) 就是作者实验室制备的 α-Fe$_2$O$_3$ 纳米线的扫描电子显微镜照片.

(2) 人工合成和制造.

人工合成指用化学或者物理的方法制备纳米结构. 人工制造是用纳米工程的方法制造纳米结构, 就像费曼教授说的那样, 把原子或者分子用机械设备建造成需要的纳米结构.

人工合成的花样繁多, 目前为止, 人们已经合成了很多种纳米化合物. 合成的纳米结构中, 半导体纳米材料居多, 这可能是为纳电子器件考虑的原因. 例如, 单质或者元素纳米线: Si, Ge; 半导体化合物纳米线: GaAs, GaP, InP, ZnS, CdS, Si$_{1-x}$Ge$_x$, GaN 等; 氧化物半导体纳米带: ZnO, SnO, Ga$_2$O$_3$, In$_2$O$_3$, CdO 等. 还有众多的纳米结构, 这里不再赘述. 在这些化合物中, 以 ZnO 的形态最多, 有纳米线、纳米带、纳米颗粒等等. 图 11-13 是几种 ZnO 纳米结构. 后面说的纳米发动机就是用 ZnO 制作的.

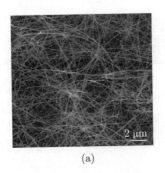

(a)　　　　　　　　　(b)　　　　　　　　　(c)

图 11-13　(a) ZnO 纳米线; (b) ZnO 纳米带; (c) ZnO 纳米环. (引自 Zheng W P, et al. Science, 2001, 291: 1947)

还有磁性纳米线, α-Fe$_2$O$_3$, γ-Fe$_2$O$_3$, CoO, Co$_2$O$_3$ 等. 这些纳米线也可能有实用价值.

简单地说一下如何人工制造纳米结构. 盖房子砌砖要有工具, 制造纳米结构也要有工具, 这个工具就是扫描隧道电镜或者原子力显微镜. 它们的工作原理主要是用针尖与原子或者分子之间的范德瓦耳斯力吸引它们, 然后把原子或者分子像砌砖一样放在设定的位置. 图 11-14 是一个用原子力显微镜或者扫描隧道显微镜的针尖来移动金原子制作图案的示意图. 图 (a) 是工作原理示意; 图 (b) 是日本科学家用此方法, 将金原子排成 "原子" 二字; 图 (c) 是用原子排列成的纳米尺度齿轮.

这些人工制造的纳米结构有什么用处呢? 我们举一个例子. 如果我们可以做成一个疏通血管的纳米机器人, 有人血管堵塞了, 就可以放一个纳米机器人进去把堵

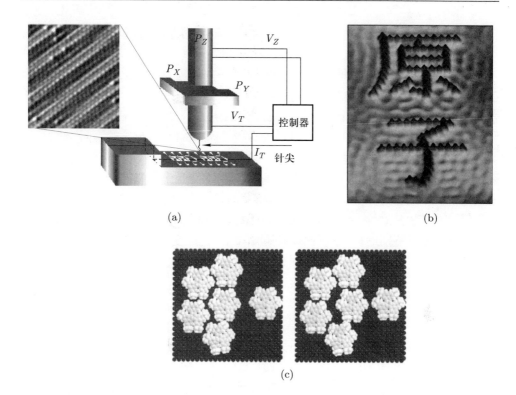

图 11-14　(a) 用针尖操纵原子示意图; (b) 用金原子排列成的 "原子" 二字; (Mansoori G, et al. J. ASTM International, 2005, 2: 1) (c) 用原子排列成的纳米齿轮. (Gimzewski J K, et al. Science, 1998, 281: 531)

塞的地方疏通. 由于机器人比做手术要灵活, 可以疏通有些手术不容易的地方. 如果成功, 应用价值不可估量.

　　要做成一个纳米机器人难度很大, 不但要求纳米零件和器件, 还要有能源可以让机器人工作, 这就是近十多年来很多科学家在纳米发电机方面付出很多努力的原因. 纳米发电机是用 ZnO 纳米材料为基础制作的. 纳米发电机最早的发明者王中林教授说: "这一发明可以整合纳米器件, 实现真正意义上的纳米系统, 它可以收集机械能, 比如人体的运动、肌肉的收缩、血液的流动, 振动能, 比如声波、超声波, 甚至流体能量, 比如体液的流动、血液的流动、动脉的收缩, 并将这些能量转化为电能提供给纳米器件. 这一纳米发电机所产生的电能足够供给纳米器件或系统所需, 从而实现自供能、无线纳米器件和纳米机器人."

　　这是难度极大的工作, 目前也还基本是蓝图阶段, 什么时候可以商用不得而知.

11.4　量子尺寸效应、量子电导和物理性能

　　量子尺寸效应是指当物质的尺寸下降到某一数值时 (小于电子的平均自由程), 电子能级由准连续变为分立能级或者能隙变宽的现象. 图 11-15 是大块样品和纳米样品的能级变化情况. 当能级的变化程度大于热能、光能、电磁能的变化时, 会导致纳米微粒磁、光、声、热、电及超导特性等与常规材料有显著的不同.

　　尺寸效应使纳米材料呈现许多奇特的物理和化学性能, 例如: 本来是绝缘体的氧化物, 尺寸到纳米量级时电阻反而下降; 氧化铁本身是十分脆的, 但是图 11-1 中的氧化铁纳米线变得像铁丝一样柔软; 纳米磁性金属的磁化率是普通金属的 20 倍; 纳米铜具有超塑延展性, 在室温下可拉长 50 多倍而不出现裂纹; 80 nm 的铜纳米颗粒机械性能很特别, 强度不仅比普通铜高 3 倍, 且形变非常均匀.

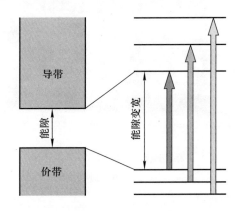

图 11-15　大块样品和纳米样品的能级对比. 左边和右边分别是大块样品和纳米样品的能级结构

　　我们把电子在固体中的运动叫作输运. 电子的输运有两种不同的表现, 一种叫扩散型输运, 一种叫弹道输运.

　　扩散型输运是通常的状态, 电子在相对来说无限大的固体中运动, 会受到晶格和其他电子的作用, 称为散射. 两次散射之间的平均距离就称为平均自由程, 意味着电子在此距离内是自由运动, 不受其他影响.

　　如果固体的尺寸到了纳米量级, 或者小于平均自由程, 这时候电子在固体内部几乎不受散射, 而只与固体的表面有作用. 这时候电子在固体中的运动就像一颗子弹在枪膛里运动, 只受枪管的作用, 枪膛相当于固体内部, 枪管相当于固体表面. 这种情况下电子的输运性质就叫作 "弹道输运".

　　什么是量子电导呢? 量子电导是弹道输运的结果. 按照经典理论, 电子在固体中运动不受散射, 电导就应该是无穷大的. 但是, 由于还要受到固体表面的作用, 电

导达到一个极大值以后就不再改变. 这时候电导不再连续, 出现间隔相等的台阶, 如图 11–16 所示, 每个间隔为

$$G_0 = 2e^2/h, \tag{11--2}$$

其中 G_0 是一个单位的量子电导, e 是电子电荷, h 是普朗克常数, G_0 数值为 12.9 K·Ω^{-1}. 这就是量子电导. 图 11–16 中量子电导与电压的关系不是直线, 而是台阶式的变化. 看到一个公式中有普朗克常数 h 时, 一定表达的是微观的过程.

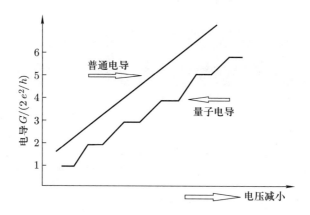

图 11–16　量子电导和普通电导

在纳米结构中, 由于量子电导的原因, 电子的输运性质与大块样品有很大的不同, 所以就出现了很多奇特的性质, 如上面尺寸效应中所述.

由于尺寸效应和量子电导, 纳米材料出现了很多新颖的性质, 有些是可以实用的, 下面举几个例子.

(1) 颗粒大小和催化功能.

我们都知道, 催化剂主要是表面原子在起作用, 内部原子则不参与催化. 对于催化剂来说, 颗粒越小, 表面原子数量越多, 催化作用越好. 图 11–17 是颗粒大小和表面原子数目的关系, 可以清楚地看到, 在颗粒大小为 5 nm 时, 表面原子有 45%; 颗粒为 1 nm 时, 表面原子数目达92%. 可见纳米颗粒的催化作用要比通常尺寸的颗粒好得多.

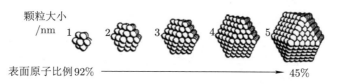

图 11–17　颗粒大小和表面原子数目的关系 (Loutfy H, et al. Advanced Structural Materials, 2019, 116: 30)

(2) 颗粒大小与发光波长.

我们都知道, 不同颜色的光就是不同波长的光. 通常情况下, 紫外线的波长最短, 而红外线的波长最长. 要想得到一定波长的发光材料, 就要调节发光半导体的能隙结构, 但是在纳米材料中, 似乎要容易一些. 图 11–18 是银纳米颗粒的大小、形状和发光波长的关系. 可以看到, 银的颗粒尺寸越大, 发光的波长越长, 100 nm 时在红外区, 而颗粒尺寸降到 40 nm 时, 发光波长就接近紫外区. 这说明通过调节颗粒的大小和形状就可以得到想要的波长.

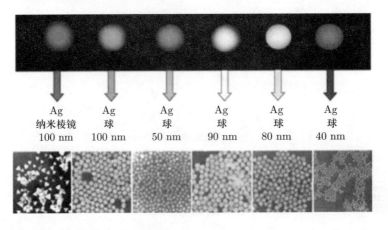

图 11–18　颗粒大小、形状和发光波长的关系 (引自 Jin R, et al. Science, 2001, 294: 1901)

纳米材料还有很多可以利用的性能, 例如前面说过的魔角超导体、量子尺寸效应引起固体性能的变化等等, 这里不再一一赘述.

11.5　存在的问题

几十年来, 对纳米科学的研究, 我们得到的基本都是正面的信息, 甚至是过分的赞扬, 其实作为一个明星学科, 对其不利的一面也应该注意. 科学界对纳米材料的热潮一直有不同的看法. 施普林格公司在 2007 年出版了《纳米伦理》(*NanoEthics*) 杂志 (图 11–19). 发刊词说, 人们对纳米技术持乐观和悲观两种态度, 并提出了对纳米技术的一些担忧, 例如不可预见的环境和健康风险.

由于 DNA 的尺度是纳米尺度, 这就使得纳米材料容易进入人体的细胞. 如果是有用的东西, 例如治病的药物、吸收快而彻底的面霜, 那就对人体有好处. 但也有对人体有害的纳米结构.

美国《新科学家》杂志 2009 年曾经报道, 有 30 名科学家列举了未来 25 大环境威胁, 其中之一就是有毒的纳米材料存在环境隐患.

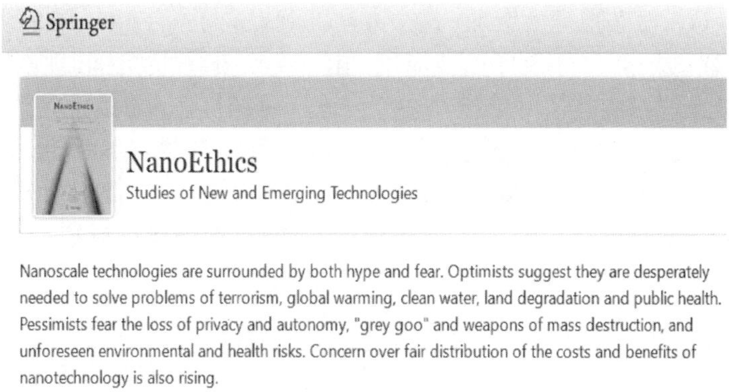

NanoEthics
Studies of New and Emerging Technologies

Nanoscale technologies are surrounded by both hype and fear. Optimists suggest they are desperately needed to solve problems of terrorism, global warming, clean water, land degradation and public health. Pessimists fear the loss of privacy and autonomy, "grey goo" and weapons of mass destruction, and unforeseen environmental and health risks. Concern over fair distribution of the costs and benefits of nanotechnology is also rising.

图 11-19 施普林格出版的《纳米伦理》杂志创刊号

英国科学家 2008 年警告, 目前已经广泛投入商业应用的纳米纤维, 在动物实验中, 显示会导致类似由石棉引起的癌前病变. 英国爱丁堡大学的一项研究, 让实验老鼠的肺部、腹部和心脏的间皮组织接触 100 纳米的纤维, 结果老鼠的这些组织出现感染和肉芽肿现象, 这与接触到石棉所引起的后果是同样的.

纳米材料还有一个天生的缺点, 那就是不稳定. 纳米材料的不稳定来自两个方面: 一是尺度小, 表面原子多; 二是能级分裂后, 很小的能量就可引起材料性能的变化.

先说表面原子多的问题. 过去研究半导体时人们发现, 表面原子不像在晶体内部的原子, 由于生成稳定化学键的条件不满足, 表面原子有许多悬挂键, 这些悬挂键很容易与其他原子结合使纳米颗粒长大, 所以性能随时间变化较大, 就是不稳定.

另外一个是能级分裂成能量间隔很小的能级. 由于能级之间间隔小, 遇见很小的能量变化 (例如光照、热量等), 都可能引起电子在能级之间的跃迁而改变其性能, 这也是不稳定性.

所以在研究纳米材料, 例如测量一根纳米线的电阻时, 经常会发现测量结果每次都不一样, 基本是以上两个原因引起的. 作者的实验室曾经研究过氧化铁纳米线, 就发现很多由于不稳定引起的变化. 例如 γ-Fe_2O_3 纳米线就很不稳定, 很容易变成 α-Fe_2O_3 纳米线, 因为 α-Fe_2O_3 比 γ-Fe_2O_3 要稳定. 例如, 在 350°C 热处理时, 就发生 γ-Fe_2O_3 到 α-Fe_2O_3 的转变, 而非纳米的 γ-Fe_2O_3 到 α-Fe_2O_3 的转变温度大约为 650°C. 还有更有趣的, 在对 α-Fe_2O_3 纳米线做拉曼光谱研究时, 发现光源的能量大于 20 mW 时, γ-Fe_2O_3 纳米线就转变成 α-Fe_2O_3 纳米线.

当然, 对于这些不稳定性有些是有办法解决的. 例如作者的实验室就曾经用一种叫作 "交换偏置" 的办法来解决 γ-Fe_2O_3 纳米线的不稳定性, 简单地说就是在 α-Fe_2O_3 纳米线外面生长一层 γ-Fe_2O_3 纳米结构, 利用 α-Fe_2O_3 磁矩方向交替排列

来影响 γ-Fe$_2$O$_3$, 使其稳定性增加. 这个办法的确提高了 γ-Fe$_2$O$_3$ 纳米线的稳定性, 但是过程复杂、成本高, 不利于商业应用. 由于交换偏置的方法和理论比较专门和复杂, 这里就不详细叙述了.

总之, 不解决纳米材料的稳定性问题, 商业应用的前景就不明朗.

20 世纪末和 21 世纪初科学上有两大热门研究领域 ——高温超导体和纳米材料. 对高温超导体的研究我们很少听到负面的评论, 而纳米材料却有不少, 无论如何, 这是值得人们注意的.

卷首语解说

质疑是社会和科学进步的重要动力. 对于任何一种理论或者解释, 哪怕是伟大人物提出的, 首先要自己判断它的合理性和逻辑性, 然后才能接受. 哥白尼质疑了地心说, 才得到了更为合理的日心说; 普朗克质疑了牛顿理论, 才得到能量量子化的理论; 爱因斯坦质疑了万有引力定律, 才发展出了广义相对论 ……

质疑就是发现以前理论中的缺陷, 然后才能完善或者发展出新的理论.

第十二章　宇宙

有了精确的实验和观察作为研究的依据, 想象力便成了自然科学理论的设计师.

——廷德尔 (John Tyndall, 1820—1893, 爱尔兰物理学家)

新发现的做出是一种奇遇, 而不是逻辑思维过程的结果, 敏锐的、持续的思考之所以必要, 因为它能使我们沿着选定的道路前进, 但并不一定通向新发现.

——史密斯 (Theobald Smith, 1859—1934, 美国生物学家, 沙门氏菌发现者)

在阅读本章的某些内容时, 一定要抱着质疑的态度. 因为与地球相比, 宇宙实在是太大了. 我们目前观测到的结果很可能有多种解释, 就像高次方程一样, 有好几个解, 到底哪一个对, 还是全都对? 古代人认为地球是宇宙的中心, 所有星球都围绕地球转. 这个看法虽然不对, 可是依据此观点得到的日历是正确的, 计算出的日食、月食也很精确. 我们目前对宇宙的某些理论或者看法也可能是错误的.

本章简要介绍观测到的宇宙结构和科学家目前感兴趣的一些问题. 2015 年,《科学》杂志庆祝创刊 125 年, 发布了 125 个科学前沿问题, 宇宙的结构名列首位.

当前的科学告诉我们, 宇宙在不断地膨胀. 宇宙中有正物质, 也有反物质. 宇宙中有看得见的 "亮物质", 也有看不见的 "暗物质". 这些稍后再叙述.

现在所说的宇宙是 "可观测的宇宙", 是人类根据自己的认识、自己的观测得到的结论, 真实的宇宙到底是什么样的, 其实是不知道的. 人类对宇宙的认识还很肤浅, 随着观测手段和研究的进步, 对宇宙会了解得更多.

研究宇宙的学问叫天文学. 天文学 (astronomy) 是研究宇宙、天体、宇宙的结构和发展的学科. 天文学下面还分很多学科, 例如宇宙学 (cosmology)、天体物理 (astrophysics)、天体力学 (dynamic astronomy)、天体测量学 (astrometry) 等等. 这些学科各有不同的侧重点, 但是, 最终的目标都是彻底认识我们所处的宇宙.

12.1　如何观测宇宙?

对宇宙的认识和其他自然科学不一样, 不能做实验, 只能观测. 当人们把观测到的结果上升到理论时, 往往带有很深的主观意愿. 对于可以做实验的学科来说, 理论是可以做实验来验证的, 对宇宙来说, 则缺少这个环节 (至少目前来说是这样),

理论符合观测结果就行. 往往观测结果可以有几个看起来都合理的解释, 这就需要人们对现有理论持怀疑的态度, 继续研究.

　　观测宇宙, 就是要看到宇宙中的存在. 这就要依赖于我们在地球上能看到什么. 看得见的存在叫明亮物质, 是发射电磁信号的, 也就是前面讲过的不同波长的光. 宇宙中的物质发射不同波长的光, 从很短的 γ 射线到很长的无线电波都有, 但是由于地球大气层的吸收和反射, 我们并不能看到宇宙中所有波长的光. 图 12-1 是一个示意图.

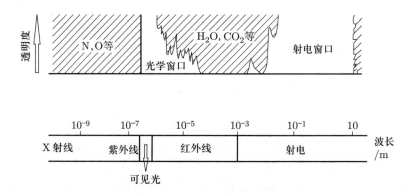

图 12-1　地球上能够看到的宇宙辐射的窗口

　　从图中看到, 宇宙辐射的大部分波长都被大气层吸收或者反射, 只有两个窗口可以进入地球, 一个是可见光, 一个是无线电波段, 也称射电波段.

　　要顺便说一句, 为什么科学家对地球上空臭氧层的消失那么重视? 是因为如果臭氧层消失了, 宇宙中波长短、能量高的辐射就可以进入地球, 对地球的生命造成危害. 我们平时在地球上受到的宇宙辐射都是能量低的, 不对生命造成危害.

　　我们先看看地球对宇宙辐射开的可见光窗口. 由于是可见光, 那么自然人的眼睛就可以看见. 事实上, 人眼就是最早的天文观测仪器, 一直使用到今天. 人们早期对宇宙星空的知识就是靠眼睛观测得到的, 今天仍然不时有人用眼睛做出发现. 例如, 20 世纪 70 年代, 有一个叫段元星的中国人就用肉眼看到一颗新星.

　　20 世纪 70 年代, 段元星当时是江西农村知识青年, 热爱天文学, 晴朗的夜晚, 经常一个人躺在田野里观察星空. 有一天晚上他看到一颗新星, 后来经中国科学院天文台证实, 的确是一颗新星.

　　(1) 天文望远镜.

　　随着科学的发展, 从伽利略开始, 人们就用天文望远镜替代人的眼睛观察宇宙 (一般说天文望远镜, 都是指天文光学望远镜). 由于望远镜看得远、视野广阔, 人们得到了更多有关宇宙的知识. 天文望远镜的性能主要是它的分辨率. 所谓分辨率就

是能够分清楚两个物体之间的最小 (角) 距离. 对于天文望远镜, 它的分辨率表示
为

$$\theta = \frac{14}{D},\qquad(12\text{–}1)$$

这里 θ 是分辨率 (以角秒计算), D 是天文望远镜的口径 (直径). 可以看到, 望远镜
的口径越大, 可分辨的距离越小. 人眼的直径大约是 0.6 cm, 所以人眼的分辨率是
23″. 一个直径 216 cm 的天文望远镜, 分辨率则是 0.06″.

目前国际上有两个著名的 8 m 口径天文望远镜: 夏威夷昴星团天文望远镜,
智利欧洲南方天文台天文望远镜. 夏威夷莫拉克亚山天文台的凯克天文望远镜是
10 m 口径. 国际组织正在建设 30 m 口径的天文望远镜, 但因为种种原因, 估计还
要很久才能建成.

天文望远镜的镜片需要高质量的光学玻璃, 所以大型的望远镜都是多镜片拼接
的, 精度和难度都很大, 整个系统的难度也很大, 需要耗费很长的时间.

图 12–2 是一个家用天文望远镜图片 (a) 和一个天文望远镜拍摄的天体图片
(b). 据英国《每日电讯报》2009 年 4 月 30 日报道, 美国一名摄影师利用地面天文
望远镜成功拍摄到了一个蔚为壮观的宇宙泡, 它是由一颗濒临死亡的恒星喷出的气
体形成的, 它的跨度是 60 光年, 已经有 70000 岁.

(a) (b)

图 12–2　(a) 家用天文望远镜; (b) 天文望远镜拍摄到一个跨度 60 光年, 70000 岁的宇宙泡

为了对太空观察得更加清晰, 得到更多的信息, 1990 年美国发射了哈勃太空望
远镜. 该望远镜的口径为 2.4 m. 太空望远镜不受地球大气的影响. 三十年来, 哈勃
望远镜得到了许多在地球上得不到的信息. 哈勃望远镜观测到的目标中最远的是距
地球 130 亿光年的原始星系, 这些星系发出的光来自宇宙早期.

1997 年, 美国发射了卡西尼号土星探测器, 望远镜口径 3 m, 2004 年 7 月进入
环土星轨道. 卡西尼号拍摄了许多土星及其星环的清晰照片, 使人们对土星的认识
进了一大步.

(2) 射电望远镜.

前面说过, 地球对宇宙辐射有两个窗口, 除了可见光窗口, 还有一个叫射电或者无线电频率窗口, 这个窗口恰好是无线电广播的频率, 称为无线电频率或者射频. 这个频率的电磁波是看不见的, 那又如何从这个频段得到宇宙的信息呢? 这就要使用一个叫作射电望远镜的仪器了.

虽然叫作射电望远镜, 但是它得到信息不是靠看, 而是靠 "听". 有点像人的眼睛和耳朵, 眼睛是天文望远镜, 而耳朵则是射电望远镜, 都能得到信息, 但是方法不同. 射电望远镜是英国剑桥大学的科学家赖尔 (Martin Ryle, 1918—1984, 1974 年诺贝尔物理学奖得主) 和休伊什 (Antony Hewish, 1924—　, 1974 年诺贝尔物理学奖得主) 发明的. 这里有一个关于射电望远镜的小故事讲给大家, 是关于第二次世界大战以后剑桥大学卡文迪什实验室两项伟大贡献之一, 有关射电望远镜的发明和射电天文学的诞生. 布拉格那时候是卡文迪什实验室的主任, 就是我们在第九章里面提过的那个小布拉格.

布拉格支持的另一项工作也在以后显示了重大的意义. 二战结束后, 许多科学家从战场又回到实验室从事研究工作, 一个叫赖尔的年轻人来到卡文迪什实验室, 参加有关天体物理的研究工作.

赖尔从牛津大学毕业以后在军队从事雷达工作, 用雷达监测敌人的飞机和指挥自己的飞机. 在战争期间, 赖尔经常被一些莫名其妙的雷达波所困扰, 最终他发现这些雷达波来自天体. 到了剑桥以后, 赖尔重新回想战争期间的发现, 想到一个点子. 当时都是光学望远镜, 观察天体的范围有限, 如果可以用类似雷达的设备接收天体发射的电波, 然后处理这些发自天体的信号, 便可以得知该天体的情况. 在这种情况下, 无论天体离地球有多远, 都可以知道它们的状况. 这种设备也非常便宜, 将打仗时所用的雷达加以改造即可.

赖尔的想法得到了布拉格的支持, 经过赖尔和同事的努力, 射电天文学 (radio astronomy) 在卡文迪什实验室诞生. 从此, 人类对天体认识的范围大大扩展. 作者在卡文迪什实验室的博物馆里面看到了赖尔他们所用的第一台射电望远镜, 看起来就像我们现在家庭用的卫星接收天线, 十分简陋. 可就是这些看起来简陋, 在经济困难时期发展起来的研究项目, 最终给人类带来了极大的好处.

1974 年, 赖尔因为发现脉冲星 (用射电望远镜), 开创射电天文学和休伊什一起获得诺贝尔物理学奖. 获得奖励倒是其次, 关键是他们的研究工作使人类认识自然的进程迈出了一大步.

从上面的故事我们知道, 射电望远镜不是靠看, 而是 "听", 就是接收来自宇宙的无线电波, 无论多远, 只要到达射电望远镜, 就可以接收到, 然后将这些信息加以分析, 便能得到这些信息所携带的有关宇宙的情况. 赖尔当初观测到脉冲星, 就是射电望远镜得到了有规律的脉冲信号, 然后通过分析得到答案.

脉冲星 (pulsar) 是一种高速自转的中子星, 能周期性发射脉冲信号. 它的体积小, 半径 $10 \sim 30$ km 左右, 内部温度高达 60 亿摄氏度. 中子星密度极大, 为 $10^{14} \sim 10^{15}$ g/cm^3, 相当于每立方厘米重 1 亿吨以上. 这个密度与原子核的密度近似, 是水的密度的一百万亿倍. 脉冲星的脉冲本质还不是很清楚, 有科学家认为, 中子星的磁极会发射一束聚焦非常好、非常窄的电磁波, 由于中子星旋转, 这束电磁波定时旋转到地球可以测量到的位置, 在地球上就测量到脉冲信号, 所以被认为是脉冲星. 中子星是质量较小的恒星死亡时形成的.

大家要注意, 对射电望远镜得到的信号进行分析, 十分依赖于用什么模型, 因为不是看到了实在, 而是 "听" 到了 "声音", 这些声音代表什么, 是狗叫, 还是鸟叫, 先要有个模型才能分析. 有时候这个声音可能适合好几个模型, 这时候就要判断哪个是最合适的.

目前我们知道宇宙大约有 140 亿年的历史, 距地球遥远地方的信息主要靠射电望远镜获得. 世界各国都建立过不少射电望远镜, 图 12-3 给出了几个例子.

图 12-3 (a) 是普通的射电望远镜阵列. 小型射电望远镜会转动, 以此来接收来自不同方向, 也就是宇宙中不同位置的信号.

图 12-3(b) 是阿雷西博射电望远镜, 由斯坦福大学国际研究中心、美国国家科学基金会与康奈尔大学管理, 是世界上第二大的单面口径射电望远镜. 该望远镜位于波多黎各的阿雷西博, 口径达 305 m. 该望远镜是固定望远镜, 由于口径太大, 不能转动, 只能扫描天空中的一个带状区域. 非常令人遗憾的是, 2020 年底, 阿雷西博望远镜发生坍塌, 已经损毁.

世界最大的射电望远镜位于我国贵州省平塘县. 该射电望远镜口径达 500 m, 又称为 500 m 口径球面射电望远镜 (Five Hundred Meter Aperture Spherical Radio Telescope, FAST), 也不能转动, 2016 年 9 月建成, 现在已经进行宇宙观测, 并于 2019 年在球状星团 M92 中发现了新的脉冲星.

2019 年公布的 M87 黑洞, 距地球有 5500 万光年, 就是靠全世界很多国家的射电望远镜观测到的.

(3) 测量宇宙的长度单位.

上一章说过, 一个材料可以用纳米刻度的尺子度量, 它就是纳米材料. 对于宇宙来说, 我们普通的长度单位, 米、千米都太小.

天文学中常用的距离单位有 3 个: 光年 (ly)、秒差距 (pc) 和天文单位 (AU).

光年就是光走一年的距离. 作为距离单位, 1 ly $\approx 0.946 \times 10^{16}$ m.

从一个远方星球看太阳和地球, 太阳和地球之间的最大张角为 $1''$ 时, 这个星体距地球的距离定义为 1 pc, 而地球到太阳的距离为 1 AU. 图 12-4 是秒差距和天文单位的示意图. 远方星球和地球、太阳形成一个夹角为 $1''$ 的锐角三角形, $1''$

图 12-3　(a) 普通的射电望远镜阵列; (b) 波多黎各境内的 305 m 口径阿雷西博射电望远镜; (c) 中国贵州 500 m 口径射电望远镜

锐角对应的三角形两条边长的差异可以忽略, 这个三角形可以想象为锐角等腰三角形.

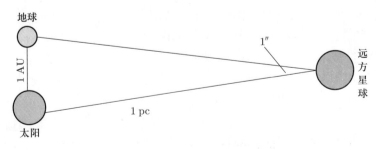

图 12-4　天文单位和秒差距定义

1 pc ≈ 3.262 ly, 1 pc ≈ 206.265 AU.

光年是我们熟知的宇宙尺度单位. 宇宙的尺度是如此之大, 即便是光年相对于它来说也并不大. 一束光要穿过银河系就需要 10 万年, 有记载的人类文明史连 1 万年都没有.

(4) 星等和变星.

星等是度量天体的相对亮度的数值, 而造父变星是天体之间距离尺度的参考.

公元前 2 世纪, 希腊天文学家依巴谷 (Hipparchus, 约公元前 190—前 125) 把人眼可见的恒星的亮度分为 6 个等级. 最亮的为 1 等, 肉眼刚能看到的为 6 等. 亮度越大, 星等越小. 在现代星等定义下, 星等差 1 等, 其亮度差 2.512 倍, 1 等星的亮度是 6 等星的 100 倍. 太阳星等为 −26.74, 满月星等为 −13, 最亮恒星天狼星的星等为 −1.46, 北极星星等为 1.98.

人们最早是用肉眼分辨星等, 后来用仪器分辨, 例如光度计等等. 无论是肉眼还是仪器, 得到的星等是相对的, 都叫视星等, 它反映天体的亮度.

视星等用符号 m 表示. 由于光度计和其他探测器的灵敏度与波长有关, 而天体辐射的能量在不同波长是不相同的, 因此, 用不同探测器测得的星等也不相同. 视星等就有许多种, 取决于所用的探测器. 用人眼测定的视星等称为目视星等, 用 m_V 表示. 用照相底片测得的星等称为照相星等, 记作 m_P. 用正色底片加黄色滤光片测得的星等称为仿视星等, 记作 m_{PV}. 它同目视星等很接近, 研究上已取代了目视星等. 用光电倍增管测得的星等称为光电星等. 最常用的光电星等系统是 UBV 系统, U 为紫外星等, B 为蓝星等, V 为黄星等 (接近目视星等). 此外, 还有表征天体在整个电磁波段辐射总量的星等, 称为热星等, 记作 m_b. 热星等的测量比较困难.

天体的亮度与天体的发光强度成正比, 与天体到地球的距离的平方成反比. 因此, 单由视星等不能比较天体的发光强度. 如果天体的距离都相同, 视星等才能作为天体发光强度的量度. 为了比较天体的发光强度, 天文上采用绝对星等. 绝对星等记作大写 M, 定义为天体假想地被置于 10 pc 处所得到的视星等.

同视星等一样, 绝对星等也可分为绝对目视星等、绝对照相星等、绝对仿视星等、绝对光电星等、绝对热星等, 等等.

变星 (variable star) 是发出的光有变化的恒星. 发光规律非常确定的变星称为造父变星 (Cepheid variable star). 脉冲星是一种特殊的变星.

从地球上观测到的变星的亮度 (视星等) 同它们与地球的距离相关. 如果得知一颗造父变星与地球间的确切距离, 利用其他造父变星的视星等与绝对星等数据, 就可以推算出这些变星的距离.

如果一个星系有造父变星, 可以通过观察它的星等推测这个星系距地球的距离. 造父变星可见光波段的光变幅度为 0.1 到 2 个星等. 发光强度和光变周期之间存在着密切关系, 称为周光关系. 光变周期越长, 发光强度越大. 对于遥远星系的变星, 可以用其光变周期来推定其发光强度, 再用光强度推算距离. 这种关系可用来建立天体的距离尺度. 利用造父变星的周光关系来测定天体距离在天文学中是非常重要的, 只要在星团或星系中发现有造父变星, 就可以推定星团或星系的距离, 因此, 造父变星有 "量天尺" 之称.

　　造父变星的中文名称出自中国古代的周朝. 传说造父是周穆王的车夫, 有一次立了大功, 被封于赵城, 为赵姓的始祖. 后来造父成为古代星官 (一种星区) 的名称, 其中恰好包括一颗变星. 造父变星的典型星为仙王座 δ, 中文名造父一, 它的光变周期为 5.37 天. 造父变星的光变周期一般约为 1.5~50 天, 但也有超过的, 如银河系经典造父变星武仙座 BP 的周期为 83.1 天, 小麦哲伦云中的经典造父变星周期长达 200 天.

　　星座是从视角上人为对天空划分的区域, 把天空划分为 88 个星座, 而星系则是实际存在的天体结构.

12.2　宇宙的构成

　　现今科学家观测到的宇宙, 年龄约为 1.38×10^{10} 年, 半径约为 4.4×10^{26} m, 体积约为 3.566×10^{80} m^3, 明亮物质折合成质子的数量约为 8.97×10^{79} 个. 宇宙中有明亮物质和暗物质, 明亮物质发射和吸收电磁信号, 所以是明亮的, 看得见的, 而暗物质却看不见. 关于暗物质后面再讲.

　　构成宇宙的重要系统是星系. 星系是由恒星、星团、星云和星际物质组成, 银河系就是我们所处的星系. 2017 年,《天文学》杂志报道称, 宇宙中约有 2 万亿个星系. 星系有 3 种: 椭圆星系、螺旋星系和不规则星系. 也有人再把螺旋星系分为棒旋星系和普通螺旋星系, 棒旋星系的中心有一个棒状的结构. 螺旋星系围绕星系中心有旋臂. 银河系是一个棒旋星系, 有 4 条主要旋臂.

　　图 12-5 是银河系的示意图 (a) 和模拟照片 (b), 图中旋臂清晰可见, 每个星系的中心基本都有一个黑洞, 可能是星系的重心所在.

　　恒星往往成群分布, 星团是十几个到几百万个恒星聚集在一起, 例如位于金牛座的昴星团 (Pleiades), 就有超过 3000 颗恒星. 很多恒星都有行星环绕, 太阳系有 8 大行星, 还有一些矮行星和小行星. 很多行星都有卫星. 太阳系 8 大行星除水星和金星外, 全部都有卫星, 共约有 166 颗.

　　星云由宇宙尘埃和气体组成, 没有明显的边界, 平均直径几十光年. 星云能够反射恒星的光芒, 装点了美丽的太空.

　　银河系的大部分是星云, 其质量 15% 左右是尘埃和气体. 气体可以跨越数百甚至数千光年, 为星系熠熠发光提供原料. 猎户座星云是个典型的例子. 在猎户座的

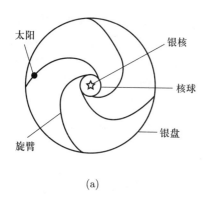

(a)   (b)

图 12-5　银河系的示意图 (a) 和模拟照片 (b). 银河系是一个相当大的螺旋星系. 每个星系中心可能都有一个黑洞

这个区域里, 很多恒星正在形成, 使得周围气体光芒四射. 猎户座的马头星云是著名的星云 (图12-6), 距地球约 1500 光年.

图 12-6　猎户座的马头星云

星际物质也由尘埃和气体组成, 但是非常稀薄, 平均密度不到每立方厘米 1 个氢原子, 而星云的密度可达每立方厘米 100～10000 个氢原子.

对于浩瀚宇宙, 我们了解得还很少, 即使对太阳所处的银河系, 也不能说有很好的了解. 我们简单介绍一下银河系.

银河系约有 1～3 亿颗恒星, 直径 10 万光年. 从远处看, 银河系像一个大铁饼, 中间最厚的部分的直径约 3000～6500 光年, 叫 "核球". 核球的中心部分叫 "银核", 四周叫 "银盘" (图 12-5(a)). 在银盘外面有一个更大的球形, 那里星少, 密度小, 称为 "银晕", 直径为 7 万光年. 银河系的总质量约是太阳质量的 1400 亿倍.

　　银河系是太阳所处的星系, 因其主体部分投影在天穹上的亮带被我国称为银河而得名. 银河系呈旋涡状, 有 4 条螺旋状的旋臂从银河系中心均匀对称地延伸出来, 分别是: 矩尺座旋臂、半人马座旋臂、人马座旋臂和英仙座旋臂. 我们的太阳系位于一条更小的猎户座旋臂内侧, 猎户臂在人马臂和英仙臂之间. 银河系中心和 4 条旋臂都是恒星密集的地方.

　　太阳距离银河系中心约 2~3 万光年, 以 250 km/s 的速度绕银心运转, 运转的周期约为 2.5 亿年.

　　比邻星是银河系中距太阳系最近的恒星, 到太阳系的距离是 4.34 光年. 比邻星离太阳系虽然近, 但是发光度不大, 所以即便是晴朗无月的夜晚, 肉眼也看不到.

　　太阳约有 50 亿年历史, 还处在青壮年时期, 天文学把处于这个时期的恒星称为主序星. 太阳的半径约为 696100 km, 约是地球半径的 109 倍, 质量约为 1.99×10^{30} kg, 约是地球质量的 33 万倍, 平均密度约为 1.4 g/cm³, 约是地球密度的 1/4.

　　地球约有 45~50 亿年历史. 地球半径约为 6378.14 km, 质量约为 5.97×10^{24} kg, 平均密度约为 5.5 g/cm³.

12.3　宇宙的演化

　　(1) 宇宙开始于大爆炸.

　　根据现有的观测和理论, 大约在 138 亿年之前, 突然发生爆炸, 宇宙就诞生了. 这个理论叫作宇宙大爆炸 (Big Bang) 理论. 宇宙早期物质 (应该说能量, 因为宇宙爆炸刚开始没有物质, 只有能量, 当然这一点还要研究) 密度很大, 温度极高, 演化非常快, 宇宙的体积不断迅速膨胀. 这样, 宇宙的能量密度迅速下降, 同时温度也迅速下降. 图 12-7 是宇宙大爆炸的简单过程图.

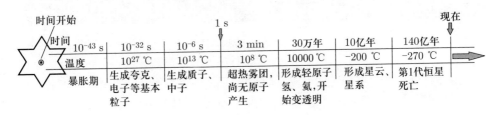

图 12-7　宇宙大爆炸过程简介

　　我们把宇宙膨胀简单地分为 7 个阶段. 宇宙开始时只是一团灼热的能量 (连气体都谈不上, 因为没有原子), 随着时间的推移: (i) 宇宙在开始爆炸 10^{-43} s 时有一个暴胀期, 这个时候宇宙膨胀的速度快于光速; (ii) 在大概 10^{-32} s, 温度为 10^{27}°C 时, 生成了夸克、电子等基本粒子; (iii) 在 10^{-6} s, 温度为 10^{13}°C 时, 生成了质子和中子; (iv) 在 3 min, 温度为 10^8°C 时, 宇宙还是一个超热的雾团, 由于温度还是太高, 没有形成原子; (v) 在膨胀 30 万年后, 温度为 10000°C 时, 电子与质子、中子结合, 生成氢、氦等轻原子, 宇宙开始变透明; (vi) 在 10 亿年, −200°C 时, 引力使氢、氦形成巨大的星云, 进而发展成星系, 气体聚集的塌缩形成第 1 批恒星; (vii) 在 140 亿年, −270°C 时, 在引力作用下, 星系群开始靠近, 第 1 代恒星早已死亡, 向太空喷射出重原子, 这些重原子最终形成了新的恒星 (主要成分还是轻原子) 和行星.

这些就是目前我们对于宇宙大爆炸的认识.

关于宇宙的形成和演化, 尽管有不少理论, 但是大爆炸宇宙模型能说明最多的观测事实, 一般称为标准宇宙模型.

简单地说, 宇宙大爆炸大约几十万年后出了炽热火球, 大爆炸使物质四散飞出, 宇宙空间不断膨胀, 温度也相应下降, 后来相继出现在宇宙中的所有的星系、恒星、行星乃至生命等, 总体上都是在这种不断膨胀冷却的过程中逐渐形成的. 不过, 大爆炸宇宙理论关于宇宙起始于一个微点的假设, 至今仍未得到证实. 大爆炸宇宙学是伽莫夫 (George Gamow, 1904—1968, 美国物理学家) 在 1948 年与勒梅特 (Georges Lemaître, 1894—1966, 比利时天文学家) 一起提出的.

宇宙到底是怎么起源的我们还远不能说完全知道. 那么, 宇宙现在还在膨胀的根据是什么? 主要的证据是星系光线的红移.

1920 年代, 美国天文学家哈勃 (Edwin Hubble, 1889—1953) 在研究宇宙中星系的变化时注意到, 远方星系的颜色要比近处星系的稍微红些. 他仔细测量了这种变化, 发现这种颜色变红是系统性的, 星系离我们越远, 它就显得越红. 遥远星系的颜色变红意味着它们发出的光谱线波长变长, 即所谓的 "红移". 在仔细测定许多星系光谱中特征谱线的位置后, 哈勃证实了这个变化的普遍性. 他认为, 光波变长是由于各星系间在不断相互远离, 宇宙正在膨胀. 哈勃的这个重大发现奠定了宇宙大爆炸的观测基础.

远方星系上原子的特征波长都比地球上同样原子的波长要长. 由于可见光中波长长的是红光, 所以波长变长称为 "红移", 相反, 波长变短称为 "蓝移" 或者 "紫移". 如果一条光谱线在地面上发射时波长为 λ_0, 而同样的光谱线从远方星系发射出来为 λ, 定义

$$z = \frac{\lambda - \lambda_0}{\lambda_0}, \tag{12-2}$$

$z > 0$ 时称为红移, $z < 0$ 时称为蓝移. 红移是由被观测的星系远离我们而去引起的.

对宇宙观测的结果显示, 离地球越远的星球, 远去的速度越快. 按照吹气球的原理, 如果气球膨胀一倍, 原来相距 1 km 则变成相距 2 km, 相距 2 km 则变为相距 4 km. 所以看起来离地球越远膨胀越快. 图 12-8 是示意图, 把 A 点视为地球,

B 和 C 是其他两个星球. 同样的膨胀速度, 似乎 C 离我们远去的速度要快.

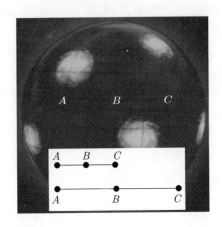

图 12-8 宇宙膨胀

需要说明的是, 宇宙的膨胀只是增加各个星系之间的距离, 星系内部的距离并不改变, 至少目前没有观测到星系内部的距离或者吸引力有变化的迹象. 例如, 地球的年龄大约 50 亿年, 没有观察到它与太阳的距离有明显变化.

宇宙大爆炸的另外一个观测事实是宇宙微波背景辐射. 要先说明一下, 宇宙微波背景辐射是客观存在, 但也有人认为它可能不是宇宙大爆炸的后果.

宇宙微波背景 (cosmic microwave background, CMB) 是宇宙大爆炸之初遗留下来的热辐射, 它是一种充满整个宇宙的电磁辐射. 老式电视机当节目结束以后, 屏幕上的雪花的一小部分成因就是这种微波辐射.

1948 年, 美国科学家阿尔弗 (Ralph Alpher, 1921—2007) 和赫尔曼 (Robert Herman, 1914—1997) 预言, 由于宇宙的膨胀和冷却, 宇宙大爆炸时产生的辐射, 如今所具有的温度约为 5 K (−268°C), 就是随着时间的推移和空间的增长, 最初的辐射或者光的波长越来越长, 频率越来越低, 这其实也是红移. 到了现在, 最初的辐射已经变成微波, 充满整个宇宙, 它的温度很低. 但是他们的预言当时并未引起人们的重视.

20 世纪 60 年代初, 美国科学家彭齐亚斯 (Arno Allan Penzias, 1933—) 和威尔逊 (Robert Wilson, 1936—) 在改进卫星通信, 建立高灵敏度的接收天线系统时发现, 信号中总有微波的噪声. 他们曾经以为天线上的鸟粪产生了噪声, 但清除以后依然有消除不掉的背景噪声. 他们认为, 这些来自宇宙的波长为 7.35 cm 的微波噪声相当于 3.5 K 温度, 后来又订正为 3 K (不是阿尔弗和赫尔曼预言的 5 K. 按最新的观测数据, 宇宙微波背景辐射的温度约为 2.73 K). 这就是著名的充满宇宙的微波背景辐射. 这一发现对认识宇宙有很大帮助, 为此他们获得了 1978 年诺贝尔物理学奖.

哈勃观察到红移现象是在宇宙大爆炸理论出现之前, 而彭齐亚斯和威尔逊观察到微波背景辐射是在大爆炸理论之后, 用大爆炸理论解释是合理的. 但是, 也有可能是其他原因引起的, 对此仍有争议.

(2) 恒星的死亡和黑洞.

毫无疑问, 恒星是宇宙中最具活力的存在, 它们给宇宙光和热, 我们人类生存所需的能量基本都来自太阳. 理论推测, 大概在大爆炸 30 亿年以后, 最初诞生的恒星开始死亡, 但是近几年也有观察认为, 这个时间可能要往前推到 15 亿年左右. 总之, 这一点还需要更多的研究和观察才能确定.

恒星死亡以后会变成什么? 图 12-9 给出了简单的说明. 首先是恒星的形成, 尘埃和气体在引力作用下, 开始形成恒星. 恒星有大有小, 最终的命运取决于恒星的质量, 就是它的大小.

质量特别小 (约小于 0.08 倍太阳质量) 的恒星叫褐矮星, 它无法充分燃烧, 主要是质量不够.

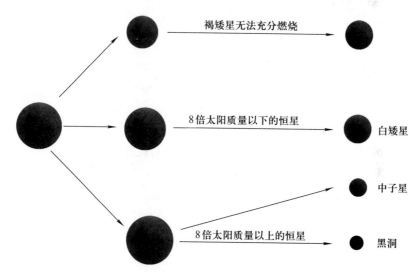

图 12-9 恒星死亡走向

质量在 8 倍太阳质量以下的恒星演化到末期, 在引力作用下塌缩, 会变成白矮星 (white dwarf). 白矮星主要由碳组成, 它的亮度低、密度高、温度高. 因为它的颜色呈白色、体积比较小, 因此被命名为白矮星. 白矮星表面温度约为 8000 K, 会逐步冷却, 寿命大概有几十亿年, 最后变成不发光的黑矮星.

质量在 8 倍太阳质量以上的恒星最后可能会演化成中子星 (neutron star). 中子星是质量没有达到可以形成黑洞的恒星, 在寿命终结时塌缩形成的一种介于白矮星和黑洞之间的星体. 前面讲述脉冲星时介绍过中子星, 不再赘述.

　　质量在 8 倍太阳质量以上的恒星, 也有可能在引力塌缩时形成黑洞 (black hole). 黑洞是质量极大的天体, 引力大到连光线都逃离不了. 物体不发光, 就看不见, 有些像黑夜中看黑色的东西, 故称之为 "黑洞".

　　黑洞是宇宙中十分凶猛的天体, 它的引力如此之大, 即便是遇见恒星, 也会把它逐渐吞入腹中. 黑洞吃的天体越多, 引力就越大, 最终遇见任何天体都能吞掉. 所以曾经有人猜测, 巨大的黑洞最终将吞掉宇宙中所有的物质, 那时候宇宙就终结了.

　　2019 年 4 月 10 日晚 9 时, 包括中国在内, 全球多地天文学家同步公布了一个代号 M87 的黑洞的 "真容". 该黑洞位于室女座一个椭圆星系 M87 的中心, 距离地球 5500 万光年, 质量约为太阳的 65 亿倍, 见图 5–12.

　　M87 黑洞直径为 1×10^{20} km, 对比一下, 太阳直径为 1.39×10^{6} km, 地球直径为 1.28×10^{4} km, 而一个太阳质量的黑洞半径仅为 3 km.

　　M87 的外表看起来像一个甜甜圈, 与理论推测的完全一致. 黑洞看似神秘, 其实是宇宙中比较简单的天体. 1783 年英国哲学家米歇尔 (John Michel, 1724—1793) 发表文章认为, 基于万有引力和光的微粒说, 如果一个天体质量十分巨大, 那么它的引力将会大到连光线都逃不出, 就会形成 "暗星", 就是后来所说的黑洞.

　　黑洞这一术语是美国科学家惠勒 (John Archibald Wheeler, 1911—2008) 为形象描述这一概念而起的 (图 12–10).

图 12–10　最早出现的黑洞术语

　　霍金曾经说, 黑洞是科学史上极为罕见的情形之一, 在没有任何观测证据证明其理论是正确的情形下, 作为数学的模型就被发展到非常详尽的地步.

　　前面说过, 黑洞看似神秘, 其实却是宇宙中比较简单的天体. 黑洞无毛定理 (no-hair theorem) 很好地说明了这一点. 霍金等人曾经证明: "无论什么样的黑洞, 其最终性质仅由几个物理量 (质量、角动量、电荷) 唯一确定." 其实黑洞的电荷甚少, 所以, 几乎只由两个参数——质量和角动量就可以完全确定其性质. 这几乎是宇宙中所需最少参数就能描述的重要存在. 在前面讲量子论的章节里, 我们知道, 描述一个电子的状态就需要 4 个量子数和泡利不相容原理.

黑洞无毛定理听起来不甚雅致, 称之为 "三毛 (三个参数) 定理" 或者 "光头定理" 会更好一些.

开始的时候, 科学家认为黑洞彻底是黑的, 就是完全不向外辐射任何东西, 只往自己肚子里吃. 1973 年 9 月霍金访问莫斯科时, 苏联的两位专家建议说, 按照量子力学不确定性原理, 旋转黑洞 (黑洞有旋转的也有静止的) 应产生并辐射粒子. 后来, 霍金通过巧妙的计算方法, 证明黑洞不是绝对的黑色, 而是会辐射物质, 称为霍金辐射. 请注意, 黑洞即使辐射物质, 也十分微弱.

黑洞辐射的存在意味着对引力塌缩要重新认识, 引力塌缩可能不像曾经认为的那样是最终的、不可逆转的. 如果黑洞有辐射, 而且比吃进东西的速度快, 那么它不是越来越大, 而会越来越小, 最终完全消失 (按霍金的理论, 这只有对极小的黑洞才有可能发生).

既然黑洞不辐射物质 (霍金辐射对一般黑洞来说非常微弱, 无法探测), 就是没有电磁信号, 那我们如何去探测它呢? 探测黑洞的方法主要有三种.

第一种方法是利用黑洞吞吃天体时会发射强烈的 X 射线流. 2004 年, 欧洲和美国天文学家借助太空 X 射线望远镜, 在一个距地球约 7 亿光年的星系中, 观察到了耀眼的 X 射线暴发. 这是一个黑洞在吞食一颗恒星引起的. 所以, 如果在太空中某处观察到了强烈的 X 射线流, 那里就可能有黑洞存在.

第二种方法是黑洞的周围会发射射频波段的辐射. M87 黑洞就是利用世界各地的射电望远镜接收射频信号而得到其全貌的.

第三种方法是黑洞虽然没有电磁信号, 但是有引力作用, 可以通过测量引力的方法来探测黑洞, 比如利用引力透镜效应. 图 12–11 是引力透镜的原理. 如果太空中有一个质量巨大的黑洞, 远方星体的光从黑洞旁边经过时会受到黑洞的吸引, 行进的方向会有微小变化, 这样, 在望远镜里面将会看到同一个星体的两个像, 称为 "引力透镜" 效应. 利用引力透镜也会得到有关黑洞的信息.

目前的研究认为, 每一个星系中心都有一个巨大的黑洞, 可能是星系的重力中心, 银河系也不例外. 2020 年 10 月 6 日, 诺贝尔奖委员会宣布, 彭罗斯 (Roger Penrose, 1931—   , 英国物理学家) 因为发现黑洞形成符合广义相对论的理论预测, 根泽尔 (Reinhard Genzel, 1952—   , 德国物理学家) 和格兹因为发现银河系中心存在超大质量的致密物体 (普遍认为就是黑洞), 共同获得 2020 年诺贝尔物理学奖.

黑洞虽然是简单天体, 但是由于其特殊性, 例如巨大的质量, 人们对它的认识还很不够, 科学家仍然在努力研究.

(3) 虫洞和时间旅行.

广义相对论告诉我们, 如果有大质量的物体存在, 它周围的空间就会弯曲. 我

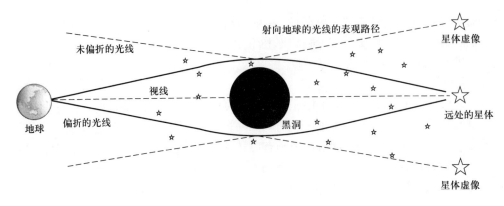

图 12-11　引力透镜原理. 黑洞对遥远星体路过的光线有吸引力, 使其弯曲, 在地球上看来, 该星体就成了两个

们在介绍广义相对论时有一个陀螺仪探测空间弯曲的成功实验, 以及日食时光线被弯折, 这两个都是空间可以被弯曲的证据.

　　1935 年, 爱因斯坦和罗森研究广义相对论方程时发现一个解, 在宇宙中有一个通道, 将时空连接到宇宙另一面, 这种连接宇宙不同位置的桥梁被称为 "爱因斯坦–罗森桥". 后来惠勒 (就是发明黑洞术语的那个惠勒) 把它比喻成苹果上虫咬出的洞, 通过虫洞从苹果的一边到另一边, 比绕过苹果表面要近多了.

　　如图 12-12 所示, 假设某电磁信号沿马蹄铁上面箭头所指的方向传播, 经过很多年 (假设 3000 年) 到达马蹄铁下面的亮点位置, 如果我们在 3000 年后出发, 想沿信号走过的路追上 3000 年前的景象, 那就需要旅行的速度比光速快很多才能实现. 这显然不现实, 因为不可能比光速更快. 但是, 如果在马蹄铁上有一个虫洞, 我

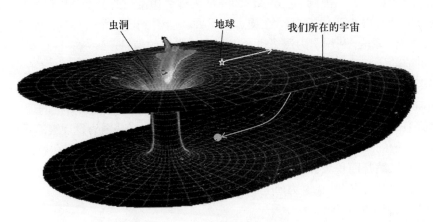

图 12-12　虫洞和时间旅行

们便可以走捷径看到 3000 年以前的这个信号. 这就是 "时间旅行" 的简单原理.

有很多文艺作品涉及时间旅行, 有从现代到古代的, 也有从古代到现代的, 还有从现代到未来的 (相当于从古代到现代), 不一而足. 这些目前只是人类美好的愿望, 还看不到真正能够实现的迹象. 如果真的能够回到 3000 年前, 根据目前的物理规律, 也只是看到了 3000 年前的电磁信号, 就是图像, 就像我们在 2019 年看到了一个 5500 万年以前的黑洞一样. 但是只能是看, 而不能参与其中, 对其做任何动作. 一个现代人如果参与了 3000 年前的事件, 就破坏了因果性, 不符合目前的物理规律.

那么, 到底能不能进行时间旅行? 由于我们现在对宇宙的认识还很少, 不敢断言人类以后能不能实现这一梦想.

霍金在 2010 年曾经说过: "尽管我的身体不灵活, 只能通过电脑与大家交流, 但我的内心是自由的, 自由地探索宇宙, 思考时间旅行是否可行, 能否打开一个回到过去的通道, 或找到通向未来的捷径. 我们最终能否利用自然规律成为掌控时间的主人?

"在科学界, 时间旅行一度被认为是歪理邪说. 过去因为担心有人认为我是个怪人, 我对这个问题避而不谈. 但现在, 我不再那么谨小慎微了. 其实, 我更像是建造了巨石阵的那些人. 我对时间痴迷已久, 如果给我一台时间机器, 我会去拜访风华正茂的玛丽莲·梦露, 或是造访将望远镜转向宇宙的伽利略. 或许, 我还会走到宇宙的尽头, 破解整个宇宙之谜."

与霍金一样, 很多人期待时间旅行. 如果真能实现, 人类的生活将进入一个新时代.

巨石阵的建造是一件很神秘的事情. 巨石阵位于英国中部平原, 威尔特郡索尔兹伯里市, 大约建造于公元前 3100—前 2300 年, 是一个直径 100 多米的环形结构, 由很多重达数百吨的巨石建成. 在那个时代搬动如此巨大的石头绝非易事. 巨石阵附近并没有山地, 所以曾有人猜测是天外来客所为. 现在石头的来源已经被发现了, 证明不是天外来客的作品, 但是巨石阵的用途一直不是很清楚, 最典型的说法是古代人的天文台.

(4) 宇宙的命运.

霍金在《大设计》一书中曾经说, 在 20 世纪之前从未有人暗示过, 宇宙是在膨胀或是在收缩, 这有趣地反映了当时的思维风气. 一般认为, 宇宙或是以一种不变的状态, 已存在了无限长的时间, 或是以多多少少正如我们今天所看的样子, 被创造于有限久的过去. 其部分的原因可能是, 人们倾向于相信永恒的真理, 也由于虽然人会生老病死, 但宇宙必须是不朽的、不变的这种观念才能给人以安慰.

霍金还说, 宇宙膨胀的发现是 20 世纪最伟大的智慧革命之一. 事后想起来, 何以过去从来没有人想到这一点? 牛顿或其他人应该会意识到, 静态的宇宙在引力的影响下会很快开始收缩. 然而现在假定宇宙正在膨胀, 如果它膨胀得相当慢, 引力会使之最终停止膨胀, 然后开始收缩. 但是, 如果它膨胀得比某一临界速率更快, 引力则永远不足够强而使其膨胀停止, 宇宙就会永远膨胀下去.

按照霍金的说法, 宇宙有两种结局: 一种是无限膨胀; 另外一种是到了某一个临界点, 由于引力的作用, 开始收缩, 最终又回到大爆炸开始前, 收缩成了一个微点或者称为奇点.

第一种看法认为, 宇宙会继续膨胀, 而且越来越快, 物质密度会变得无限稀薄.

第二种看法认为, 宇宙会膨胀到一个拐点, 然后不再膨胀, 而是受引力作用开始收缩. 收缩的后果是什么呢? 我们用霍金的一段话来作答:

"如果宇宙停止膨胀并开始收缩将会发生什么呢? 热力学箭头会不会倒转过来, 而无序度开始随时间减少呢? 这为从膨胀状态存活到收缩状态的人们留下了五花八门的科学幻想. 他们是否会看到杯子的碎片集合起来离开地板跳回到桌子上去? 他们会不会记住明天的价格, 并在股票市场上发财? 由于宇宙至少要再等一百亿年之后才开始收缩, 忧虑那时会发生什么似乎有点杞人忧天."

起初, 霍金相信在宇宙塌缩时无序度会减小. 这是因为, 他认为宇宙再变小时, 必须回到光滑和有序的状态. 这表明, 收缩状态仅仅是膨胀状态的时间反演. 处在收缩状态的人们将以倒退的方式生活: 他们在出生之前即已死去, 并且随着宇宙收缩变得更年轻.

请大家注意, 物理定律并不禁止时间倒流, 也许宇宙会最终收缩. 无论宇宙最终灰飞烟灭, 还是回到其原点, 都是科学永恒的探究课题. 也许人类永远也不会知道答案, 却注定永远要为这个好奇心焦虑.

宇宙除了无限膨胀和收缩回原来之外, 还有没有其他的出路? 近年来的研究表明可能还有第三条出路, 就是宇宙可以反复爆炸和收缩.

宇宙大爆炸的事件是一切的起点, 包括时间和空间. 在大爆炸开始的瞬间, 宇宙中的一切都被压缩在一个 "奇点", 这时候宇宙的密度无限大. 在大爆炸之前, 没有物质、空间、时间, 什么都没有.

如果要问宇宙在大爆炸发生前是什么样的, 有些科学家们会认为这不是一个科学的问题. 因为根据大爆炸理论, 时间本身便产生于大爆炸的那一瞬间, 而在此之前是不存在时间概念的, 当然就没有 "以前" 了.

2009 年, 美国宾夕法尼亚州立大学的理论物理学家波乔瓦尔德 (Martín Berchowald) 在《自然·物理学》杂志上发表论文称, 根据他建立的一个新时空数学模型, 我们的宇宙并不是无中生有诞生的, 它还有 "前世".

波乔瓦尔德的模型是以 "圈量子引力" (loop quantum gravity) 为基础建立的. 圈量子引力是一种试图将爱因斯坦相对论与量子力学相结合的理论 (量子引力理

论的一种). 圈量子引力提出了 "量子反弹" 的可能性. 这个模型认为, 大爆炸很可能是前一个宇宙的灭亡所触发的, 即量子反弹. 大爆炸开始之前, 宇宙的前世处于收缩状态. 计算表明它并不能收缩成一个没有体积的 "奇点", 因为当温度和压力变得极大时, 引力会变成斥力, 阻止宇宙进一步收缩.

根据计算, 由于积蓄的引力能量非常大, 宇宙收缩到一定程度后会发生 "大反弹". 波乔瓦尔德认为, "大反弹" 触发了当前宇宙的膨胀, 在我们这个宇宙中还有可能找到其 "前世" 遗留下来的痕迹.

波乔瓦尔德的理论只是一个模型, 并没有事实依据. 然而, 2010 年, 彭罗斯和亚美尼亚埃里温物理研究院的古萨德扬 (Vahe Gurzadyan) 的新发现可能为波乔瓦尔德的理论提供观察结果的支持, 他们在宇宙微波背景辐射中发现了几个特别的圆圈结构, 见图 12–13. 他们认为, 这些圆圈可能是我们之前的另一个 "宇宙" 在我们的宇宙中遗留的痕迹. 这个发现如果被证实, 将具有革命性的意义, 从而允许人们得以了解大爆炸之前的情景.

图 12–13 宇宙微波背景辐射中有圆圈, 可能是多次大爆炸遗留的痕迹

12.4 反物质及反物质星体的寻找

自然界中的粒子都存在相应的反粒子, 反粒子的质量、寿命和自旋都与粒子一样, 但是所带电荷符号相反. 例如: 正电子与电子所有的性质都一样, 除了带一个单位的正电荷; 反质子与质子所有性质相同, 除了带一个单位的负电荷.

正电子和电子相遇会产生两个光子而湮灭; 质子和反质子相遇会产生各种末态而湮灭. 如果有更大的反物质, 它们相遇照样会湮灭. 科学家目前制造的最大的反物质是反氢, 氢是除氢以外最简单的原子.

前面的章节里面讲过, 对称性是物理学里面极为重要的概念, 是宇宙法则中基本的原则, 正如我们日常生活中的常识一样, 有阴就有阳、有正就有负、有大就有小, 等等. 可是反物质有些不同, 自然界的反物质很少, 与正物质极为不对称. 科学家对此感到困惑, 正在孜孜不倦地研究. 一个可能的原因是, 反物质和正物质相遇就会湮灭, 质量全部变为能量. 如果宇宙中反物质多, 则宇宙就很容易不稳定, 甚至消失. 所以在宇宙诞生之初, 物理规律便决定了反物质要少.

正反物质相遇会湮灭, 这就是地球上不能产生和存储大量反物质的物理原因. 如果不和物质接触, 反物质可以稳定存在. 地球上没有生成除反氢以外更大的反物质, 宇宙里会不会有反物质星球甚至星系?

如果有一个星体上都是反物质, 没有正物质与它接触, 这样反物质构成的星体就可以稳定存在. 这样就提出有待探索的几个问题:

(1) 宇宙中是否存在反物质构成的星体?

(2) 宇宙中是否存在由大量反物质星体组成的星系?

(3) 如果宇宙中存在反物质星体和星系, 如何知道它们的存在? 如何判定它们是否存在?

地面天文观测看到的反物质星系的信号 (如果有的话) 和普通星系的信号是相同的, 若反物质星系发射的反物质和宇宙线混在一起射向地球, 宇宙线到大气层就和大气中的原子核碰撞产许多高能 π 介子, π 介子再和其他原子核碰撞, 又产生其他粒子, 所以无法判断原始宇宙线粒子是什么, 因此, 要到太空去观测. 1998 年 6 月, 美国发现号航天飞机携带阿尔法磁谱仪发射升空. 阿尔法磁谱仪是专门设计用来寻找宇宙中的反物质的仪器, 试图观测是否有一定份额的反质子存在. 到目前为止, 还没有明确的结果.

1997 年 4 月, 美国天文学家宣布他们利用伽马射线探测卫星发现, 在银河系上方约 3500 光年处, 有一个不断喷射反物质的反物质源, 它喷射出的反物质形成了一个高达 2940 光年的 "反物质喷泉". 但至今仍有科学家持怀疑态度, 也没有更多的证据.

除了在太空寻找反物质, 科学家们也在地球寻找和制造反物质原子.

2011 年, 欧洲核子研究中心 (CERN) 反氢激光物理装置 (ALPHA) 将反质子与正电子结合形成反氢原子, 捕获了 309 个反氢原子并保持了 1000 s. CERN 此前的纪录是捕获了 38 个反氢原子并保持了 172 ms. 他们的实验为进一步研究反物质属性建立了基础.

2011 年 3 月, 美国布鲁克海文国家实验室相对论重离子对撞机国际合作组的科学家, 首次观察到了新型反物质——反氦 4 (氦有两个同位素, 分别是氦 3 和氦 4), 这是迄今科学家观察到的最重反物质.

由于反物质与物质相遇会湮灭而产生大量能量, 理论上正反物质相遇 100% 的质量可以变成能量, 而轻核聚变时只有千分之六的质量变成能量, 可见正反物质相遇产生的能量是巨大的. 所以, 如果可以利用正反物质的湮灭产生能量, 前景将是十分辉煌的. 正反物质湮灭时没有有害物质生成, 这一点远比原子能有利. 当前的问题是如何得到大量反物质.

由于极少量的物质同它的反物质相互作用, 能够释放出极大的能量, 因此反物质在军事领域有着极为广阔的应用前景. 与传统核武器不同的是, 反物质炸弹爆炸后不会形成任何辐射性残留物, 可以称为常规武器.

12.5　暗物质和暗能量的寻找

人眼睛能看得到东西, 是因为这些东西吸收或者发射电磁信号. 能够吸收和发射电磁信号的物质称为 "明亮物质". 还有一种物质既不吸收也不发射电磁信号, 所以, 我们人眼和仪器都看不到, 称为 "暗物质".

既然暗物质看不见、测不到, 那是如何得知它的存在呢? 1933 年, 瑞士天体物理学家茨维基 (Fritz Zwicky, 1898—1974) 研究了 "后发座星系团" 中 8 个星系的质量. 他估算星系团的质量采用了两种不同的方法: 第一种方法是对大量星系的运动速度进行分析, 因为速度与引力有关, 所以根据万有引力定律可以间接估计出星系团的质量, 得到的质量称为 "力学质量". 另一种方法是通过星系团内星系的亮度来估算质量, 因为恒星质量越大就越亮, 这样得到的质量称为 "光度质量".

然而, 计算出来的结果是力学质量比光度质量高了 400 倍左右. 就是说, 力学质量里的绝大部分是我们看不到、不发射电磁信号的物质. 如果不计算这部分看不到的物质的作用, 那么这个星系团的引力就不足以将其中的星体束缚在一起.

后来, 又有一些科学家根据万有引力定律和爱因斯坦的引力理论, 测算其他星系的质量, 也发现计算得到的质量比观测得到的质量大得多. 丢失的质量到哪里去了? 20 世纪 80 年代, 科学家正式提出了 "暗物质" 来命名这些看不见的物质.

暗物质有两类, 一类称为冷暗物质, 就是其组成粒子的运动速度远低于真空光速的暗物质. 另一类称为热暗物质, 即其组成粒子的运动速度接近光速的暗物质.

暗物质有三个特点: (1) 电中性. 这样保证不吸收和发射电磁信号; (2) 有静止质量, 在自由状态以小于真空光速运动, 聚集成团; (3) 稳定, 平均寿命长于宇宙年龄, 这样才能长期存在.

已经发现有 11 种粒子是稳定的, 质子、反质子、电子、正电子、3 种中微子、3 种反中微子和光子. 前 4 种粒子都带电, 光子虽然不带电, 但是没有静止质量, 所以都不可能是暗物质粒子. 中微子是中性的, 不参与电磁和强相互作用, 参与弱相互作用, 有微小的质量. 所以, 只有 3 种中微子和 3 种反中微子是可能的热暗物质的候选者. 还没有发现冷暗物质粒子.

暗能量被认为是一种充满空间, 增加宇宙膨胀速度的难以察觉的能量形式. 暗能量存在的假说, 是对宇宙加速膨胀的解释中最为流行的一种.

　　暗物质和暗能量是物理学中最神秘和有趣的研究对象, 它们的发现将可能成为近 100 年来最重大的科学突破之一. 20 世纪 30 年代, 天文学家首次意识到, 恒星、气体和尘埃只占宇宙质量的一部分. 因此, 他们得出结论认为, 星系本来应该在宇宙中四处游荡并最终土崩瓦解, 除非它们受到某种巨大的、不可见的物质的重力吸引而被固定在一个位置上.

　　暗物质在宇宙中分布很广, 可能多于 "亮物质". 宇宙标准模型中, 暗物质占了当前宇宙总能量和质量的 26.8%, 暗能量则占68.3%, 而我们可以观察到的一切物质, 气体、固体、液体、恒星、星系、行星, 加在一起只构成宇宙的4.9%.

　　天文学家们认为宇宙的暗物质在宇宙结构的演化中起着关键作用, 所以证实这些暗物质的存在, 是我们理解宇宙至关重要的一步. 现在关于暗物质的本源有许多理论, 每一种对其在宇宙中分布的预言不尽相同.

　　证明暗物质星体和暗物质粒子的存在还需要确切的观测结果, 到目前为止, 有关暗物质和暗能量的推测仅仅是理论. 只有少数几个事例可能和暗物质和暗能量有关, 要证明一个理论的正确, 这些还远远不够.

　　2001 年, 剑桥大学的一个研究小组发现了完整暗星系存在的迹象. 在距地球 50 亿光年的室女座星系群中, 他们试图寻找由氢气发出的电磁波. 由此, 他们发现了一个质量为太阳质量 1 亿倍的天体. 该天体被命名为室女座 I21. 这一天体的旋转速度很快. 如果是由一般物质构成, 这样的速度应该会把很多物质 "甩" 出去. 它之所以能够保持如此大的质量而进行如此高速的旋转, 其中必定存在某种物质起了 "引力胶水" 的作用. 根据其旋转的速度, 室女座 I21 粒子的质量是所观测到的氢原子质量的 100 倍. 如果它是一个普通的星系, 就应该十分明亮, 只需通过一个稍微好点的业余望远镜就能观测到. 然而, 这个星系并不明亮, 他们认为这是一个暗物质星系.

　　2006 年, 亚利桑那大学的一位天文学家和他的同事们在报告中表示, 距离地球 30 亿光年的两个星系团 (即子弹星簇) 相撞, 导致暗物质从正常物质里分离, 形成了暗物质云. 很多科学家表示, 这项观测是暗物质存在的证据, 它沉重打击了试图通过修正引力理论来证明暗物质不存在的努力.

　　2010 年, 美国佛罗里达大学的科学家宣称, 他们已首次探测到了暗物质粒子. 据研究人员介绍, 在美国明尼苏达州北部的索丹铁矿中, 位于地面之下 2000 ft (约合 610 m) 的高灵敏度探测仪近日捕捉到两个 "暗物质粒子" 的踪迹. 科学家们认为, 这次探测到的事物应该有四分之三的可能是暗物质粒子, 而不是背景噪声.

　　2015 年, 瑞典查尔姆斯理工大学的科学家在两块金属板中间的真空中, 检验到了真空涨落的能量. 这意味着真空并非空无一物, 很可能有暗能量存在.

　　也有一些科学家想通过修正引力理论来解释宇宙的运行, 认为不需要暗物质存在.

2007 年, 加拿大滑铁卢大学的两位科学家表示, 有很好的理由相信暗物质从来没有被直接捕获过, 因为它根本就不存在. 他们二人在论文中说, 他们的引力修正理论能够解释子弹星簇的观测结果. 这一理论不同于其他引力修正理论, 但是却与引力随距离的改变而改变的推断相似. 他们解释说: "如果你从星系中心走出, 会发现修正引力比牛顿学说中的引力更强大, 酷似暗物质所为. 如果你采用爱因斯坦和牛顿学说中的引力, 加入了更多的暗物质, 你将获得更多引力. 然而, 我们认为暗物质根本不存在, 只是引力发生了变化."

到底哪个理论才是正确的, 我们拭目以待.

卷首语解说

本书要结束时, 再强调一次: 想象力才是科学研究最重要的素质, 没有想象力, 就没有科学的发展.

在本书的卷首语中, 主要强调了想象力的重要性. 如何才能有丰富的想象力? 作为一个科学工作者需要有哪些素质, 研究工作中要注意哪些问题? 作者对卷首语所做的简单讲解, 只是作者自己的看法, 读者不必拘泥于这些看法, 尽可以自己发挥.

希望这些话能够给有志从事科学研究的年轻人一些帮助.

图 3-11　2016 年 5 月北京天空出现的霓 (左) 和虹 (右). 虹是太阳光在水汽中反射的结果, 而霓是虹在水汽中的再次反射, 所以霓和虹的颜色分布是相反的

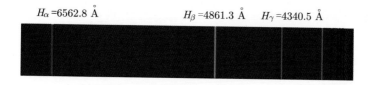

$H_\alpha = 6562.8$ Å　　　　$H_\beta = 4861.3$ Å　$H_\gamma = 4340.5$ Å

图 4-5　氢原子的光谱图. 图中的直线就是光谱线, 代表氢原子的电子具有不同的能量, 上面的数字是该光谱线的波长, 越往紫色方向, 波长越短

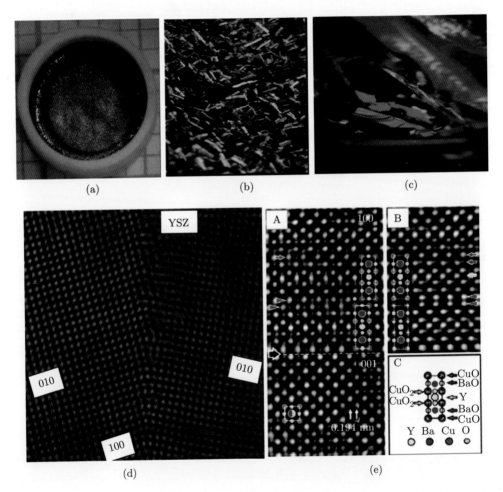

图 9-1 (a), (b), (c) 是一个放在小坩埚内的高温超导体的光学显微镜照片, 放大倍数由小到大; (d), (e) 为高分辨电子显微镜照片, 每一个点都是一个原子的图像. (引自 Jia C L, et al. Science, 2003, 299: 870)

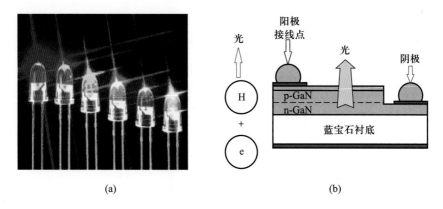

图 9–13　不同颜色的氮化镓发光二极管 (a) 和它的基本结构 (b)

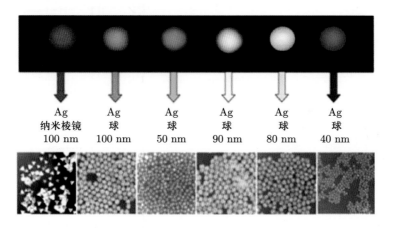

图 11–18　颗粒大小、形状和发光波长的关系 (引自 Jin R, et al. Science, 2001, 294: 1901)